机械制图

（含习题册）

苏瞧忠　王　力　王宇清　何爱睿　主编

西北工业大学出版社

西　安

图书在版编目(CIP)数据

机械制图 ：含习题册 / 苏瞧忠等主编. —西安 ：
西北工业大学出版社，2024.5
ISBN 978-7-5612-9301-0

Ⅰ. ①机… Ⅱ. ①苏… Ⅲ. ①机械制图-高等学校-
教材 Ⅳ. ①TH126

中国国家版本馆 CIP 数据核字(2024)第 106848 号

JIXIE ZHITU (HAN XITICE)
机械制图(含习题册)
苏瞧忠 王力 王宇清 何爱睿 主编

责任编辑：张 潼 **策划编辑：**张 潼
责任校对：孙 倩 **装帧设计：**高永斌 李 飞
出版发行：西北工业大学出版社
通信地址：西安市友谊西路 127 号 邮编：710072
电　　话：(029)88491757，88493844
网　　址：www.nwpup.com
印 刷 者：西安五星印刷有限公司
开　　本：787 mm×1 092 mm 1/16
印　　张：16.5
字　　数：412 千字
版　　次：2024 年 5 月第 1 版 2024 年 5 月第 1 次印刷
书　　号：ISBN 978-7-5612-9301-0
定　　价：79.00 元

前　言

本书根据《高技能人才培养体系建设“十四五”规划纲要》和国家对高等职业教育发展的要求，为落实“十四五”期间完善高技能型人才培养体系建设，加快培养一大批结构合理、素质优良的技术技能型、复合技能型和知识技能型高技能人才的这一建设目标，结合高等职业院校的教育要求和办学特点而编写。内容在尽量减少理论分析的同时，突出实用技术，体现以应用为主导的思想，从而培养学生的实践能力。本书内容“少而精”，是非常实用的工程制图与计算机辅助设计（CAD）基础教材。

本书内容共分为八个学习情境：学习情境一主要介绍手工制图；学习情境二主要介绍基本体；学习情境三主要介绍轴测图；学习情境四主要介绍组合体；学习情境五主要介绍图样画法；学习情境六主要介绍标准件和常用件；学习情境七主要介绍零件图与装配图；学习情境八主要介绍 AutoCAD 平面图的绘制。本书基本涵盖了工程制图与 CAD 内容，适合高职高专机械类、制造类、电气类等专业学生使用，也可供初学者学习参考。在机械制图中通常默认以毫米（mm）为单位，故在书中不一一标出。

在编写本书的过程中，笔者参考了有关资料和文献，在此向其作者表示衷心的感谢！由于笔者水平有限，书中难免有疏漏和不足之处，恳请读者批评指正。

编　者

2023 年 12 月

目　　录

学习情境一　手工制图

【学习目标】

(1)掌握绘图国家标准对工程制图的基本要求。

(2)掌握绘图工具及其使用方法。

(3)掌握平面图形的画法以及尺寸的标注方法。

任务一　手柄的绘制

【任务描述】

手柄的绘制如图 1-1 所示。

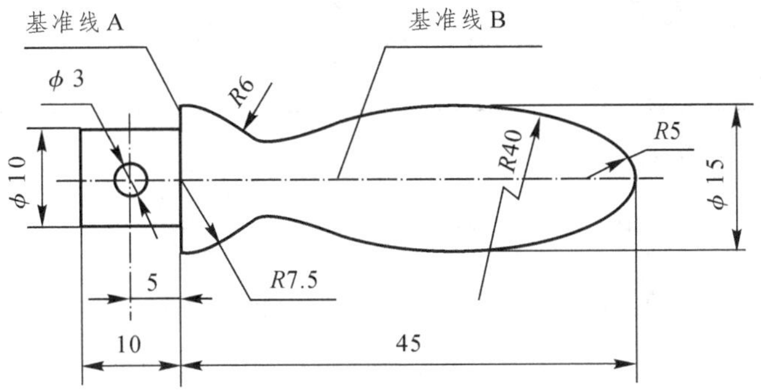

图 1-1　手柄

【任务分析】

学习使用绘图工具、认识绘图国家标准及相关规定。

【知识准备】

认识绘图工具、国家标准及相关规定(字体、线型、图幅、标题栏等)。

一、制图的基本知识

(一)国家标准有关制图方面的一些规定

为了使制图规格、制图方法统一化,以提高制图效率,满足设计、施工、生产、存档和各种出版物的要求,国家技术监督局颁布了一系列有关制图的国家标准(简称国标或 GB)。

国家标准《技术制图》是一项基础技术标准，国家标准《机械制图》是一项机械专业制图标准，是工程界各种专业技术图样的通则性规定。它们都是绘制、识读和使用图样的准绳。因此，我们必须认真学习和遵守这些有关规定。

1. 图纸幅面和规格

(1)图幅。图幅是指图纸长度和宽度组成的画面。为了使图纸幅面统一，便于装订和保管以及符合缩微复制原件的要求，绘制技术图样时，应按以下规定选用图纸幅面。

应优先采用基本幅面(见表1-1)。基本幅面共有五种，其尺寸关系如图1-2所示。必要时，也允许选用图1-2所规定的加长幅面。但加长后幅面的尺寸必须是由基本幅面的短边成整数倍增加后得出。

表1-1　图纸幅面　　**单位**:mm

幅面代号	A0	A1	A2	A3	A4	A5
B×L	841×1 189	594×841	420×594	297×420	210×297	148×210
c	10			5		
a	25					
e	20		10			

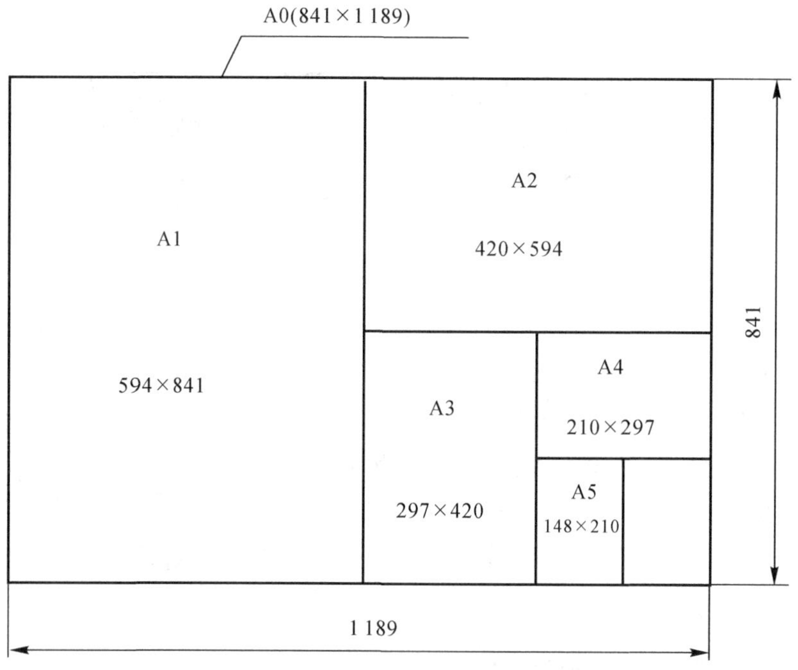

图1-2　图纸幅面　(单位:mm)

(2)图框格式。图框是指图纸上区域的线框，图框为粗实线，其格式分为不留装订边和留装订边两种，但同一产品的图样只能采用一种格式。两种格式图框格式如图 1 - 3 所示，尺寸按表 1 - 1 的规定。

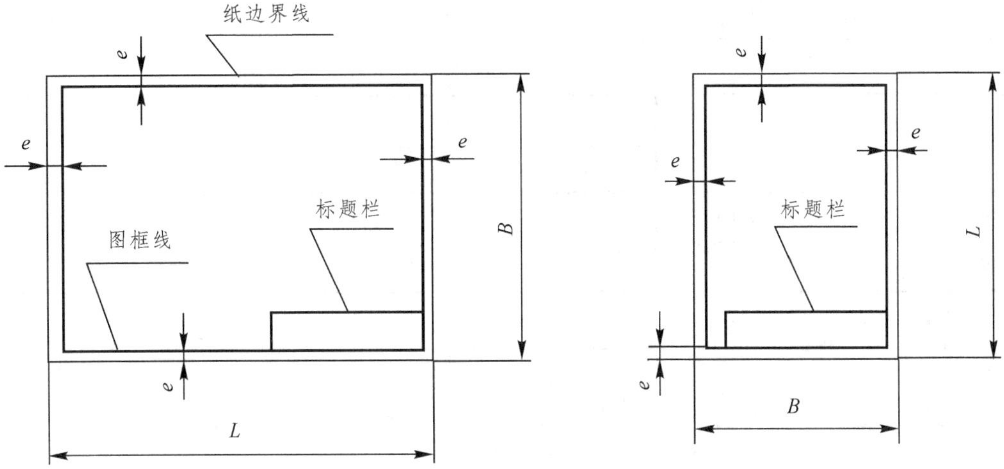

(a)

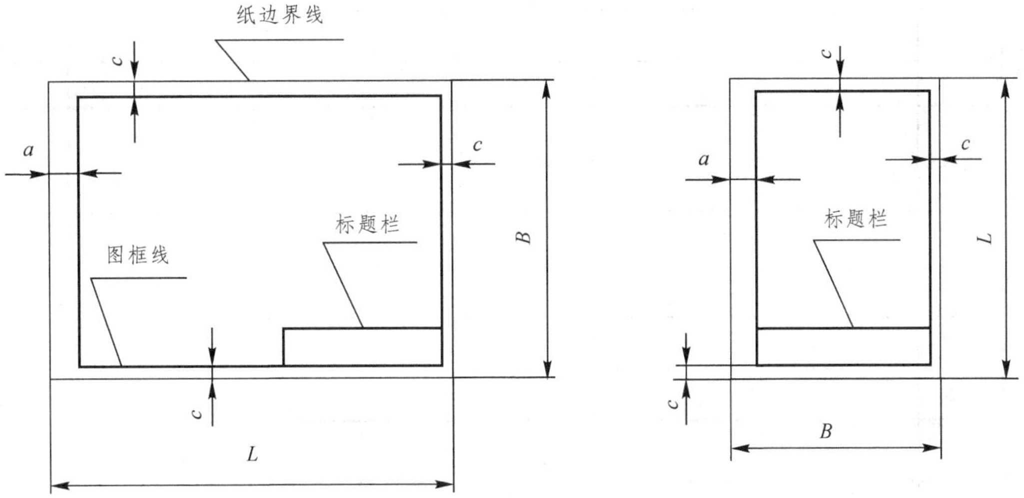

(b)

图 1 - 3　图框格式

(a)不留装订边；(b)留有装订边

(3)标题栏。每张图纸的右下角应绘出标题栏，其格式和尺寸在国家标准《技术制图 标题栏》(GB/T 10609.1—1989)中已有规定。用于学生作业的标题可参考如图 1 - 4 所示的格式。

2. 比例

(1)术语[《技术制图比例》(GB/T 14690—1993)]。

1)比例：图中图形与其实物相应要素的线性尺寸之比。

2)原值比例：比值为 1 的比例，即 1∶1。

3)放大比例:比值大于 1 的比例,如 2∶1 等。

4)缩小比例:比值小于 1 的比例,如 1∶2 等。

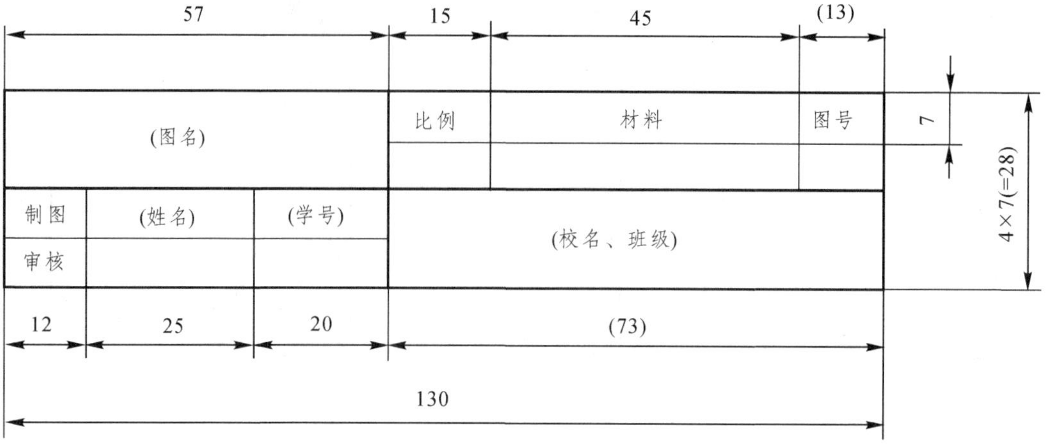

(a)

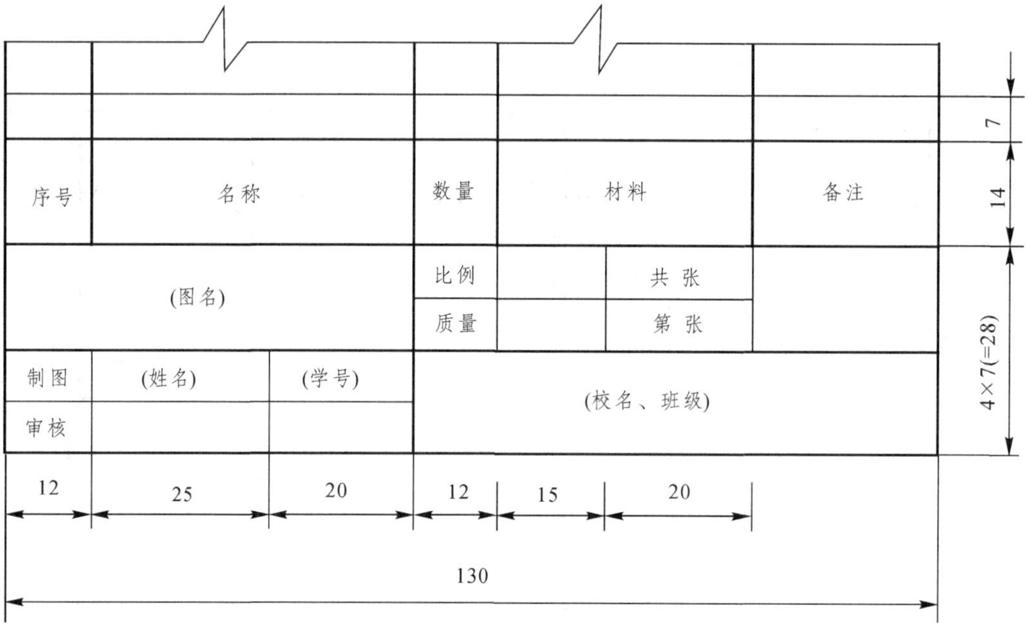

(b)

图 1-4　标题栏

(a)零件图标题栏；(b)装配图标题栏

(2)比例系列。为了从图样上直接反映出实物的大小,绘图时应尽量采用原值比例。因各种实物的大小与结构千差万别,绘图时,应根据实际需要选取放大比例或缩小比例。

比例是指图中图形与其实物相应要素的线性尺寸之比,比值为 1 的比例为原值比例(如 1∶1),比值大于 1 的比例为放大比例(如 2∶1),比值小于 1 的比例为缩小比例(如 1∶2),绘制图样时应在表 1-2 规定的系列中选取适当的比例,尽量使用优先选择系列,必要时也允许选用允许选择系列。

表 1－2　比例系列

种类		比例
原值比例		1∶1
优先选择系列	放大比例	5∶1　2∶1 $5\times10^n:1$　$2\times10^n:1$　$1\times10^n:1$
	缩小比例	1∶2　1∶5　1∶10 $1:(2\times10^n)$　$1:(5\times10^n)$　$1:(1\times10^n)$
允许选择系列	放大比例	4∶1　25∶1 $4\times10^n:1$　$25\times10^n:1$
	缩小比例	1∶15　1∶25　1∶3　1∶4　1∶6 $1:(15\times10^n)$　$1:(25\times10^n)$　$1:(3\times10^n)$　$1:(4\times10^n)$　$1:(6\times10^n)$

注：n 为正整数。

(3)标注方法。

1)比例符号应以“∶”表示。比例的表示方法如 1∶1、1∶2、5∶1 等。

2)比例一般应标注在标题栏中的比例栏内。

3. 字体

(1)基本要求。

1)在图样中书写的汉字、数字和字母，都必须做到“字体工整、笔画清楚、间隔均匀、排列整齐”。

2)字体高度(用 h 表示)的公称尺寸系列为：1.8 mm，2.5 mm，3.5 mm，5 mm，7 mm，10 mm，14 mm，20 mm。如需要书写更大的字，其字体高度应以$\sqrt{2}$的比率递增。字体高度代表字体的号数，比如 10 号字的高度为 10 mm。

3)汉字应写成长仿宋体字，并应采用国家正式公布的简化字。汉字的高度 h 不应小于 3.5 mm，其字宽一般为 $h/\sqrt{2}$。

书写长仿宋体字的要领是：横平竖直、注意起落、结构匀称、填满方格。初学者应打格子书写。首先应从总体上分析字形及结构，以便书写时布局恰当，一般部首所占的位置要小一些。书写时，笔画应一笔写成，不要勾描。另外，由于字型特征不同，切忌一律追求满格，对笔画少的字尤应注意，如“月”字不可写得与格子同宽，“工”字不要写得与格子同高，“图”字不能写得与格子同大。

4)字母和数字分 A 型和 B 型。A 型字体的笔画宽度(d)为字高(h)的 1/14，B 型字体的笔画宽度(d)为字高(h)的 1/10。在同一图样上，只允许选用一种型式的字体。

5)字母和数字可写成斜体或直体，但应统一。斜体字字头向右倾斜，与水平基准线成 75°。

(2)常用部分字体示例。

1)长仿宋体汉字示例。

字体工整、笔画清楚、间隔均匀、排列整齐

横平竖直 注意起落 结构均匀 填满方格 字体工整

技术要求石油化工机械电子汽车航空井坑纺织焊接设备工艺

螺纹齿轮端子接线飞行指导驾驶舱位挖填施工引水通风闸阀坝棉麻化纤

2)拉丁字母示例。

斜体：*ABCDEFGHIJKLMNOPQRSTUVWXYZ*

abcdefghijklmnopqrstuvwxyz

直体：ABCDEFGHIJKLMNOPQRSTUVWXYZ

abcdefghijklmnopqrstuvwxyz

3)阿拉伯数字示例。

斜体：*1234567890*

直体：1234567890

4)罗马数字示例：。

斜体：*Ⅰ Ⅱ Ⅲ Ⅳ Ⅴ Ⅵ Ⅶ Ⅷ Ⅸ Ⅹ*

直体：Ⅰ Ⅱ Ⅲ Ⅳ Ⅴ Ⅵ Ⅶ Ⅷ Ⅸ Ⅹ

5)希腊字母示例。

$$\alpha\ \beta\ \chi\ \delta\ \varepsilon\ \phi\ \gamma\ \eta\ \iota\ \varphi\ \kappa\ \lambda\ \mu\ \nu\ o\ \pi$$

$$\theta\ \rho\ \sigma\ \tau\ \upsilon\ \varpi\ \omega\ \xi\ \psi\ \zeta$$

4. 图线

(1)图线形式及应用。绘制图样时，应遵循国家标准《机械制图图样画法 图线》(GB/T 4457.4—2002)中规定的绘制图样中常用的线型及名称，见表1-3，其应用示例如图1-5所示。

表 1－3　线型及名称(GB/T 4457.4—2002)

代码	名称	机械图常用线型	线宽(*d*)	应用及说明
01.1	细实线	————————	*d*/2	尺寸线及尺寸界线、剖面线、过渡线、引出线
	波浪线	～～～～	*d*/2	断裂处的边界线、视图与剖视图的分界线等
	双折线	—\/—\/—	*d*/2	断裂处的边界线、视图与剖视图的分界线等
01.2	粗实线	━━━━━━━━	*d*	可见轮廓线、可见相贯线
02.1	细虚线	- - - - - - - -	*d*/2	不可见轮廓线、不可见相贯线
02.2	粗虚线	━ ━ ━ ━ ━ ━	*d*	允许表面处理的表示线
04.1	细点画线	——·——·——·—	*d*/2	轴线、对称中心线、剖切线、轨迹线
04.2	粗点画线	━━·━━·━━·━	*d*	限定范围的表示线
05.1	细双点画线	——··——··——··	*d*/2	极限位置的轮廓线、相邻辅助零件轮廓线、假想投影轮廓线、中断线

机械类图线宽度有粗线、细线之分，粗细线的宽度比率为 2∶1。建筑类图线宽度有粗线、中粗线和细线之分，宽度比率为 4∶2∶1。

图线的宽度应根据图纸幅面的大小和所表达对象的复杂程度，在 0.13 mm，0.18 mm，0.25 mm，0.35 mm，0.5 mm，0.7 mm，1 mm，1.4 mm，2 mm 数系中选取(常用的为 0.25 mm，0.35 mm，0.5 mm，0.7 mm，1 mm)。在同一图样中，同类图线的宽度应一致。

(2)图线的应用示例，如图 1－5(b)所示。

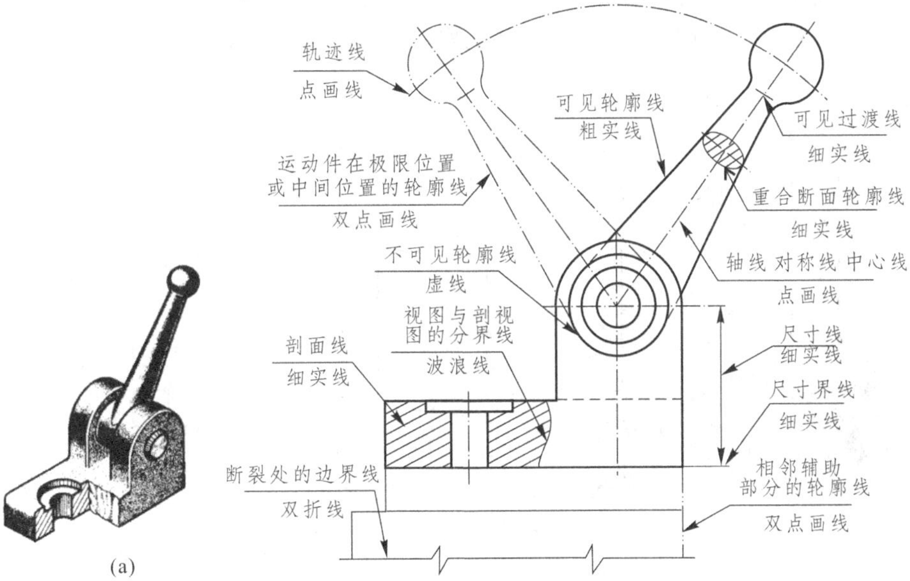

(b)

图 1－5　各种线型应用示例

(a)轴测图；　(b)投影图

5. 尺寸注法

(1)组成尺寸的要素。组成尺寸的要素包括:尺寸界线、尺寸线、尺寸线终端、尺寸数字,其标注方式参照《机械制图　尺寸注法》GB/T 4458.4—2003),如图 1-6 所示。

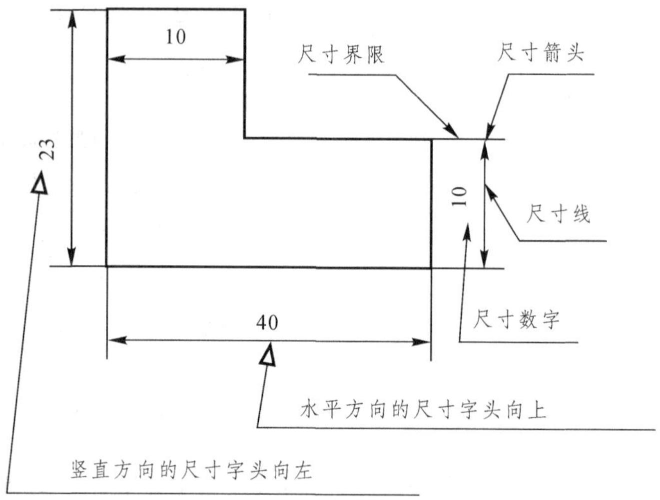

图 1-6　组成尺寸的要素

1)尺寸界线为细实线,并应由轮廓线、轴线或对称中心线处引出,也可用这些线代替。

2)尺寸线为细实线,一端或两端带有终端(箭头或斜线)符号。尺寸线不能用其他图线代替,也不得与其他图线重合或画在其延长线上。尺寸线必须与所标注线段平行。

3)尺寸线终端为箭头或细斜线。同一图样中只能采用一种尺寸线终端形式。当尺寸很小无法画箭头时,可用圆点表示。注意箭头画法,如图 1-7 所示。

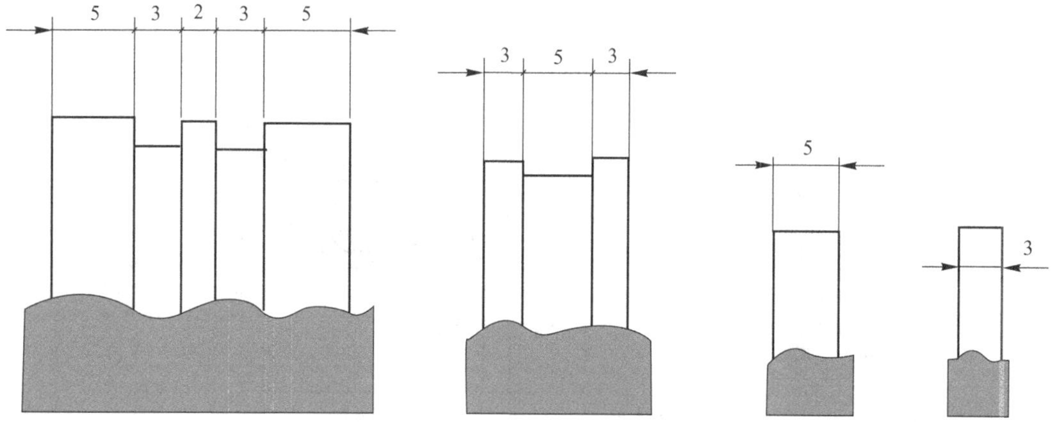

图 1-7　尺寸终端画法示例

4)尺寸数字一般应注在尺寸线的上方或左方尺寸线的中断处。尺寸数字应按国标要求书写,并且水平方向字头向上,垂直方向字头向左,字高 3.5 mm。尺寸数字不能被任何图线通过,否则必须将该图线断开,如图 1-8 所示。

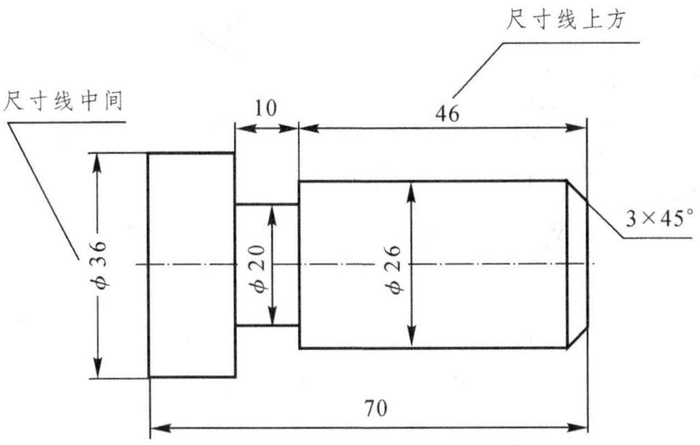

图 1-8　尺寸数字的写法

(2)基本原则。

1)尺寸数值为机件的真实大小,与绘图比例及绘图的准确度无关。

2)图样中的尺寸,以毫米为单位,如采用其他单位时,则必须注明单位名称。

3)图中所注尺寸为零件完工后的尺寸,否则应另加说明。

4)每个尺寸一般只标注一次,并应标注在最清晰地反映该结构特征的视图上。

5)标注尺寸时,应尽可能使用符号和缩写词。常用的符号和缩写词见表 1-4。

表 1-4　常用标注尺寸的符号及缩写词

序　号	含　义	符号及缩写词	序　号	含　义	符号及缩写词
1	直径	ϕ	8	深度	↧
2	半径	R	9	沉孔或锪平	⌴
3	球直径	$S\phi$	10	埋头孔	⌵
4	球半径	SR	11	均布	EQS
5	厚度	t	12	弧长	⌒
6	正方形	□	13	斜度	∠
7	45°倒角	C	14	锥度	◁

(3)常见的尺寸标注样式。

1)线性尺寸标注。线性尺寸按图 1-9(a)所示方向标注,且不要标注在图中 30°范围内,当尺寸线在 30°范围内时,可按图 1-9(b)方式标注。

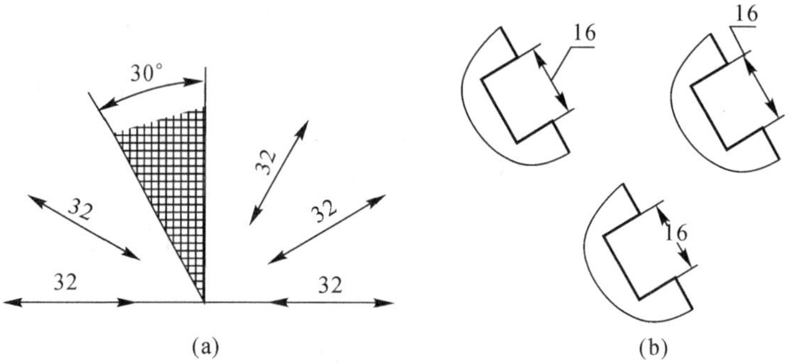

图 1-9　线性尺寸标注

2)角度尺寸标注。

a.角度尺寸界线沿径向引出。

b.角度尺寸线画成圆弧,圆心是该角顶点。

c.角度尺寸数字一律写成水平方向,角度尺寸必须注明单位,如图 1-10 所示。

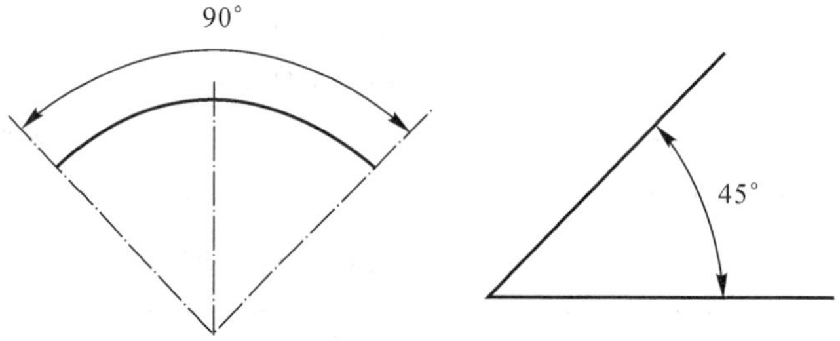

图 1-10　角度尺寸标注

3)直径标注。

a. 直径尺寸应在尺寸数字前加注符号 ϕ。

b. 尺寸线应通过圆心,其终端画成箭头。

c. 整圆或大于半圆应标注直径。

标注球面直径时,应在符号 ϕ 前加标注符号 S。直径尺寸可以标注在非圆视图上,如图 1-11 所示。

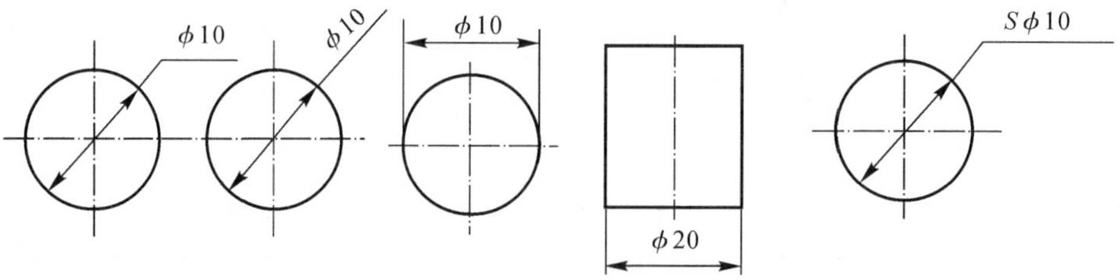

图 1-11　直径尺寸标注

4)圆弧的半径标注。

a. 半径尺寸应在尺寸数字前加注符号 R,如图 1-12 所示。

b. 半径尺寸必须标注在投影为圆弧的视图上。

c. 小于或等于半圆的圆弧应标注半径尺寸。

d. 标注球面半径时，应在符号 R 前加标注符号 S。

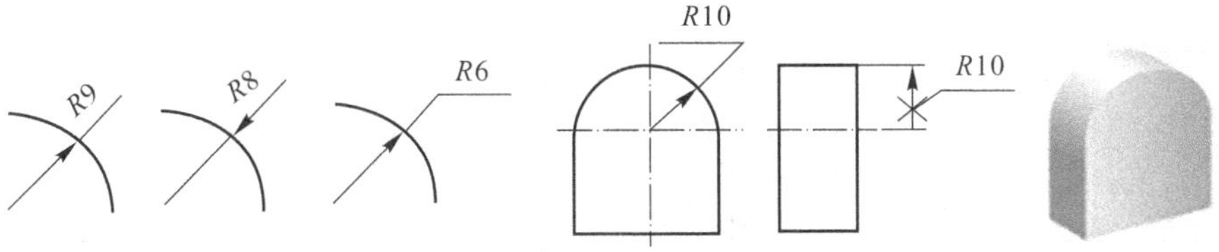

图 1－12　圆弧的半径标注

5）大圆弧的半径标注。在图纸范围内无法标出圆心位置时，可以如图 1－13 所示进行标注。

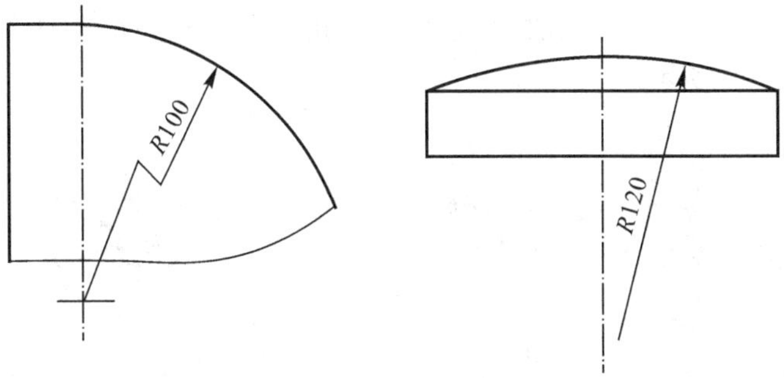

图 1－13　大圆弧的半径标注

6）狭小位置、小直径和小半径的标注。在没有足够位置画箭头或注写数字时，可按图 1－14 所示的形式注写。

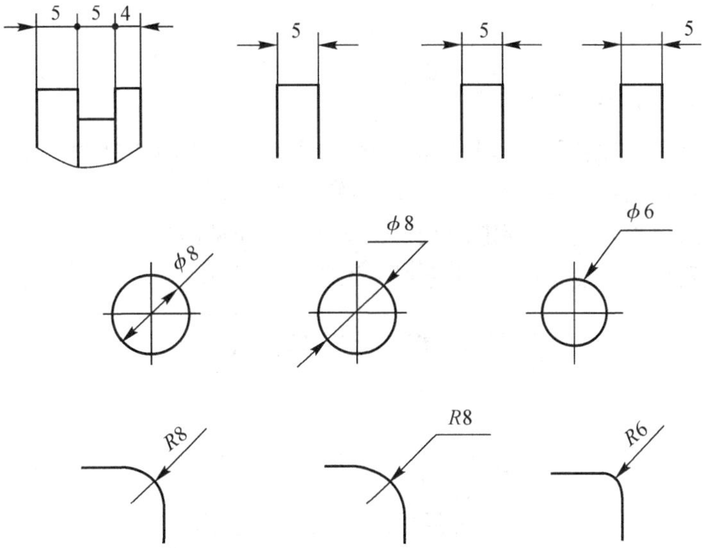

图 1－14　狭小位置的标注

7)板类零件的标注。标注板类零件的厚度时,可在尺寸数字前加注符号 t。不必另画视图表示厚度,如图 1-15 所示。

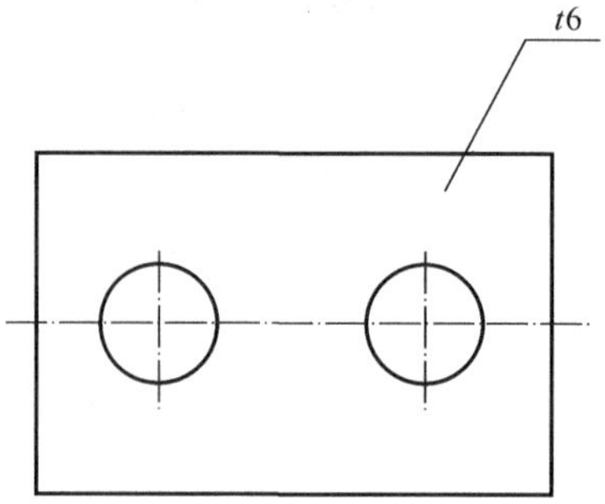

图 1-15 板类零件的标注

8)沿圆周均匀分布(EQS)的孔标注。当图中孔的定位与分布已明确时,可省略角度标注和 EQS,如图 1-16 所示。

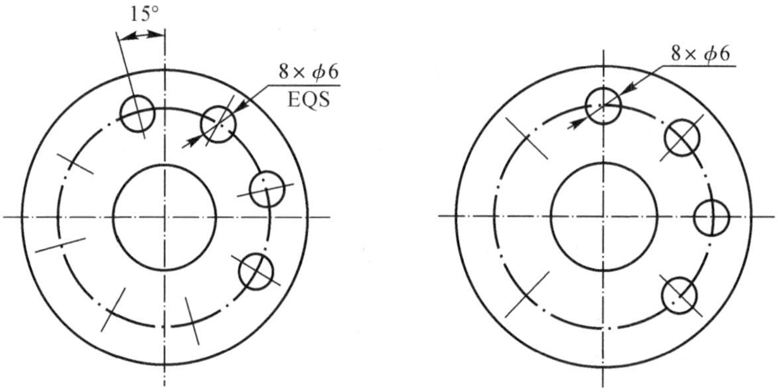

图 1-16 圆周均匀分布的标注

(二)制图工具和用品的使用

正确地使用和维护绘图工具,是保证绘图质量和加快绘图速度的一个重要方面,因此,必须养成正确使用、维护绘图工具和用品的良好习惯。

(1)图板。图板是供铺放、固定图纸用的矩形木板(见图 1-17)。板面要求平整光滑,左侧为导边,必须平直。使用时,应注意保持图板的整洁完好。

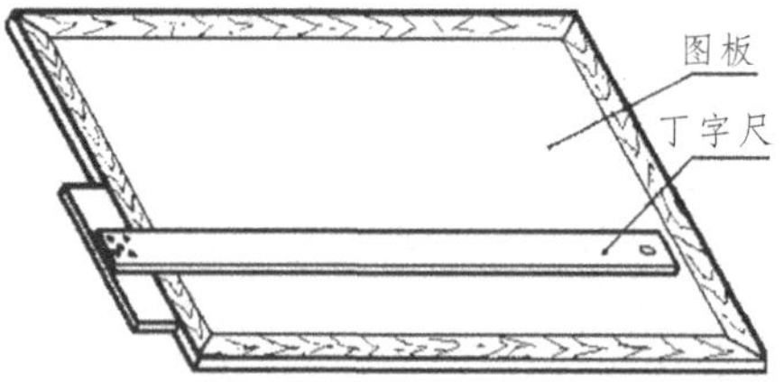

图 1-17 图板和丁字尺

(2)丁字尺。丁字尺由尺头和尺身构成,主要用来画水平线。使用时,尺头内侧必须靠紧图板的导边,用左手推动丁字尺上、下移动。移动到所需位置后,改变手势,压住尺身,用右手由左至右画水平线,如图 1-18 所示。图 1-19 所示为利用丁字尺和三角板画垂直线的方法。

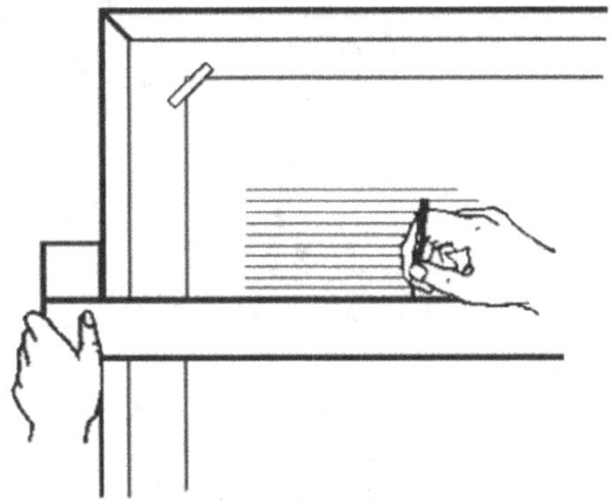

图 1-18 用丁字尺画水平线

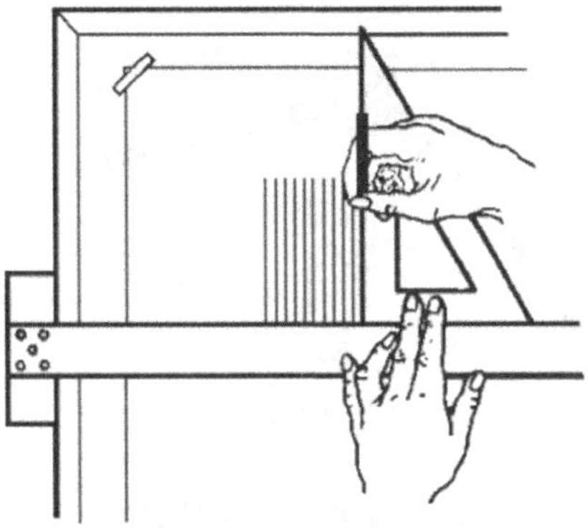

图 1-19 垂直线的画法

(3)三角板。三角板由 45°的和 30°,60°的两块合成为一副。将三角板和丁字尺配合使用,可画出垂直线、倾斜线和一些常用的特殊角度,如 15°、75°、105°等,如图 1-20 所示。

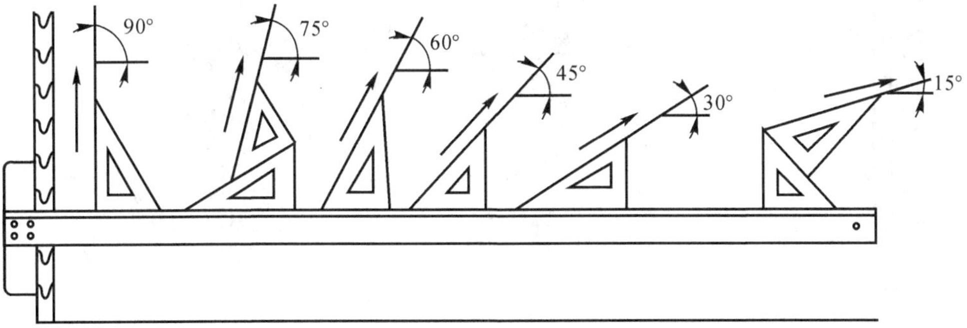

图 1-20 图板、丁字尺、三角板的配合使用

(4)圆规。圆规主要用来画圆或圆弧。圆规的附件有钢针插脚、铅芯插脚、延伸插脚杆、鸭嘴插脚等。圆规的使用方法如图 1－21、图 1－22 所示。

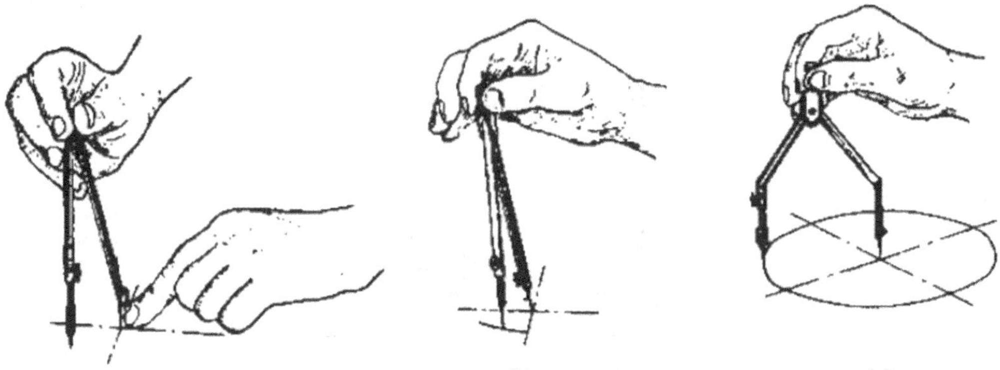

(a) (b) (c)

图 1－21 圆规的用法

(a)针尖扎入圆心； (b)圆规向画线方向倾斜； (c)画大圆时圆规两脚垂直纸面

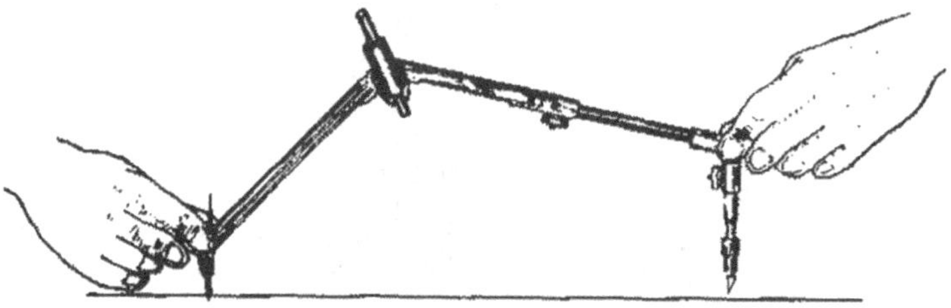

图 1－22 加入延伸插杆用双手画较大半径的圆

(5)分规。分规是用来截取尺寸、等分线段和圆周的工具。分规的两个针尖并拢时应对齐，如图 1－23 所示；调整分规两脚间距离的手法如图 1－24 所示；用分规截取尺寸的手法如图 1－25 所示。

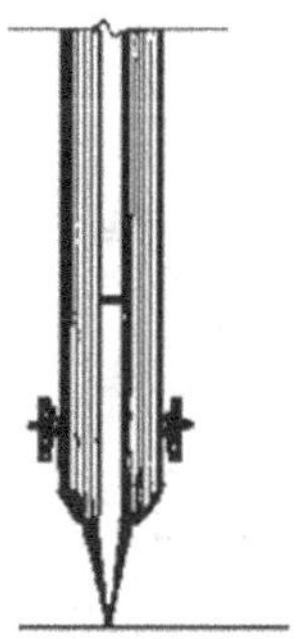

图 1－23 针尖对齐

图 1－24 调整分规的手法

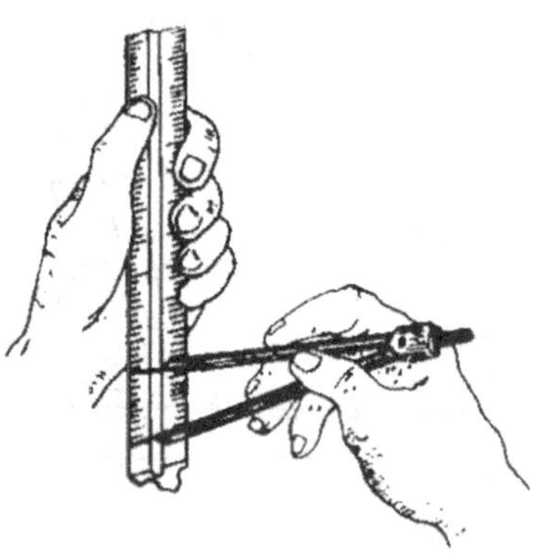

图 1－25 截取尺寸的手法

(6)曲线板。曲线板用于绘制不规则的非圆曲线。使用时,应先徒手将曲线上各点轻轻地依次连成光滑的曲线,然后在曲线上找出足够的点,如图 1－26 所示,至少可使其画线边通过 1、2、3 点,在画出 1、2、3 点后,再移动曲线板,使其重新与 3 点相吻合,并画出 3 到 4 乃至 5 点间的曲线,以此类推,完成其非圆曲线的作图。

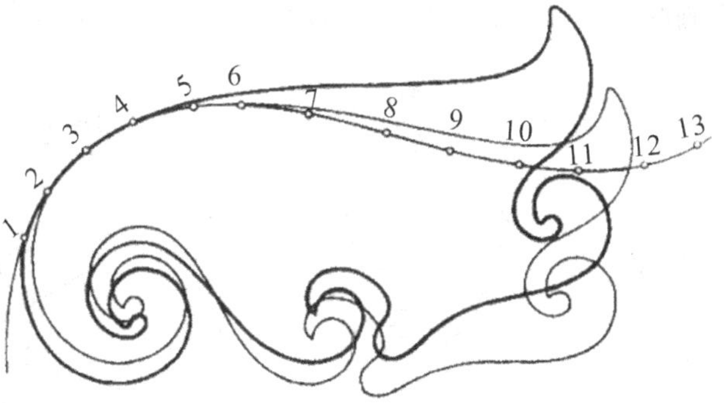

图 1－26　曲线板的用法

描画对称曲线时,最好先在曲线板上标上记号,然后翻转曲线板,便能方便地按记号的位置描画对称曲线的另一半。

(7)铅笔。铅笔分硬、中、软三种。标号有 6H、5H、4H、3H、2H、H、HB、B、2B、3B、4B、5B 和 6B 等 13 种。6H 为最硬,HB 为中等硬度,6B 为最软。

加深粗实线时使用 B 或 2B 铅笔,磨成矩形;绘制图形底稿时,建议采用 2H 或 3H 铅笔,并削成尖锐的圆锥形,如图 1－27 所示。

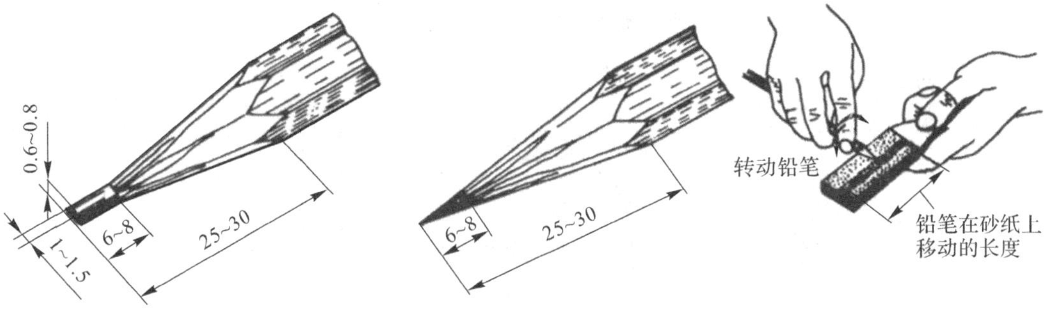

图 1－27　铅笔的用法

(a)磨成矩形;　(b)磨成锥形;　(c)铅笔的磨法

(三)尺规几何作图

用几何作图的方法来表现物体轮廓形状的各种平面几何图形,是制图的基本技能。为了能够迅速、准确地画出各种简单或复杂的平面图形,需要将几何知识和必要的作图技巧两者结合起来,并熟练掌握各种几何图形的作图原理和方法。

(1)过已知点作已知直线的平行线。先将三角板的斜边与已知直线对齐并将丁字尺(或直尺)紧靠三角板的直角边,按住丁字尺,顺着丁字尺方向平移三角板,使斜边通过已知点画线即得,如图 1-28(a)所示。

(2)过已知点作已知直线的垂直线。先将三角板的斜边与已知直线对齐,并将丁字尺(或直尺)紧靠三角板的直角边,按住丁字尺,将三角板的另一直角边靠住丁字尺(也可翻转三角板)通过已知点画线即得,如图 1-28(b)所示。

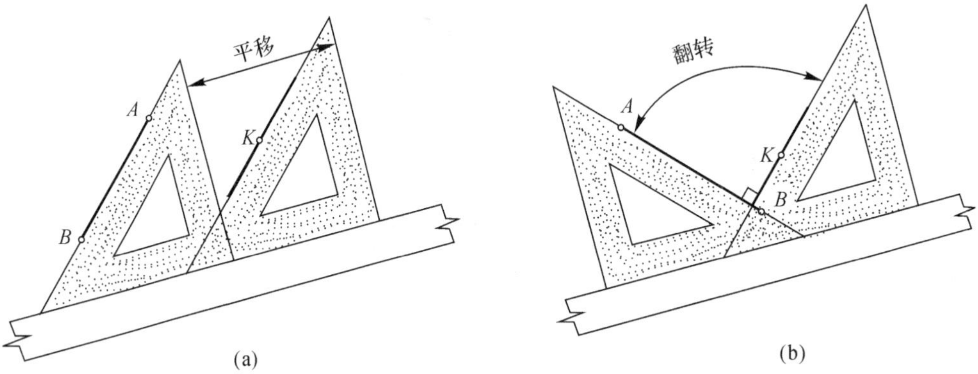

图 1-28　过已知点作已知直接的平行线和垂直线

(a)过已知点作已知直线的平行线；(b)过已知点作已知直线的垂直线

(3)圆弧连接。

1)用半径为 R 的圆弧连接两已知直线,如图 1-29 所示。

a. 作两条辅助线分别与两已知直线平行且相距 R,交点 O 即为连接圆弧的圆心;

b. 由点 O 分别向两已知直线作垂线,垂足即切点;

c. 以点 O 为圆心,R 为半径画连接圆弧。

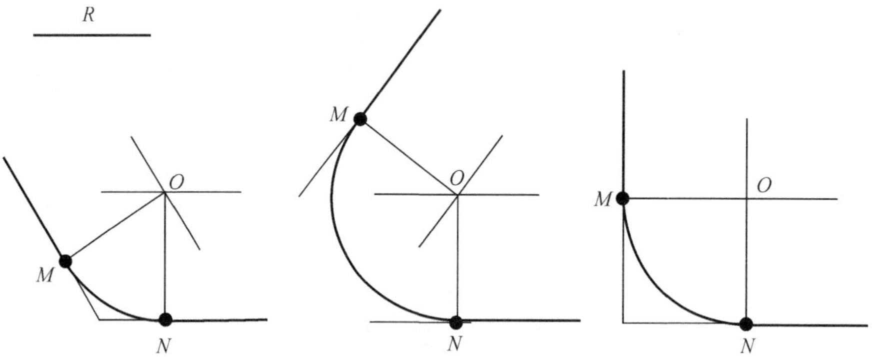

图 1-29　连接已知两直线

2)用半径为 R 的圆弧连接两已知圆弧(内连接),如图 1-30 所示。

a. 以 O_1 为圆心,$R-R_1$ 为半径画圆弧;

b. 以 O_2 为圆心,$R-R_2$ 为半径画圆弧,两圆线相交于 O_3;

c. 分别连接 O_1O_3、O_2O_3 并延长求得两个切点 C_1 和 C_2;

d. 以 O_3 为圆心，R 为半径画连接圆弧。

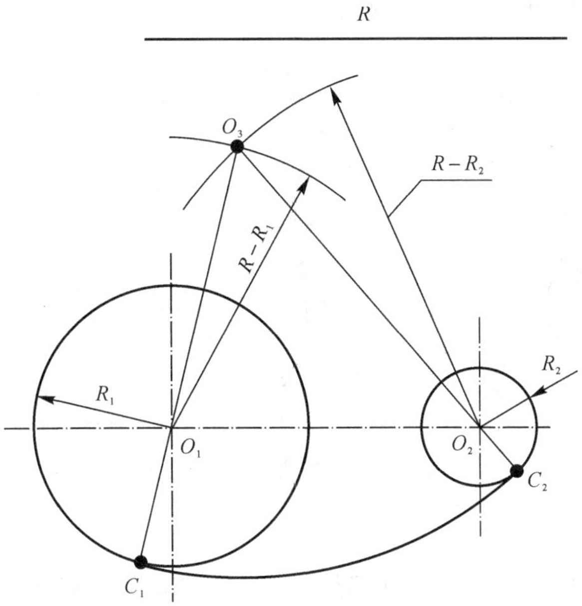

图 1-30　用半径为 R 的圆弧连接两已知圆弧（内连接）

3）用半径为 R 的圆弧连接两已知圆弧（外连接），如图 1-31 所示。

a. 以 O_1 为圆心，R_1+R 为半径画圆弧；

b. 以 O_2 为圆心，R_2+R 为半径画圆弧，两圆弧相交于 O；

c. 分别连接 O_1O、O_2O 求得两个切点；

d. 以 O 为圆心，R 为半径画连接圆弧。

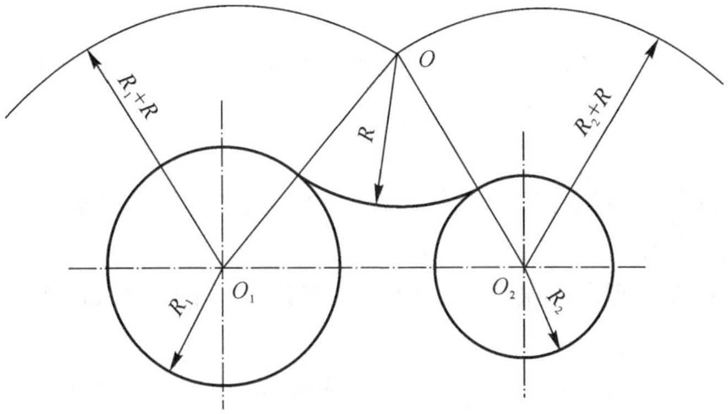

图 1-31　用半径为 R 的圆弧连接两已知圆弧（外连接）

4）用半径为 R 的圆弧外连接已知圆弧和直线，如图 1-32 所示。

a. 以 O_1 为圆心，R_1+R 为半径画圆弧。

b. 作与已知直线平行且相距为 R 的直线，与圆弧相交于 O。

c. 连接 O_1O，求得与已知圆弧的切点 C_1。

d. 由 O 向已知直线作垂线,求得与已知直线的切点 C_2。

e. 以 O 为圆心,R 为半径画连接圆弧。

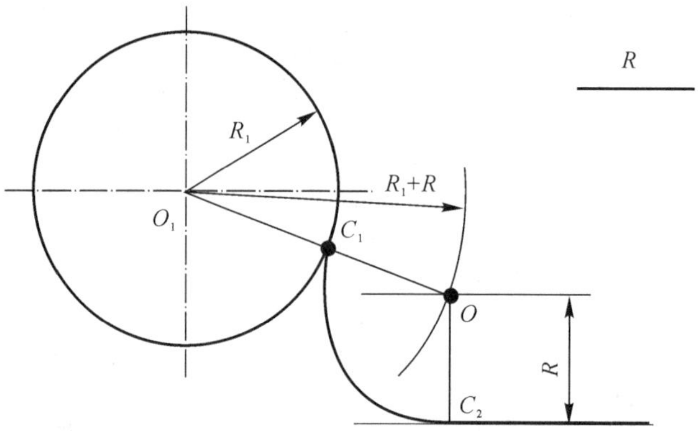

图 1-32　用半径为 R 的圆弧外连接已知圆弧和直线

【任务实施】

画平面图形前,首先要对平面图形进行尺寸分析和线段性质分析,然后才能正确画出平面图形和进行平面图形的尺寸标注。

(1)尺寸分析。

1)定形尺寸:确定平面图形中线段的长度、圆弧的半径、圆的直径以及角度的大小等尺寸,称为定形尺寸,如图 1-33 中的 $\phi 3$、$\phi 10$、$R6$、$R40$ 等尺寸。

2)定位尺寸:用于确定圆心、线段等在平面图形中所处位置的尺寸,称为定位尺寸,如图 1-33 中的 5、45、$\phi 15$ 等尺寸。

3)尺寸基准:标注尺寸的起点称为尺寸基准。对于平面图形,有水平、垂直两个方向尺寸基准。

4)常用基准:对称中心线、主要的水平或垂直轮廓线、较大的圆的中心线、较长的直线等。

(2)线段性质分析。

1)已知线段(圆弧):根据作图基准线位置和已知尺寸就能直接作出的线段(圆弧),如图 1-33 中的 $\phi 3$ 圆及 $R7.5$、$R5$ 等弧线。

2)中间线段(圆弧):已知定形尺寸,少一个定位尺寸的线段(圆弧),如图 1-33 中的 $R40$ 圆弧。

3)连接线段(圆弧):只知定形尺寸的线段(圆弧),如图 1-33 中的 $R6$ 圆弧。

(3)作图步骤。

步骤 1:画出基准线,并根据定位尺寸画出作图定位线,如图 1-33(a)所示。

步骤 2:画出已知直线,如图 1-33(b)所示。

步骤 3:画出中间线段,如图 1-32(c)所示。

步骤 4:画出连接线段,如图 1-33(d)所示。

步骤 5:加深图线,标注尺寸,如图 1-33(e)所示。

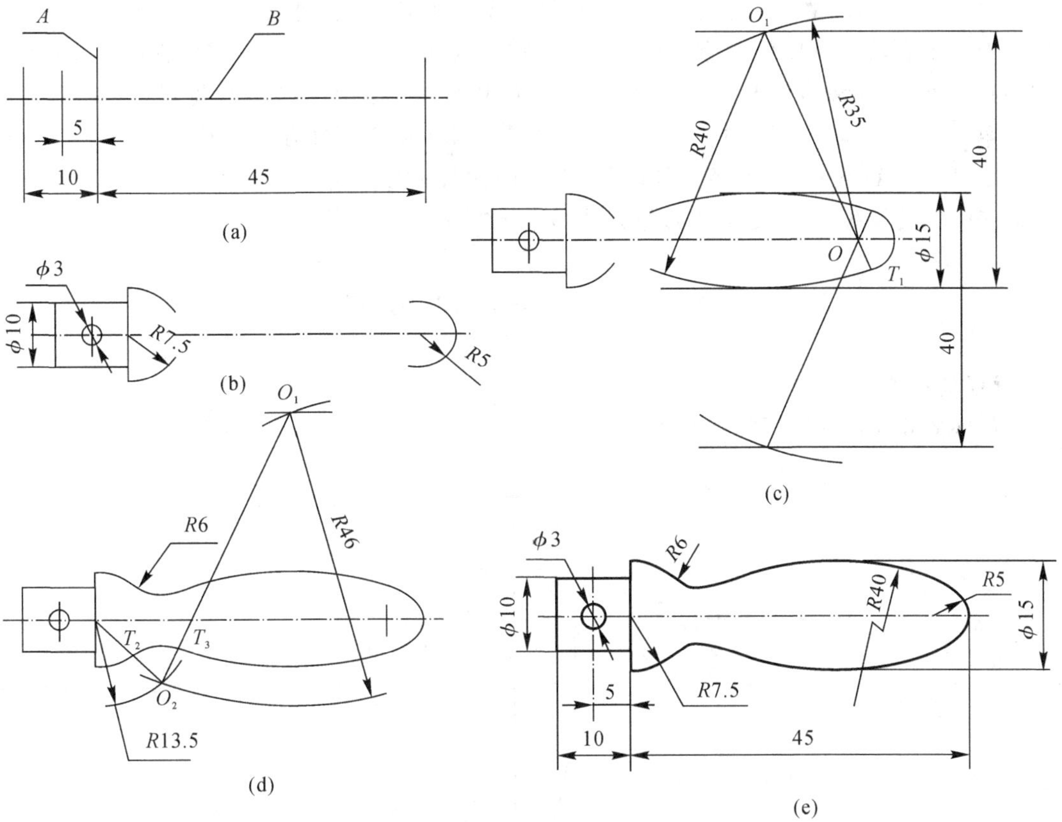

图 1－33　手柄的绘制步骤

【知识拓展】

椭圆的画法。

已知相互垂直且平分的长轴 AB 和短轴 CD，其椭圆的近似画法如图 1－34 所示。

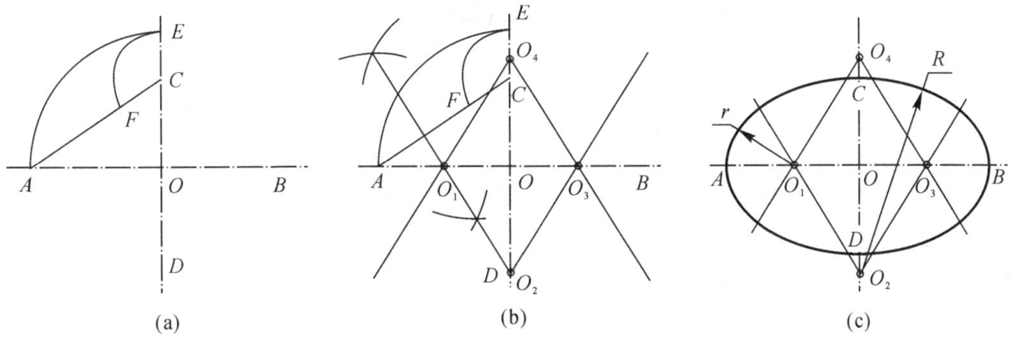

图 1－34　椭圆的近似画法

作图步骤：

第一步：画出长轴 AB 和短轴 CD。连接 AC，并在 AC 上截取 CF，使其等于 AO 与 CO 之差 CE[见图 1－34(a)]。

第二步:作 AF 的垂直平分线,使其分别交 AO 和 OD(或其延长线)于 O_1 和 O_2 点。以 O 为对称中心,找出 O_1 的对称点 O_3 及 O_2 的对称点 O_4,此 O_1、O_2、O_3、O_4 各点即为所求的四圆心。通过 O_1 和 O_2、O_2 和 O_3、$O4$ 和 O_1、O_4 和 O_3 各点,分别作连线[见图 1-34(b)]。

第三步:分别以 O_2 和 O_4 为圆心,O_2C(或 O_4D)为半径画两弧。再分别以 O_1 和 O_3 为圆心,以 O_1A(或 O_3B 为半径画两弧,使所画四弧的接点分别位于 O_2O_1、O_2O_3、O_4O_1 和 O_4O_3 的延长线上,即得所求的椭圆[见图 1-34(c)]。

任务二 吊钩的绘制

【任务描述】

吊钩的几何作图(见图 1-35)。

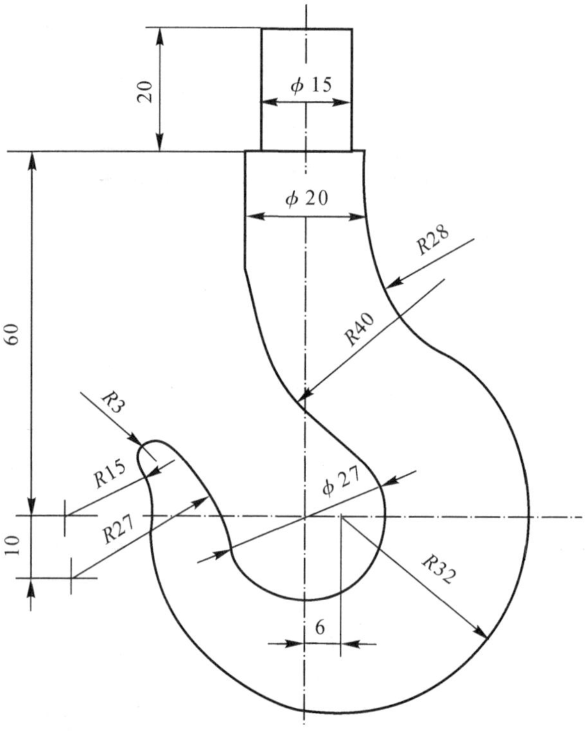

图 1-35 吊钩

【任务分析】

学习线、圆的等分、圆弧连接等几何作图。

【知识准备】

一、分作图

(一)等分线段(分割一线段为 n 等分)。

作图步骤:

(1)过已知直线的一端点任作一条射线,由此端点起在射线上截取 n 等分。

(2)将射线上 n 等分的末端与已知直线另一端点连线,并过射线上各等分点作此连线的平行线与已知直线相交,交点即为所求,如图 1-36 所示。

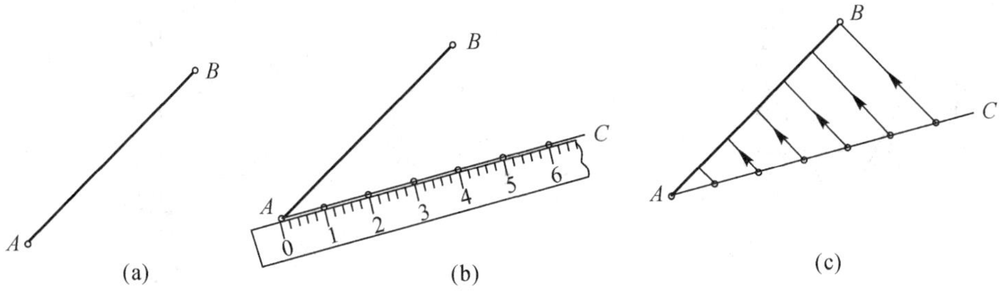

图 1-36　等分直线

(二)两平行线的距离分为 n 等分

作图步骤:

(1)将刻度尺的 0 点定置于一直线上,摆动尺身,使刻度 n(或 n 的倍数)点落在另一直线上,标记住这 n 个等分点。

(2)过各等分点作已知直线的平行线即为所求,如图 1-37 所示。

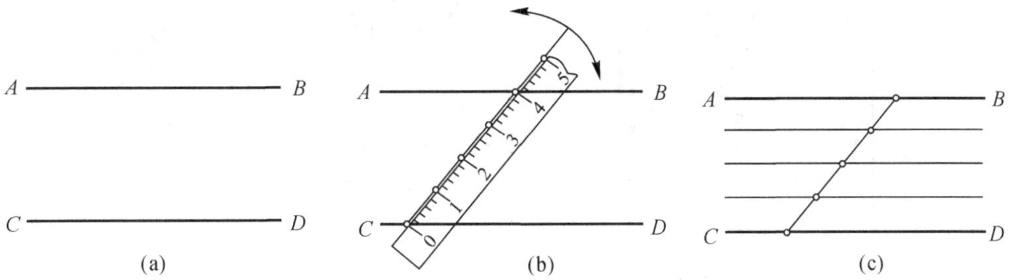

图 1-37　等分两平行线的距离

(三)等分圆周和作正多边形

(1)圆周的四、八等分:用 45°三角板和丁字尺配合作图,可直接将圆周进行四、八等分。将各等分点依次连线,即可分别作出圆的内接四边形或八边形,如图 1-38 所示。

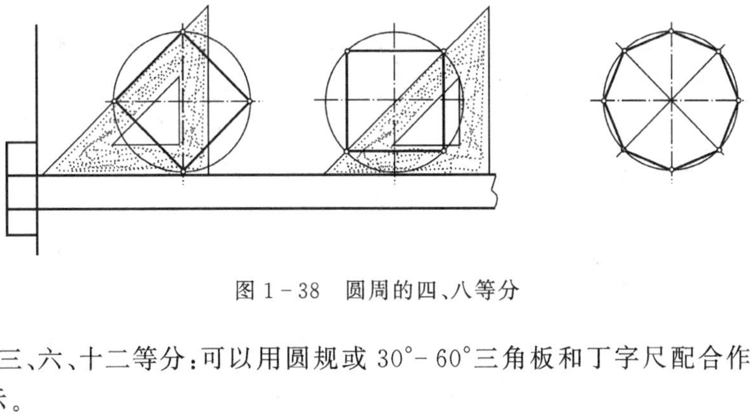

图 1-38　圆周的四、八等分

(2)圆的三、六、十二等分:可以用圆规或 30°-60°三角板和丁字尺配合作图的方法,如图 1-39 所示。

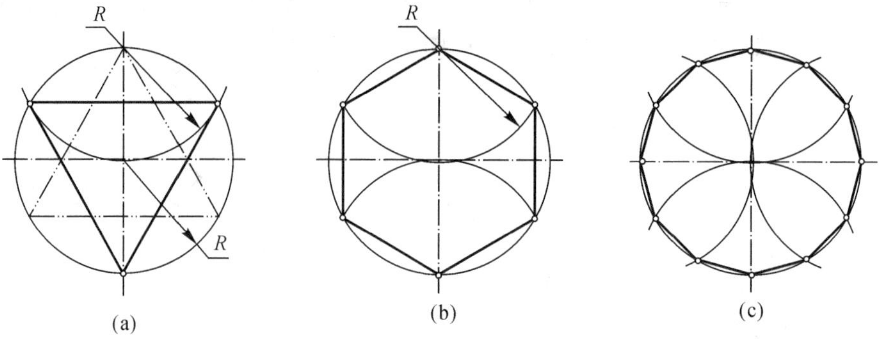

图 1-39　用圆规三、六、十二等分圆周

在图 1-40 中,将各等分点依次连线,即可分别作出圆的内接正三角形、正六边形和正十二边形。如需改变其正三角形和正六边形的方位,可通过调整圆心的位置或三角板的放置方法来实现。

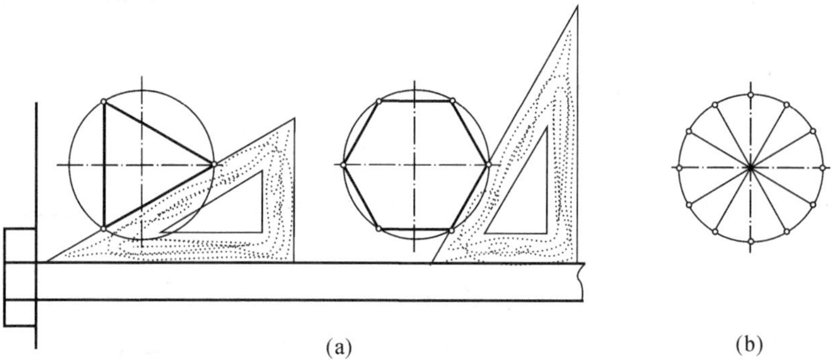

图 1-40　用三角板三、六、十二等分圆周

(3)圆周的五等分,如图 1-41 所示。

作图步骤:

1)作半径 OB 的等分点 M,以 M 为圆心,以 MC 为半径画弧交水平直线于 N。

2)以 NC 为半径,截取圆周为五等分。

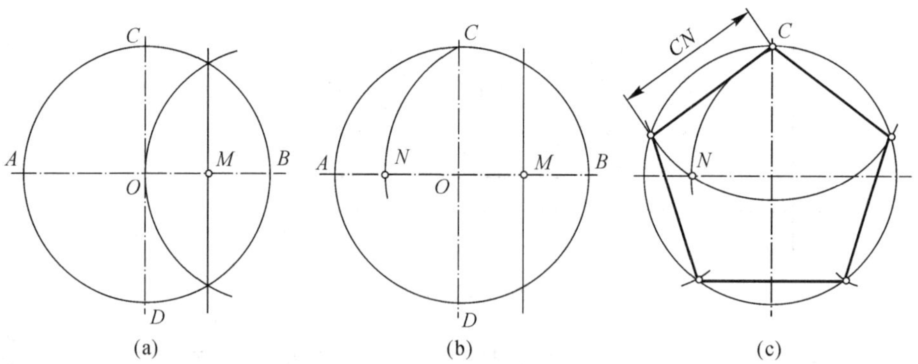

图 1-41　五等分圆周

二、斜度与锥度

(1)斜度是指一直线(或平面)对另一直线(或平面)的倾斜程度。斜度的比值要化作 1∶n 的形式,并在前面加注斜度符号"∠",其方向与斜度的方向一致。它的特点是单向分布。斜度的表示方法如图 1-42 所示。

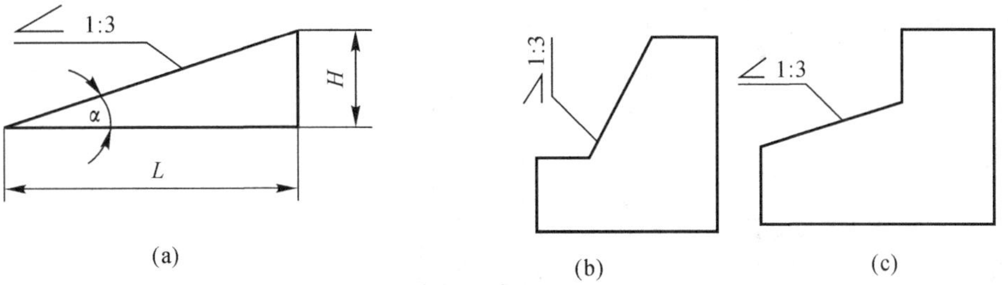

图 1-42　斜度的表示方法

(2)锥度是指正圆锥底圆直径与其高度之比,或正圆台的两底圆直径差与其高度之比。是直径差与长度之比,锥度=$D/L=(D-d)/l=1∶n$,如图 1-43 所示。

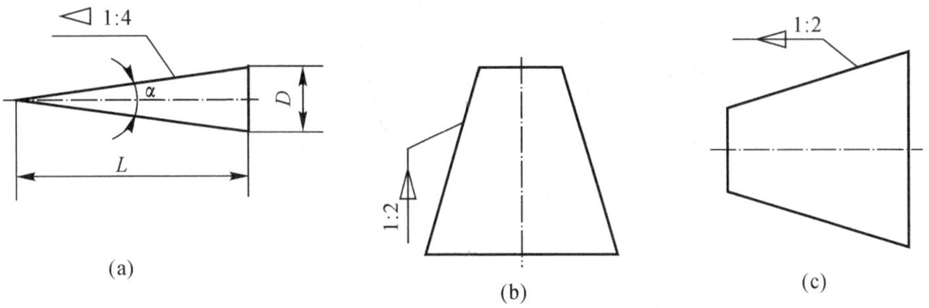

图 1-43　锥度的表示方法

【任务实施】

(1)准备工作。

1)尺寸基准:分析尺寸时,首先要查找尺寸基准。通常以图形的对称轴线、较大圆的中心线、图形轮廓线作为尺寸基准。一个平面图形具有两个坐标方向的尺寸,每个方向至少要有一个尺寸基准。尺寸基准常常也是画图的基准。画图时,要从尺寸基准开始画。

2)定形尺寸:决定平面图形形状的尺寸,称为定形尺寸。如圆的直径、圆弧半径、多边形边长、角度大小等均属定形尺寸,如任务中 20、ϕ27、R32 等。

3)定位尺寸:决定平面图形中各组成部分与尺寸基准之间相对位置的尺寸,称为定位尺寸。如圆心、封闭线框、线段等在平面图形中的位置尺寸,任务中尺寸 6、10、60。

4)线段分析。直线的作图比较简单,只分析圆弧的性质。画圆和圆弧,需知道半径和圆心位置尺寸,根据图中所给定的尺寸,圆弧分为三类:

a.已知圆弧。半径和圆心位置的两个定位尺寸均为已知的圆弧。根据图中所注尺寸能直接画出,如图 1-44 中的 ϕ27、R32。

b. 中间圆弧。已知半径和圆心的一个定位尺寸的圆弧。它需与其一端连接的线段画出后,才能确定其圆心位置,如图 1-44 中 R15、R27。

c. 连接圆弧。只已知半径尺寸,而无圆心的两个定位尺寸的圆弧。它需要与其两端相连接的线段画出后,通过作图才能确定其圆心位置,如图 1-44 中 R3、R28、R40。

尺寸分析完成后,得到图 1-44。

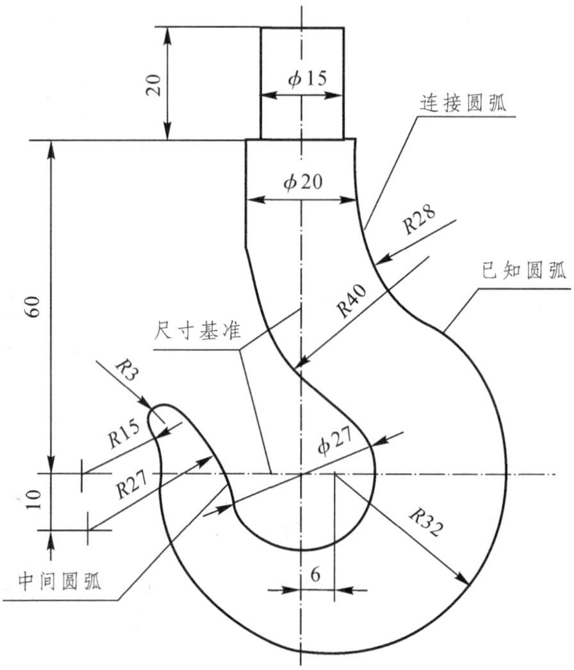

图 1-44　吊钩的尺寸分析

(2)绘制底稿的几点注意。

1)画底稿用 3H 铅笔,铅芯保持尖锐。

2)底稿上各种线形均暂不分粗细,并且要画得很轻很细。

3)作图力求准确。

(3)铅笔描深描粗底稿。

1)先粗后细——一般应先描深全部粗实线,再描深全部细虚线、细点画线及细实线等。这样可以提高绘图效率,还可以保证同一线型在全图中粗细一致,不同线型之间的粗细也符合比例关系。

2)先曲后直——在描深同一种线型(特别是粗实线)时,应先描深圆弧和圆,然后描深直线,以保证连接圆滑。

3)先水平、后竖斜——先用丁字尺自上而下画出全部相同线型号的水平线,再用三角板自左向右画出全部相同线型号的垂直线,最后画出倾斜的直线。

4)画箭头、填写尺寸数字、标题栏等,此步骤可将图纸从图板上取下来进行。

(4)绘制吊钩的方法与步骤。

1)画出基准线,如图 1-45(a)所示。

2)画已知线段,如图 1-45(b)所示。

3)画中间线段,如图 1-45(c)所示。

4)画出连接线,如图 1-45(d)所示。

5)修饰全图并标注尺寸,如图 1-45(e)所示。

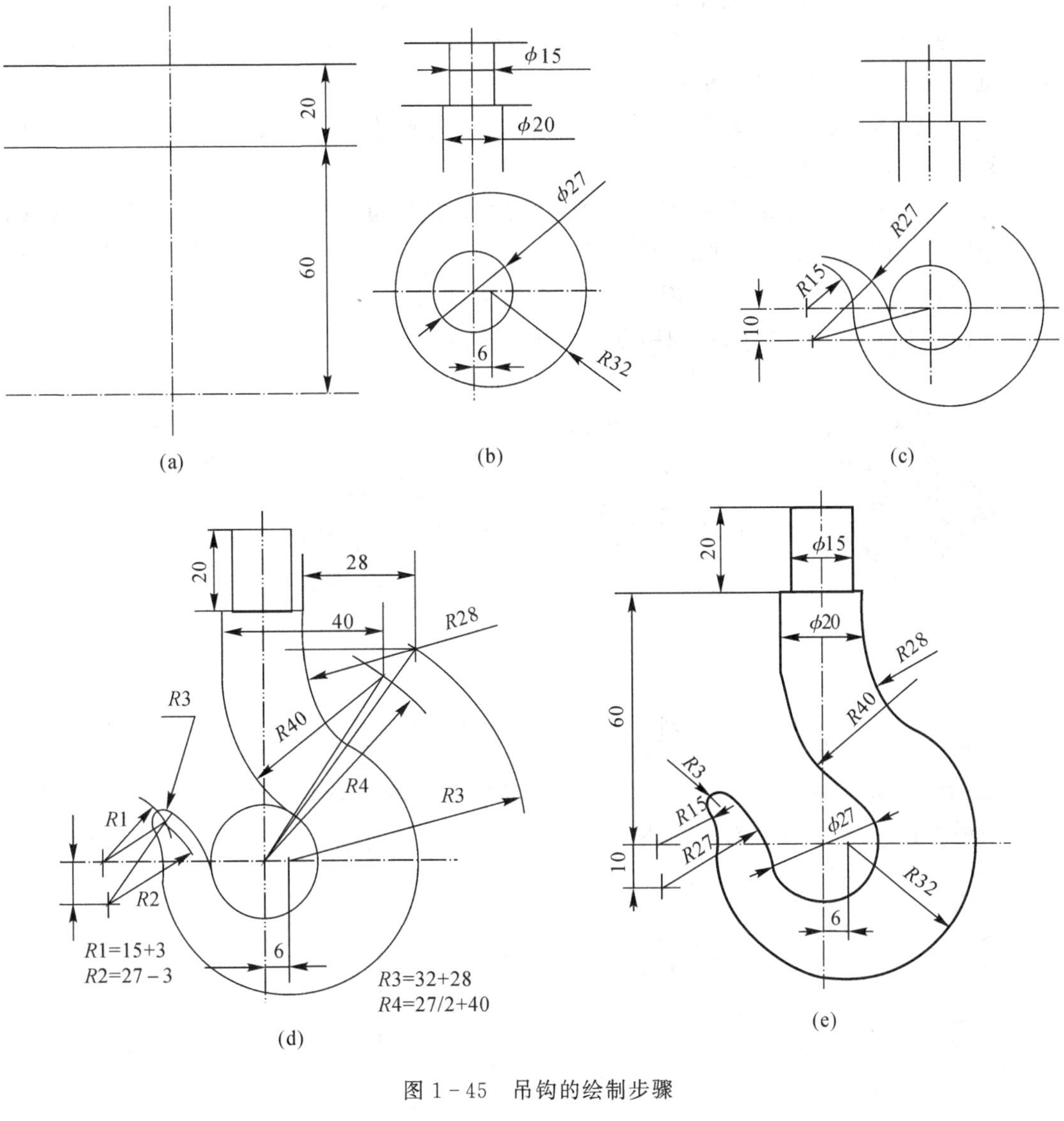

图 1-45　吊钩的绘制步骤

【知识拓展】

徒手画图的方法。

徒手图也叫草图,是以目测估计图形与实物的比例,按一定画法要求徒手或部分使用绘图仪器绘制的图样。由于草图绘制简便迅速,有很大的实用价值,特别是在工作现场测绘、创意设计与交流方面很有优势。在计算机绘图技术越来越完善和普及的时代,草图与计算机绘图几乎取代了传统的手工仪器制图。

画草图的要求:①画线要稳,图线要清晰;②目测尺寸要准(尽量符合实际),各部分比例要匀称;③绘图速度要快;④标注尺寸无误,字体工整。

画草图的铅笔比用仪器画图的铅笔软一号,削成圆锥形,画粗实线时笔尖要秃一些,画细线时笔尖要细些。

要画好草图,必须掌握徒手绘制各种线条的基本手法。

(1)握笔的方法。手握笔的位置要比用仪器绘图时高一些,以利于运笔和观察目标。笔杆与纸面成 45°～60°角,执笔稳而有力。

(2)直线的画法。画直线时,手腕应靠着纸面,沿着画线方向移动,保证图线画得直。眼要注视终点方向,便于控制图线。

徒手绘图的手法如图 1-46 所示。画水平线时,图纸可放斜一点,不要将图纸固定住,以便随时可将图纸转动到画线最为顺手的位置,如图 1-46(a)所示。画垂直线时,自上而下运笔,如图 1-46(b)所示。画斜线时的运笔方向如图 1-46(c)所示。为了便于控制图形大小比例和各图形间的关系,可利用方格纸画草图。

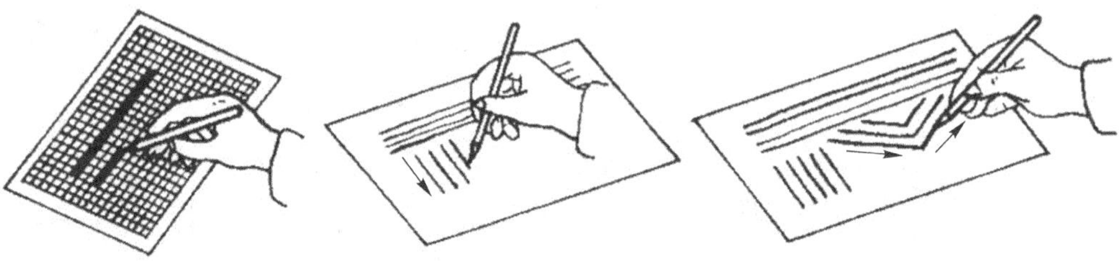

(a) (b) (c)

图 1-46 徒手绘直线的手法

(3)常用角度的画法。画 30°、45°、60°等常用角度,可根据两直角边的比例关系,在两直角边上定出几点,然后连线而成,如图 1-47 所示。

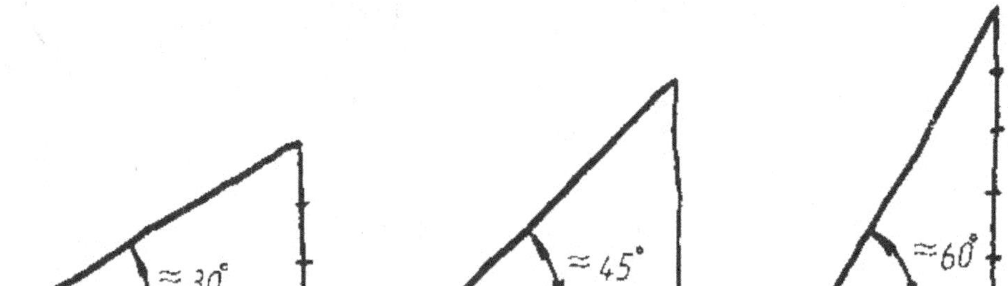

(a) (b) (c)

图 1-47 角度的徒手画法

(4)圆的画法。画小圆时,先定圆心,画中心线,再按半径大小在中心线上定出 4 个点,然后过 4 点分两半画出[见图 1-48(a)]。画较大的圆时,可增加两条 45°斜线,在斜线上再根据半径大小定出 4 个点,然后分段画出[见图 1-48(b)]。

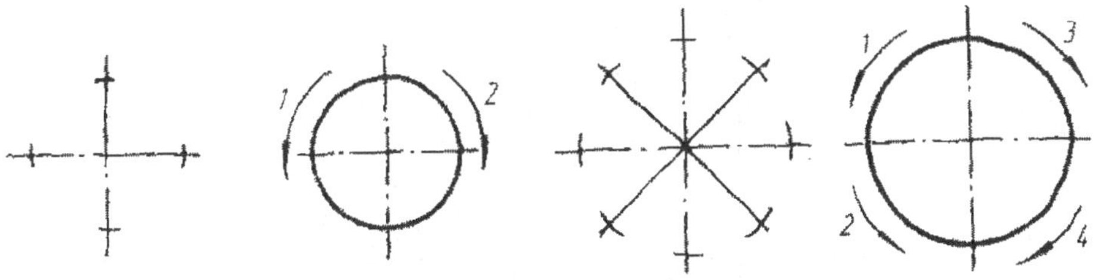

图 1-48　圆的徒手画法

(a)画小圆;　(b)画大圆

(5)圆弧的画法。画圆弧时,先将两直线徒手画成相交,然后目测,在分角线上定出圆心位置,使它与角两边的距离等于圆角半径的大小,过圆心向两边引垂线定出圆弧的起点和终点,并在分角线上也定出一圆周点,然后画圆弧把三点连接起来,如图 1-49 所示。

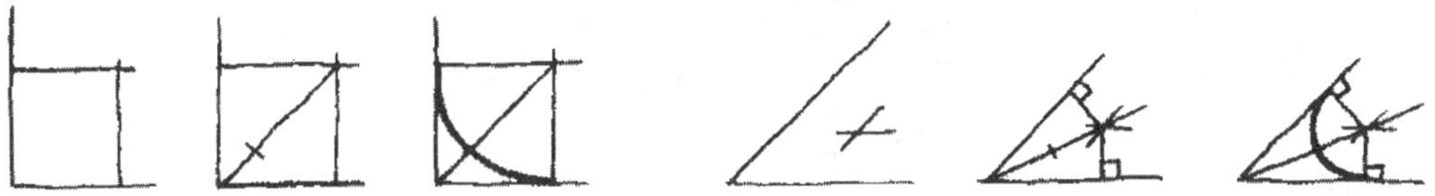

图 1-49　圆弧的徒手画法

(6)椭圆的画法。画椭圆时,先目测定出其长、短轴上的四个端点,然后分段画出四段圆弧,画图时应注意图形的对称性,如图 1-50 所示。

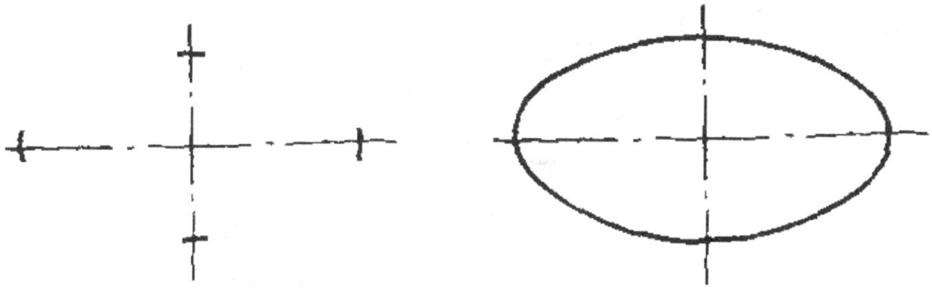

图 1-50　圆弧的徒手画法

【学习小结】

通过学习手柄的画法,了解和掌握国家标准的相关规定以及绘图仪器及工具的使用,还需要在不断的实践中,边学习,边掌握要领,边提高。

通过吊钩的绘制,学习线、圆的等分、圆弧连接等几何作图,绘制圆弧连接的关键是找到连接圆弧的弧心和切点。

【自我评估】

完成图 1－51 和图 1－52 所示曲线的手工绘制。

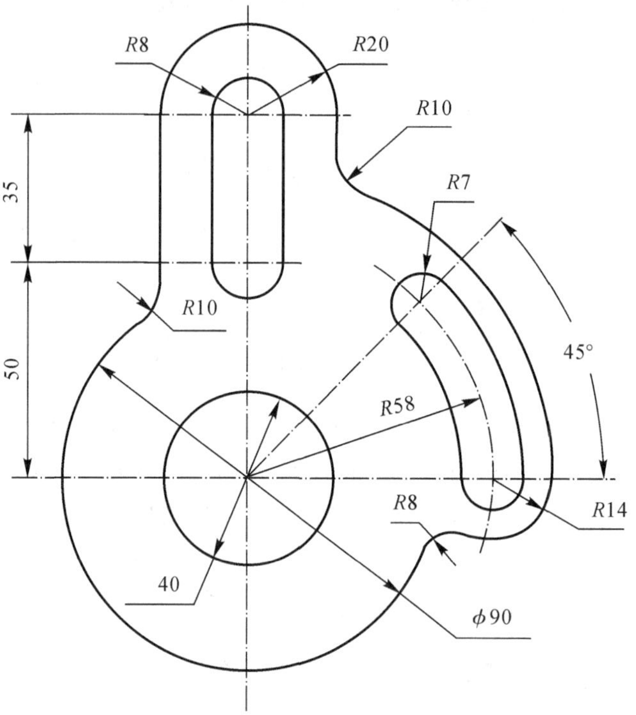

图 1－51　练习题 1

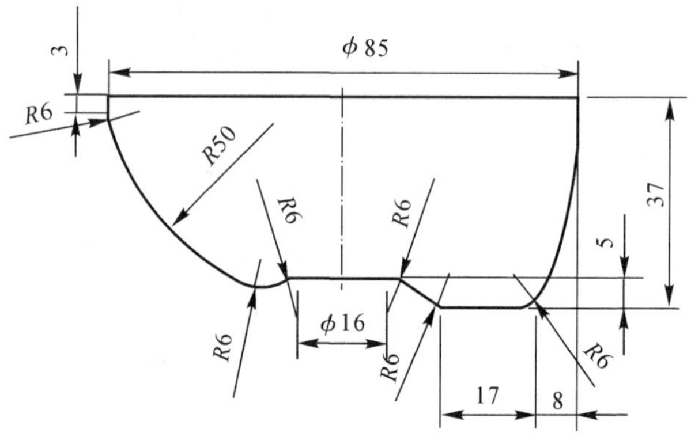

图 1－52　练习题 2

学习情境二　基　本　体

【学习目标】

(1)掌握点线投影的基本知识。

(2)掌握基本体的图形分析,识读基本体的三视图及标注尺寸。

(3)掌握基本体投影特征及其三视图画法。

任务一　三棱锥上的点的投影

【任务描述】

正三棱锥上点 M 的投影,如图 2-1 所示。

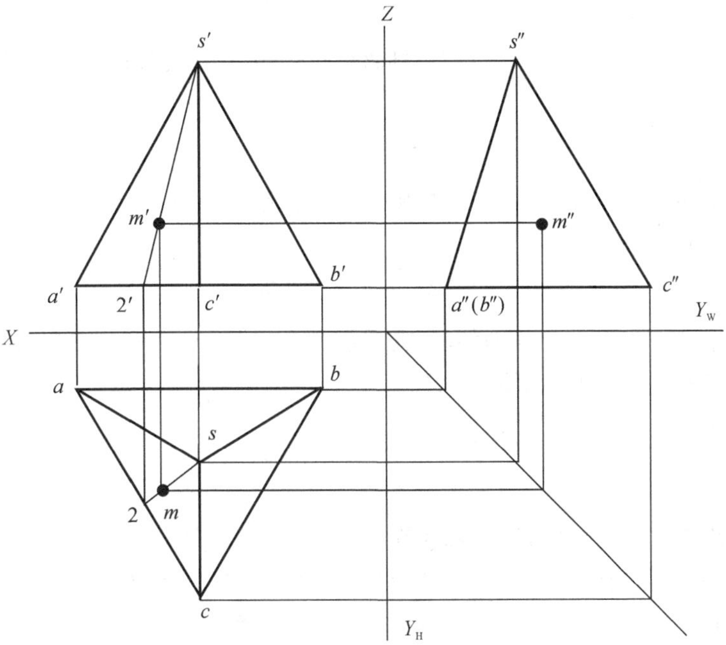

图 2-1　三棱锥上点的投影

【任务分析】

学习投影的基本知识,能够熟练地画出立体上各个点线的投影。

【知识准备】

正投影法以及点、线、面的投影知识。

当光线照射物体时,地面或墙面上会出现物体的影子,这就是投影现象。

当光线(称为投影线)为平行光时,把物体投影在墙面(称为投影面)上,得到的影子(见图 2-2)称为投影。当投影线与投影面垂直时,称为正投影。

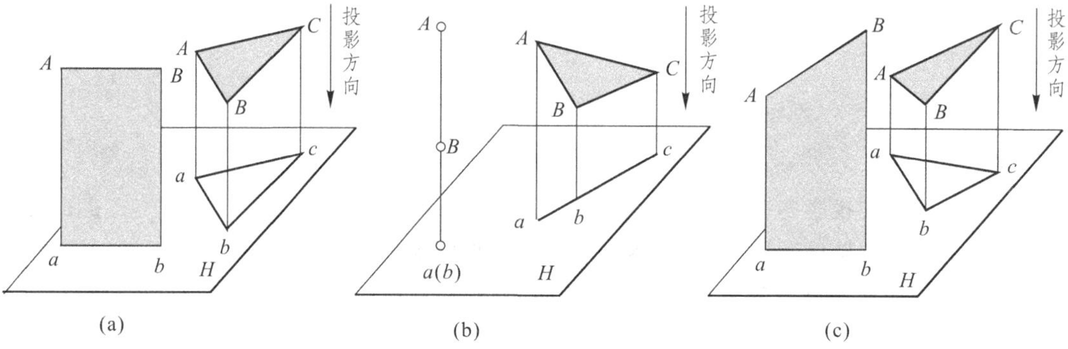

图 2-2　正投影的特性

(a)线、面平行投影面,具有显实性;(b)线、面垂直投影面,具有积聚性;(c)线、面倾斜投影面,具有类似性

(一)正投影的基本性质

1. 显实性

当直线或平面与投影面平面平行时,则直线的投影反映实长;平面的投影反映实形[见图 2-2(a)]。

2. 积聚性

当直线或平面与投影面平面垂直时,则直线的投影积聚成一点;平面的投影积聚成一条直线[见图 2-2(b)]。

3. 类似性

当直线或平面与投影面平面倾斜时,其直线的长度变短;平面的投影面积变小,但投影的形状仍与原来的形状类似[见图 2-2(c)]。

(二)三视图

1. 视图的概念

用正投影法绘制的物体的投影,称为视图。

换句话说,就是把物体放在观察者和投影面之间,将观察者的视线视为一组相互平行且与投影面垂直的投射线,对物体进行投射所获得的正投影图,叫视图(见图 2-3)。

2. 三视图的形成

一般来说,一个视图是很难把一个物体的开关和大小表达清楚的,为此工程上常用三视图来表达物体的形状与大小。

首先,三面投影体系是将三个互相垂直的投影面所组成的(见图 2-4)。它们分别为正

投影面 V 面，水平投影面 H 面，侧投影面 W 面。三个投影面的交线称为投影轴。投影轴的交点 O 称为原点。将 V 面与 H 面的交线称为 OX 轴；将 H 面与 W 面的交线称为 OY 轴；将 V 面与 W 面的交线称为 OZ 轴。其中 X 方向表现物体的长度方向，Y 方向表现物体的宽方向，Z 方向表现物体的高方向。

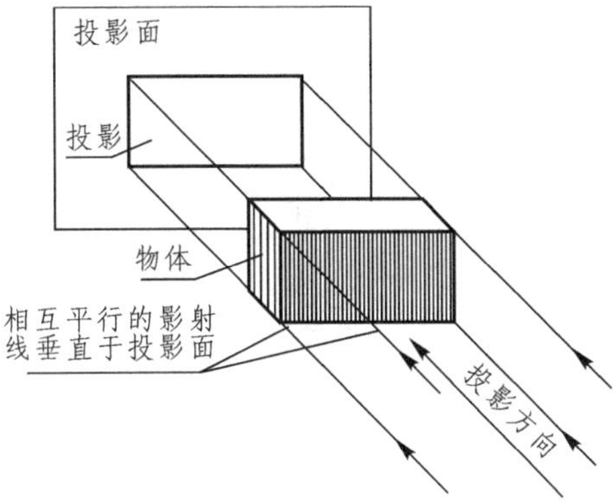

图 2－3　视图的获得

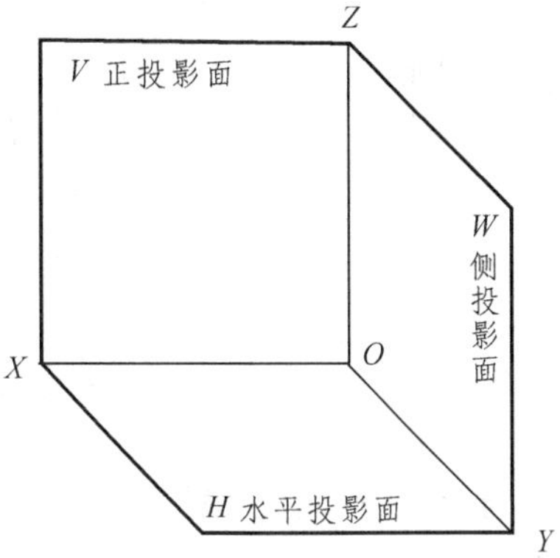

图 2－4　三面投影体系

然后，将物体放置在三面投影体系中，按正投影法向各投影面投射，在不同的投影面上得到三个投影，称为正面投影、水平投影、侧面投影[见图 2－5(a)]。

最后，为了画图方便将三个投影面展开在同一平面上。规定：V 面不动，H 面绕 OX 轴向下旋转 90°，W 面绕 OZ 轴向右旋转 90°[见图 2－5(b)]。这样就得到了展开后的三视图[见图 2－5(c)]。注意，旋转时，OY 轴被分为两段，分别用 OY_H（在 H 面上）与 OY_W（在 W 面上）表示[见图 2－5(d)]。V 面的投影称为主视图；H 面的投影称为俯视图；W 面的投影称为右视图。

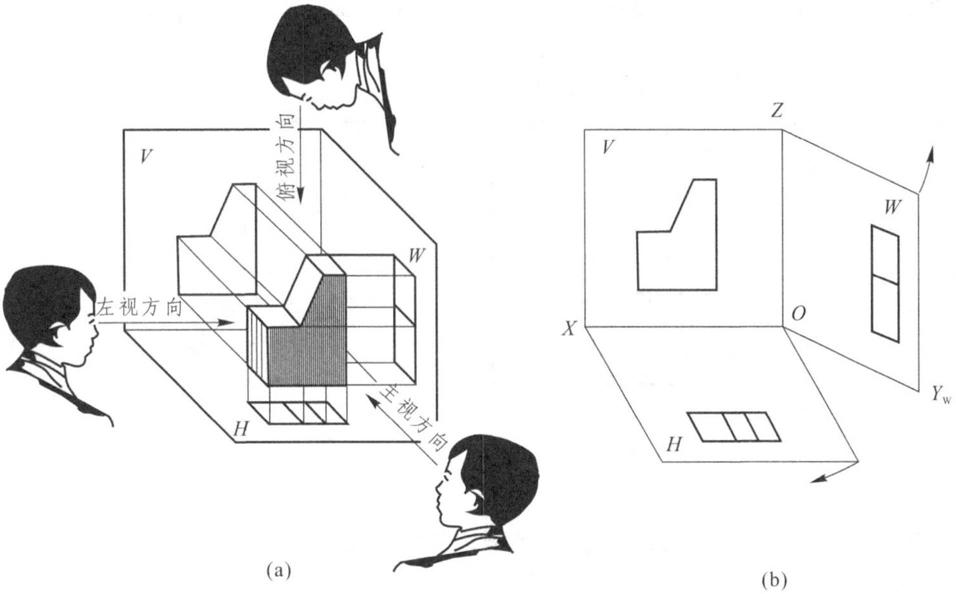

图 2－5　三视图的关系

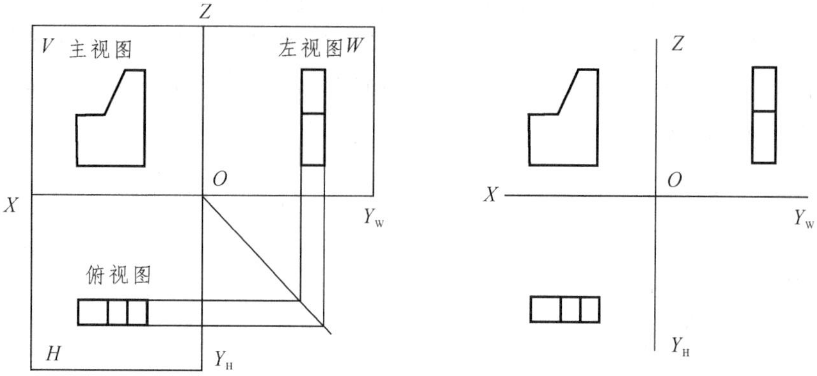

(c) (d)

续图 2－5　三视图的关系

3. 三视图之间的关系

三视图的位置关系是，以主视图为准，俯视图在它的正下方，左视图在它的正右方。

由于主视图反映物体的长与高，俯视图反映物体的长与宽，右视图反映物体的高与宽，所以主、俯视图<u>长对正</u>(等长)，主、右视图<u>高平齐</u>(等高)，俯、右视图<u>宽相等</u>(等宽)。

(三)点线投影的基本知识

空间形体都是由点、线、面等几何要求组成的，要识读或绘制空间形体的投影，点线面的投影应该是基础。

1. 点的投影

点的投影仍是点。如图 2－6 所示，过空间点 A 分别向三投影面投影，得到三个投影点，分别为 a、a'、a''，其中 a 是水平投影面的投影；a'是正投影面的投影；a''是侧投影面的投影。

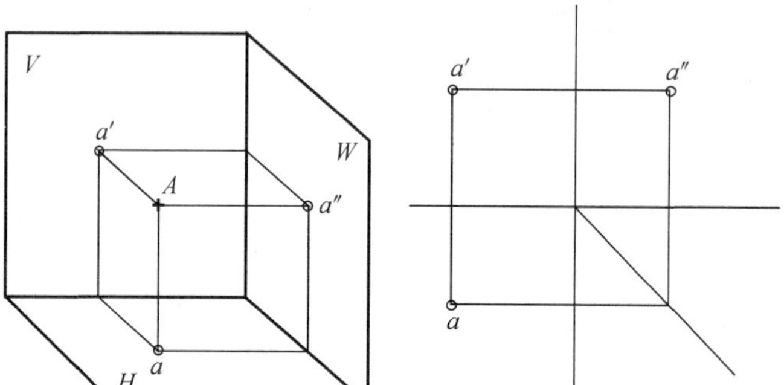

(a) (b)

图 2－6　空间点的 A 的投影

投影图如图 2－6(b)所示，它也同样满足投影规律，即长对正，宽相等，高平齐。

2. 直线的投影

直线的投影仍为直线，如图 2－7 所示。直线 AB 的水平投影 ab、正面投影 $a'b'$、侧面投

影 $a''b''$ 均为直线。

直线的投影可由直线上的两点的同面投影来确定，因空间一直线由直线上的两点来确定，故直线的投影也可由直线上任意两点的投影来确定。因此只要求得点 A 与点 B 的投影，然后分别连接，就可得到直线 AB 的三面投影。

3. 面的投影

平面可以由不在一条直线的三个点来决定，也可以由一直线与线外一点决定，也可由两相交直线或两平行直线来决定。

由于工程上的平面，多为有限面，所以这里所讲的平面也是指平面图形。

图 2－8 所示的是三角形 abc 所决定的平面的三面投影。其实作图过程，就是先作出 a、b、c 三个点的投影，然后依次连接各点，即可得到三角形 abc 的投影。

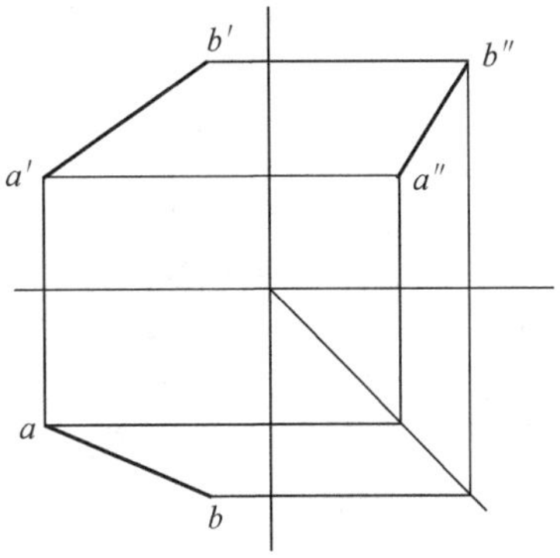

图 2－7　直线的投影图

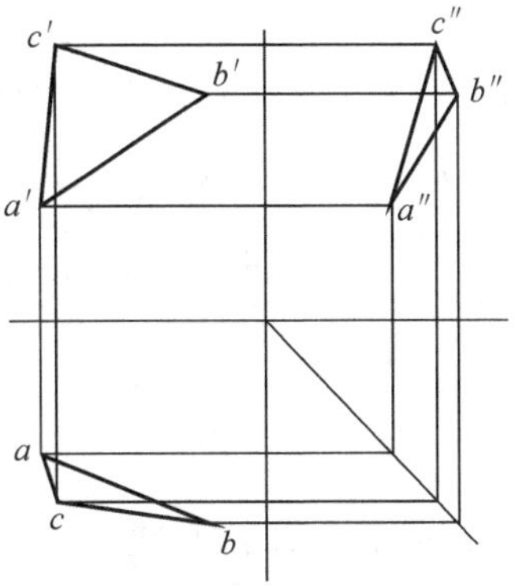

图 2－8　平面的投影

【任务实施】

步骤 1：连接 $s'm'$ 并延长，与 $a'c'$ 交于 $2'$，如图 2－9 所示。

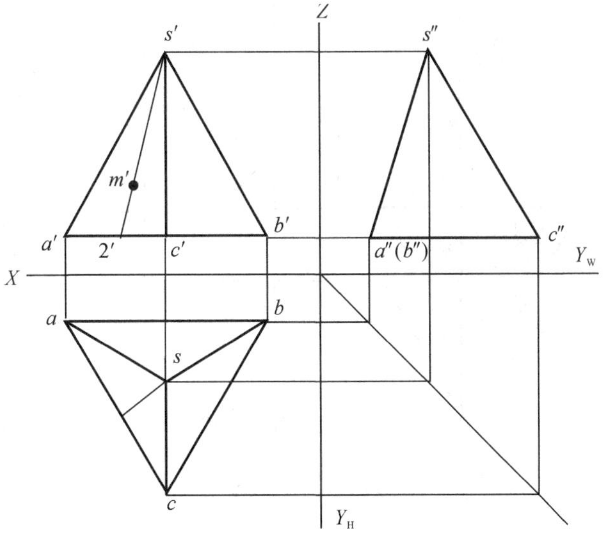

图 2－9　步骤 1

步骤 2:在投影 ac 上求出Ⅱ点的水平投影 2,如图 2-10 所示。

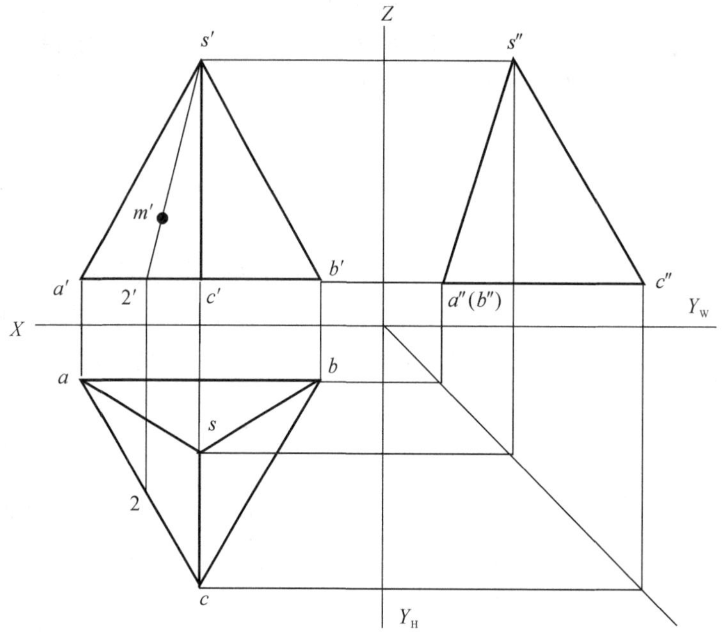

图 2-10　步骤 2

步骤 3:连接 $s2$,即求出直线 SⅡ的水平投影,如图 2-11 所示。

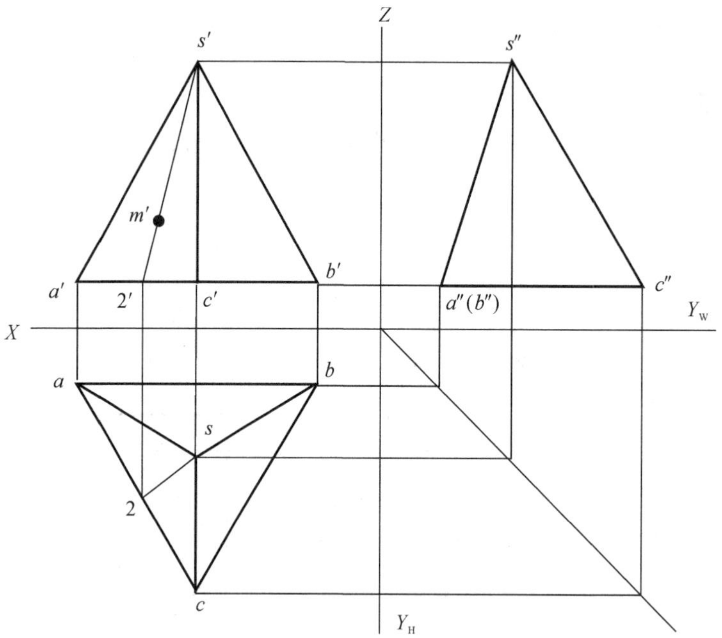

图 2-11　步骤 3

步骤 4:根据在直线上的点的投影规律,求出 M 点的水平投影 m,如图 2-12 所示。

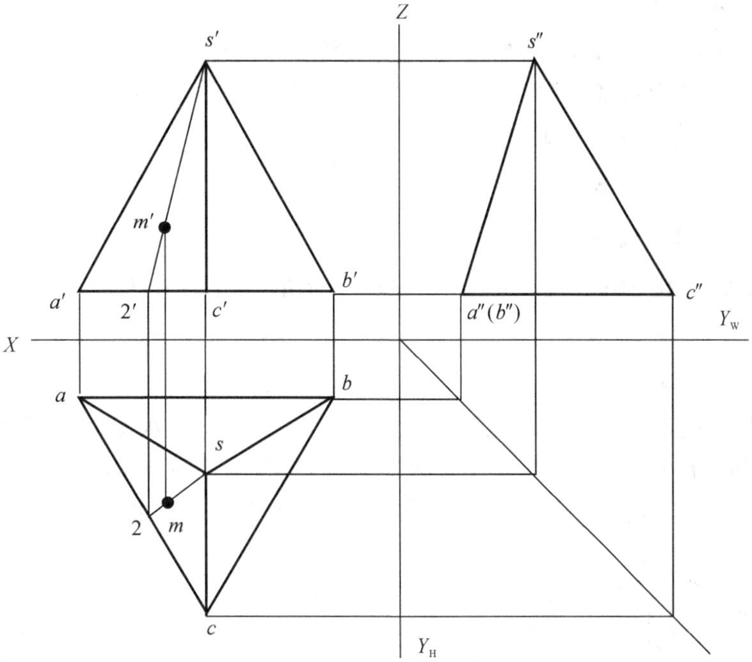

图 2 - 12 步骤 4

步骤 5:再根据点的三视图投影方法,求出 m'',完成三视图,如图 2 - 13 所示。

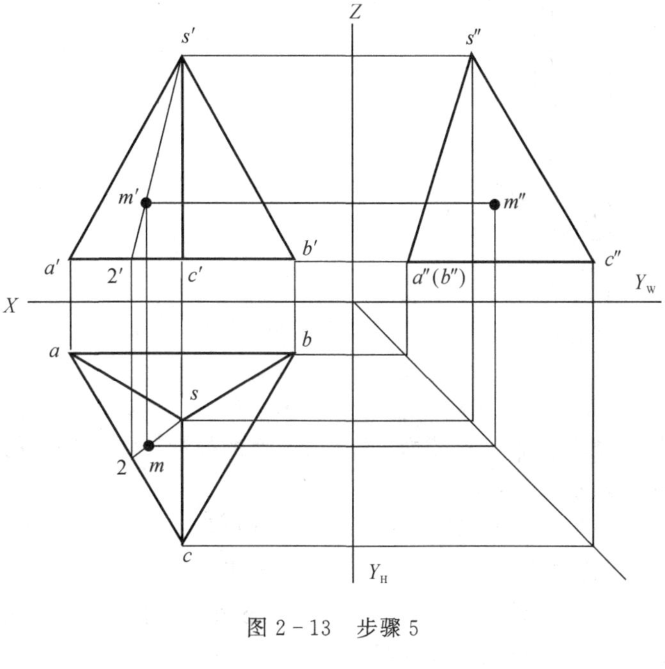

图 2 - 13 步骤 5

【知识拓展】

基本体的三视图绘制及表面取点在其他两面上的投影(投影规律)。

一、基本体的概念

基本几何体包括平面体和曲面体两类。平面体的每个表面都是平面,常见的有棱柱、棱锥;表面为曲面或曲面与平面所组成的立体,称为曲面体。曲面体至少有一个表面是曲面,常见的曲面体为回转体,如圆柱、圆锥、圆球等。

二、平面立体的三视图

(一)棱柱的三视图画法

棱柱的棱线互相平行。现以图 2－14(a)所示的正五棱柱为例,说明其投影及作图方法。

1. 形状及位置分析

正五棱柱的顶面和底面是两个互相平行的正五边形,且为水平面,五个侧棱面均为矩形,各侧棱面均与顶面和底面垂直。为了便于作图,选择五棱柱的顶面、底面平行于水平面,且让其中的一个侧棱面与 V 面平行(正平面),其余 4 个侧棱面为铅垂面。

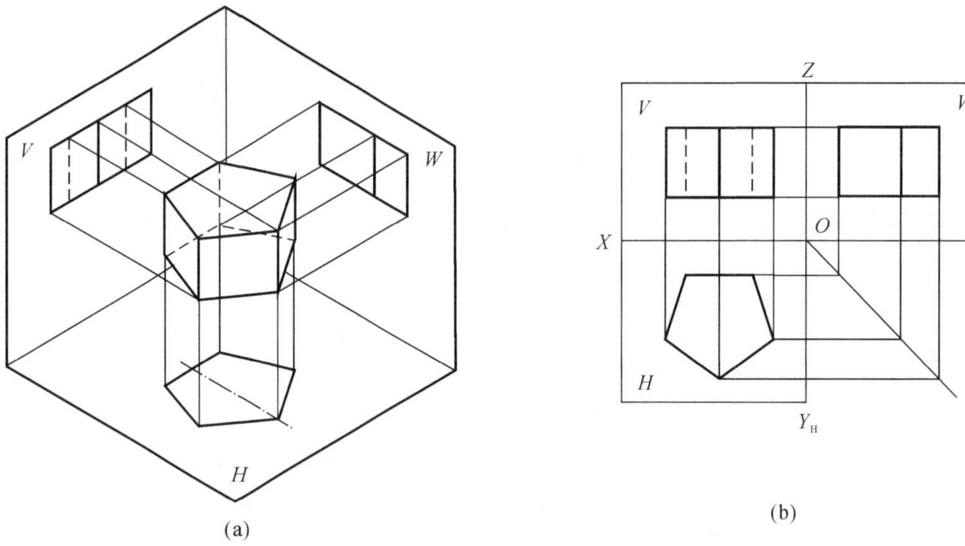

图 2－14 五棱柱的投影

2. 投影分析

画几何体的投影就是要画出各棱面、棱线或顶点的投影。画五棱柱的三视图时,先画出俯视图——一个正五边形。

俯视图,它反映了正五棱柱顶面和底面的实形且重影,其五条边分别是正五棱柱的五个棱面的积聚投影,五条边的交点为五条棱线的积聚投影。

在主视图中,上、下二横线是顶面和底面的积聚投影,三条粗实竖线是三条可见棱线的投影,两条虚竖线,是两条不可见棱线的投影,平行于 OZ 轴且反映了棱柱的高。五个封闭的线框是棱面的投影,中间的虚线框反映了棱面的实形。

在左视图中,上、下二横线是顶面和底面的积聚投影,三条竖线中,右边一条是前面棱线

（也是正面二棱面的分界线）的投影，左边一条是后棱面的积聚投影，中间一条是五棱柱左、右棱线的投影且重影，它反映棱柱的高。

3．作图

用对称中心线或基准线确定各视图的位置后，首先用细线画正五棱柱的水平面投影一正五边形；再根据长对正的投影关系和五棱柱的高度画出正面投影；然后由高平齐以及宽相等的投影关系画出其侧面投影；最后检查并描粗，即得正五棱柱的三视图，如图 2－14 所示。

（二）棱锥的三视图画法

1．棱锥形状与位置分析

以正三棱锥为例，正三棱锥的底是一个正三角形，锥顶在正三角形的正上方为三条棱线相交的点。

2．投影分析

图 2－15(a)是一个正三棱锥分别向三个投影面的投影。锥底面$\triangle ABC$平行于水平面，该投影反映底面的实形。除了棱锥后棱面$\triangle SAB$垂直于侧面，且在侧面上的投影积聚为一直线外，其他三个棱面的所有投影均是三角形类似形。正三棱锥的三视图如图 2－15(b)所示。

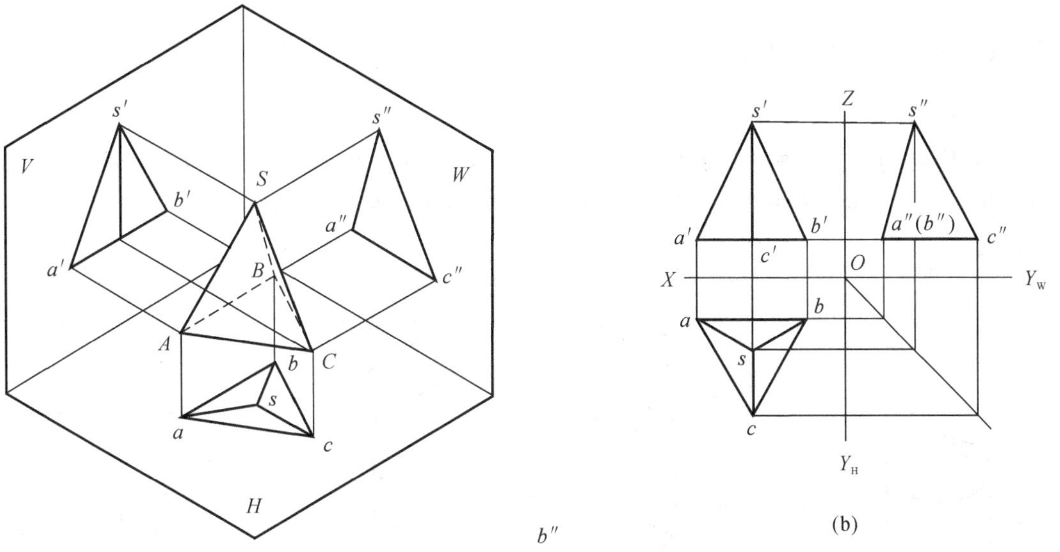

(a)　　(b)

图 2－15　正三棱锥的投影

3．棱锥表面上求点

与棱柱面上求点的方法相同，面上的点的投影属于面的投影。对一些一般位置面，面上的点可用辅助线法作出，如图 2－16 所示。

其中，A 点是棱锥面上的点，为了作其投影，过顶点 S 和点 A 作一条线，交于底边于 M

点,称 SM 线为辅助线。A 点属于 SM 线,而 SM 属于棱锥表面。按投影规律可得到 A 点的 3 个投影。

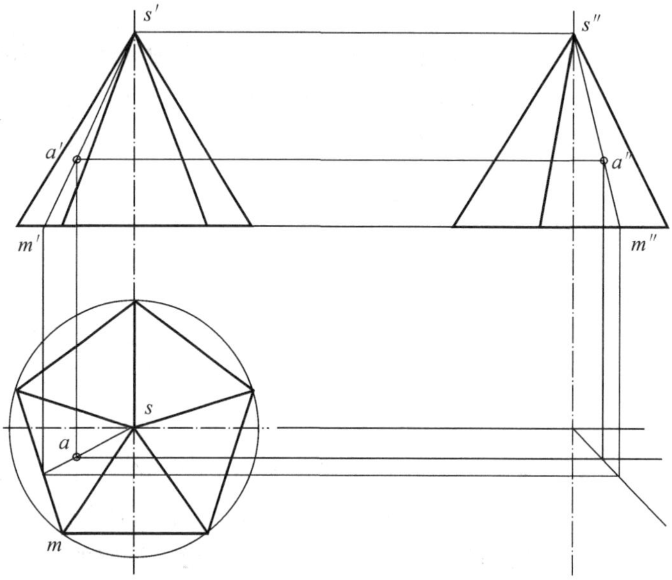

图 2-16　五棱锥上面上的点

(三)曲面立体的三视图

1. 圆柱

(1)圆柱的三视图画法。圆柱体是由圆柱面与上、下表面围成。圆柱面可以看作是一条直母线绕平行于它的轴线回转而成。圆柱面上任意一条平行于回转轴线的直线,称为圆柱面的素线,如图 2-17(a)所示。

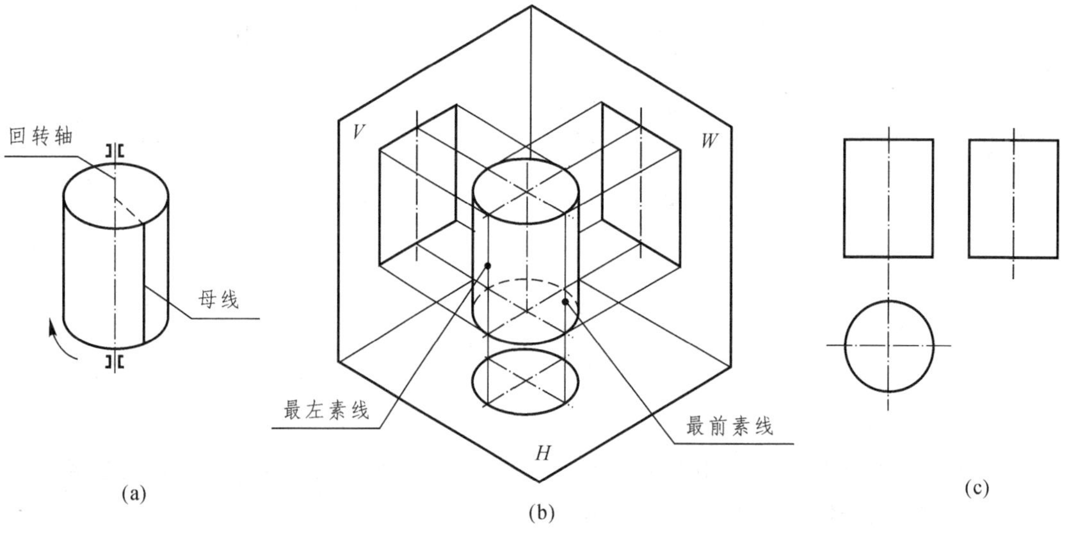

图 2-17　圆柱的形成、投影及三视图

(2)圆柱的投影分析。图 2-17(b)所示是圆柱的投影和分析。由于圆柱轴线垂直于水平面(铅垂线),故圆柱的上、下表面在水平面投影是一圆线框,且反映实形;它的正面投影和侧面投影积聚为直线。圆柱面上所有素线都是铅垂线,故圆柱面在水平面具有积聚性,也是一圆线框,与圆柱上、下表面的投影圆线框相重合。

正面投影中,前,后两半圆柱面的投影重合为一矩形,矩形的两条竖线分别是圆柱的最左、最右素线的投影。

侧面投影中,左、右两半圆柱面的投影重合为一矩形,矩形的两条竖线分别是圆柱的最前、最后素线的投影。

作图时应先画圆的中心线和圆柱轴线的各投影,然后从投影具有积聚性的圆的视图画起,再根据投影规律和圆柱的高度逐步完成其他视图,如图 2-17(c)所示。

(3)圆柱表面上点的投影。如图 2-18 所示,已知圆柱面上点 M 的正面投影 m',求另两面投影。由给定的 m'的可见性位置分析,可判断点 M 在前半圆柱面的左半部。利用圆柱面的水平投影的聚积性,m 就在前半圆的左部,m''即可用投影规律求出。同样,也可求出 N 点的三面投影,其所在的位置是圆柱的正后方,故正面投影不可见。

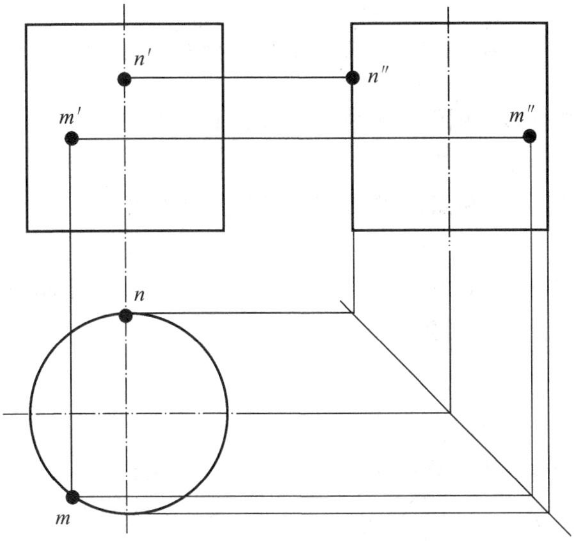

图 2-18 圆柱表面点的求法

2. 圆锥

(1)圆锥的三视图画法。圆锥体是由圆锥面和底面围成。圆锥面可看作是由一条直母线绕与它斜交的轴线回转而成,图 2-19(a)所示的是轴线垂直于水平面的正圆锥的投影情况。

锥底平行于水平面,其水平面投影反映其实形,同时也是圆锥面在水平面的投影。锥底正面投影和侧面投影积聚为直线。

圆锥面的三个投影都没有积聚性,其水平面投影与底面的投影相重合,全部可见;正面投影由前、后两半圆锥面的投影重合为一等腰三角形,三角形的两腰分别是圆锥的最左、最右素线的投影。

圆锥面的侧面投影由左、右两半圆锥面的投影重合为一等腰三角形,三角形的两腰分别是圆锥的最前、最后素线的投影。

画圆锥的三视图时,先画出圆锥底面及其圆锥旋转轴线的各个投影,再画出锥顶点的投影,然后分别画出特殊位置素线的投影,即完成圆锥的三视图,如图 2-19(c)所示。

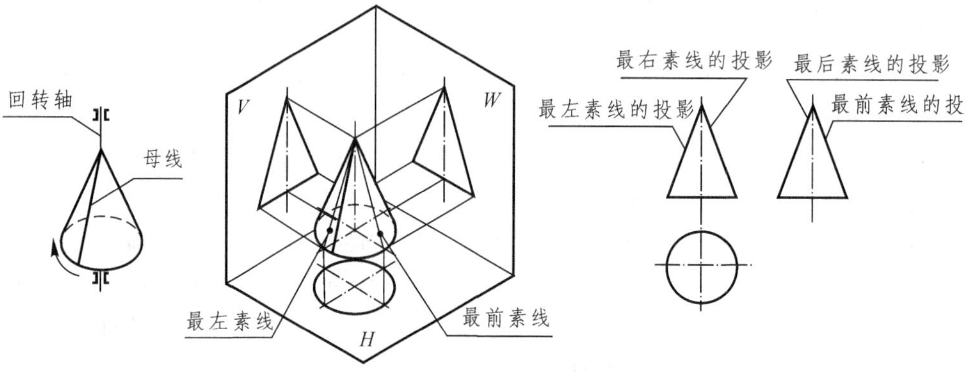

(a) (b) (c)

图 2-19 圆锥的形成、投影及三视图

(2)圆锥面上点的投影。图 2-20 所示为圆锥面上点的求法,其中,点 m 投影为用辅助线法作出;点 N 投影为辅助圆作出。

1)辅助线法。过锥顶 S 和点 M 做一素线 SA,即可作出 sa、$s'a'$、$s''a''$,由于 M 属于 SA,故 M 点的投影可求。

2)辅助圆法。过点 N 在圆锥面上作垂直于圆锥轴线的水平辅助圆,由于点属于圆,所以点的投影在该辅助圆上。(注意判断 N 点投影的可见性。)

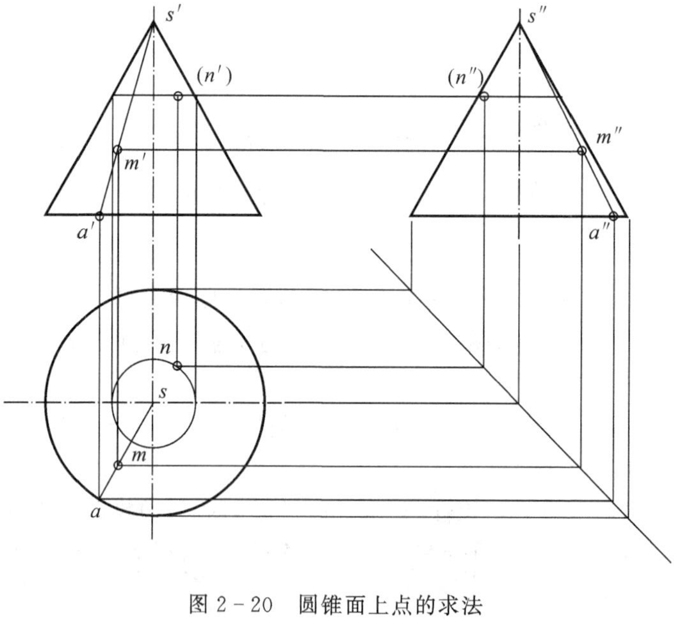

图 2-20 圆锥面上点的求法

3. 球

(1)球的三视图分析。圆球的表面可以看作是一条圆母线绕其直径回转而成,如图 2－21(a)所示。

从图 2－21(b)中可以看出,圆球的三个投影均为与圆球直径相等的圆,并且是圆球上平行于相应投影面的三个不同位置的最大轮廓圆。水平面投影的轮廓圆是上、下两半球面的分界线,它也是圆球上半个圆球面投影可见与下半个圆球面投影不可见的分界线;正面投影的轮廓圆是前、后两半球面的分界线,也是圆球正面投影可见与不可见的分界线;侧面投影的轮廓圆是左、右两个半球面的分界面,也是圆球在侧面投影可见与不可见的分界线。

作图时应先画圆的点画线的十字中心线的各投影,然后分别画水平面、正面、侧面投影的圆,如图 2－21(c)所示。

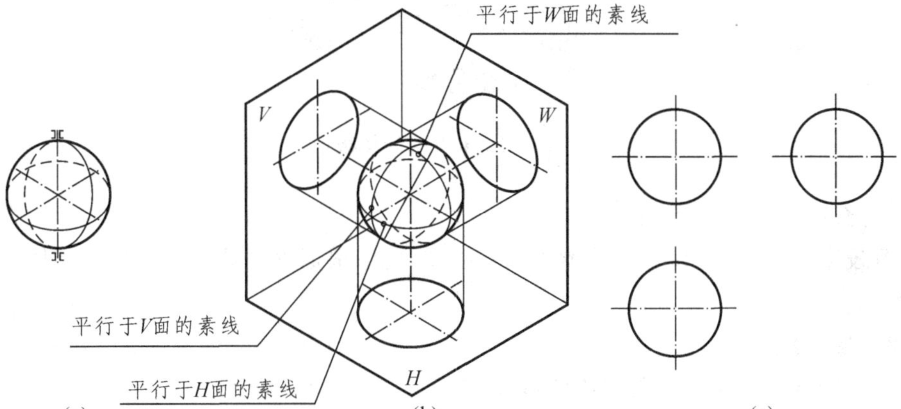

(a)　(b)　(c)

图 2－21　圆球的形成、投影及三视图

(2)球面上点的投影。如图 2－22,圆球面上点 m 的投影可根据其位置,判断可见性。即 m 点在球的左上部,即三面投影均为可见。

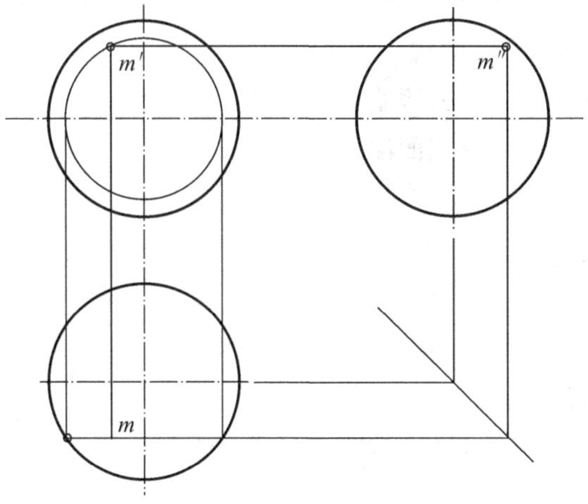

图 2－22　圆球表面上点的求法

投影应采用辅助圆法。即过点 m 在球面上作一平行于某投影面的辅助圆(此例中作一平行正投影面的辅助圆)。由于点在辅助圆上,所以点的投影也在该圆的投影上。

任务二　复合回转体的截切

【任务描述】

复合回转体截切(见图 2-23)三视图的绘制。

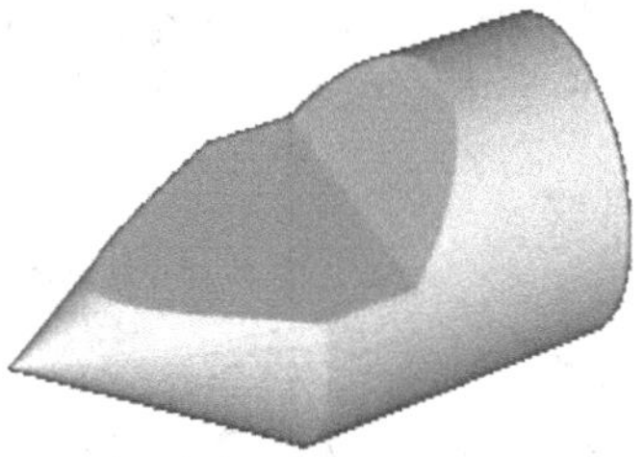

图 2-23　复合回转体截切

【任务分析】

学习投影的基本知识,了解基本体的三视图,能够根据立体图画出简单切割体上面各线的投影。

【知识准备】

截交线的基本知识以及基本体的截交线。

一、平面立体的截交线

截交线是一个由直线组成的封闭的平面多边形,其形状取决于平面体的形状及截平面相对平面体的截切位置。

平面立体的截交线是一个多边形,它的顶点是平面立体的棱线或底边与截平面的交点。截交线的每条边是截平面与棱面的交线;截交线既属于截平面,又属于立体表面。

(一)求截交线的两种方法

求各棱线与截平面的交点→棱线法。

求各棱面与截平面的交线→棱面法。

(二)求截交线的步骤

(1)空间及投影分析;

(2)截平面与体的相对位置;

(3)截平面与投影面的相对位置;

(4)画出截交线的投影;

(5)分别求出截平面与棱面的交线,并连接成多边形。

(三)棱锥的截交线

图 2-24 所示的三棱锥被正垂面所截切,求作截交线的水平投影和侧面投影。

具体步骤如下：

(1)求 P_v 与 $s'a'$、$s'b'$、$s'c'$ 的交点 1′、2′、3′为截平面与各棱线的交点Ⅰ、Ⅱ、Ⅲ的正面投影。

(2)根据线上取点的方法，求出 1、2、3 和 1″、2″、3″。

(3)连接各点的同面投影即等截交线的三个投影。

(4)补全棱线的投影。

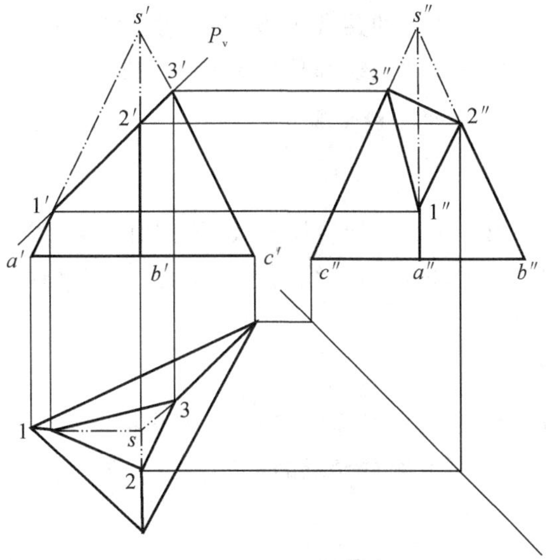

图 2－24　三棱锥的截交线

(四)六棱柱的截交线

六棱柱的截交线如图 2－25 所示。

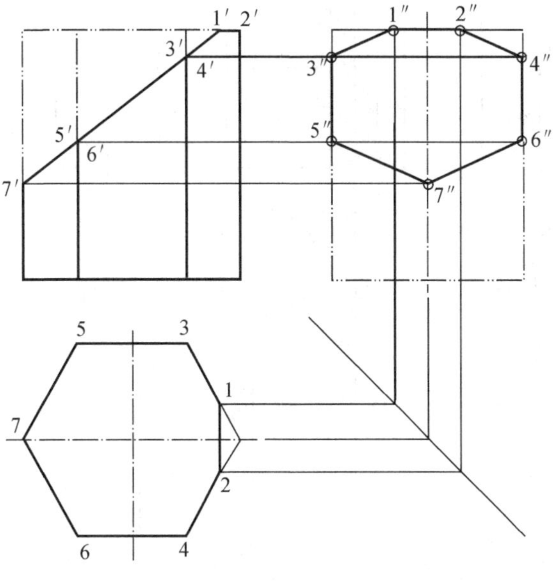

图 2－25　六棱柱的截交线

具体步骤如下：

(1)求棱线与截平面的共有点；

(2)连线；

(3)根据可见性处理轮廓线。

二、回转体的截切

截交线是截平面与回转体表面的共有线；截交线的形状取决于回转体表面的形状及截平面与回转体轴线的相对位置。截交线都是封闭的平面图形。

(一)平面与回转体的截交线的一般步骤

1. 空间及投影分析

分析回转体的形状以及截平面与回转体轴线，的相对位置，以便确定截交线的形状，分析截平面与投影面的相对位置，明确截交线的投影特性，如积聚性、类似性等。找出截交线的已知投影，予见未知投影。

2. 画出截交线的投影

当截交线的投影为非圆曲线时，其作图步骤为：先找特殊点，再补充中间点。

将各点光滑地连接起来，并判断截交线的可见性。

(二)圆柱的截交线

圆柱的截交线的形状依截平面对圆柱轴线的相对位置不同，可以有圆、矩形和椭圆三种情况，见表 2-1。

表 2-1　圆柱的截交线

截平面位置	与轴线平行	与轴线垂直	与轴线倾斜相交
投影图	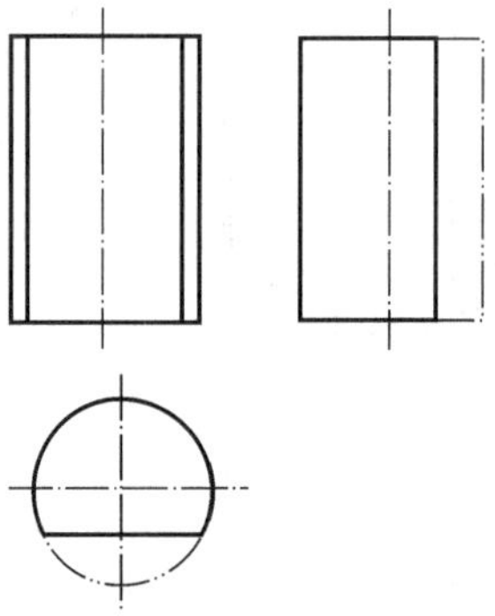	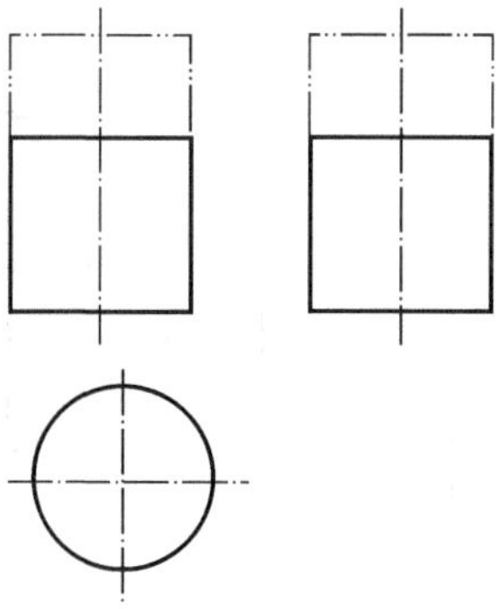	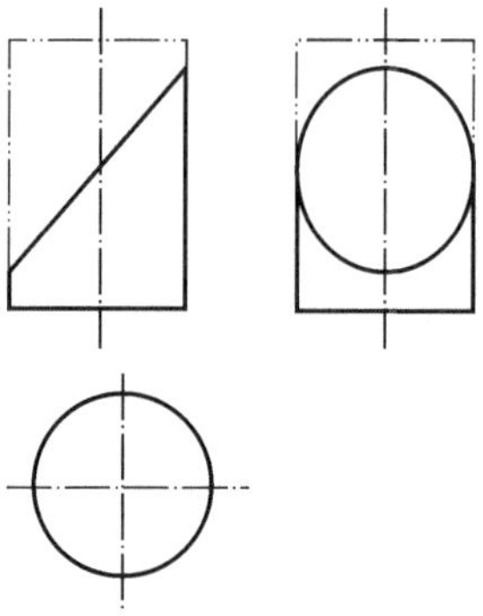
轴测图	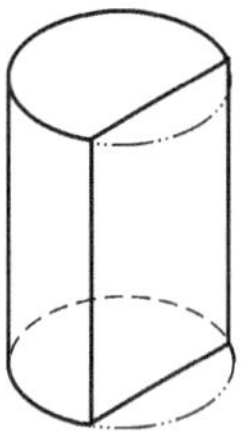	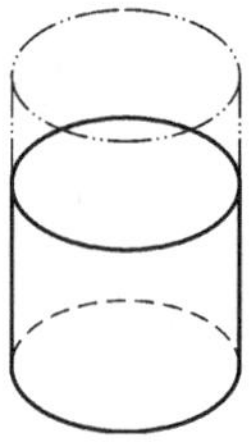	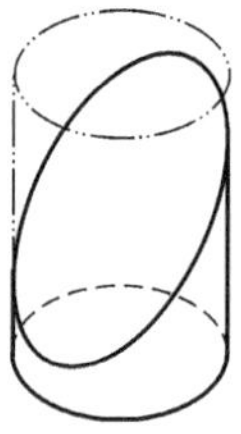
截交线形状	矩形	圆	椭圆

图 2－26 所示的是水平圆柱分别被水平面和正垂面截切的作图方法。

正垂面斜截圆柱，截交线的空间形状是一椭圆。此椭圆的水平面投影仍为椭圆(若截平面与圆柱轴线成 45°相交时，则投影为圆)，其长短轴的端点分别在圆柱的最上、最下、最前、最后四条素线上(图中以双点划线画出了完整的圆柱)。短轴 BE 为正垂线，长度等于圆柱直径，长轴 AF 为正平线。确定了椭圆长、短轴的水平面投影后，再利用正面投影和侧面投影找出椭圆上的若干个对称的一般位置点，最后光滑地连接这些点，即获得椭圆的水平面投影。

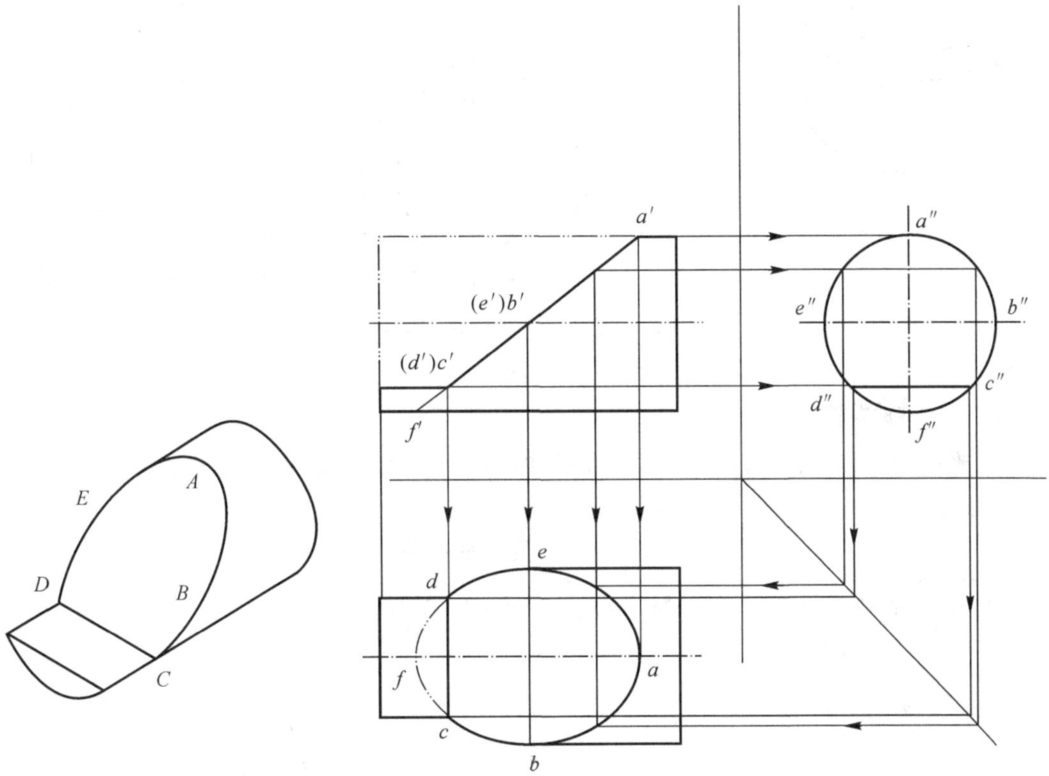

图 2－26　圆柱被正垂面、水平面截切的画法

圆柱下部被水平面所截。截交线是一矩形，矩形的两条平行于圆柱轴线的边，是圆柱面上的两条素线，其投影位置由侧面投影来确定。圆柱的水平截平面与正垂截平面相交，交线为正垂线 CD。由此可知，水平圆柱分别被水平面和正垂面截切后，其截断面的水平投影是上述矩形和一部分椭圆。此外. 圆柱的最前、最后素线的水平面投影只能从右向左画到椭圆的短轴端点 B、E 处。

图 2－27 是带切口圆筒的作图方法。由正面投影可以看出，切口是由一个侧平面和一个水平面截切圆筒而形成的。侧平面因为与圆柱轴线相互平行，它与圆柱的内外表面必然截出直交线，交线的侧面投影位置由水平面投影来确定，交线的高度由正面投影来确定。

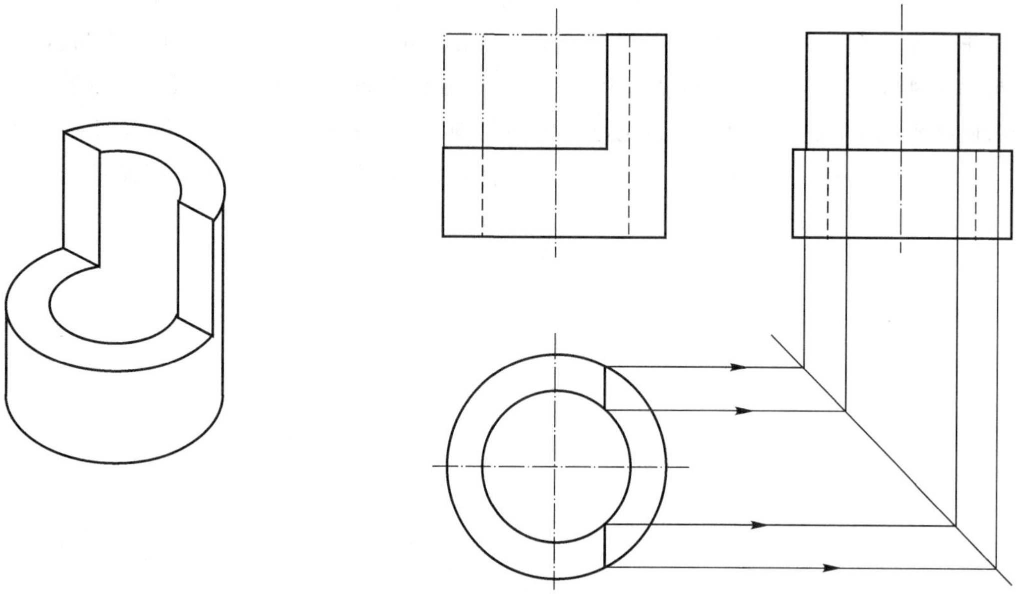

图 2-27 带切口圆筒的画法

(三)圆锥的截交线

圆锥截交线有圆、椭圆、抛物线、双曲线和三角形五种情形。依截平面的位置不同而不同,见表 2-2。

表 2-2 圆锥截交线

截面位置	与锥轴线垂直	与轴线倾斜	平行任一条素线	平行于锥轴	过锥顶
投影图	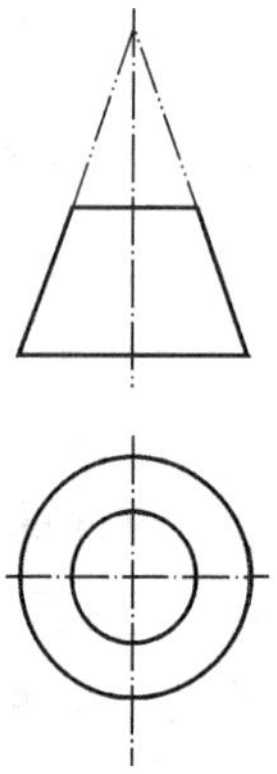	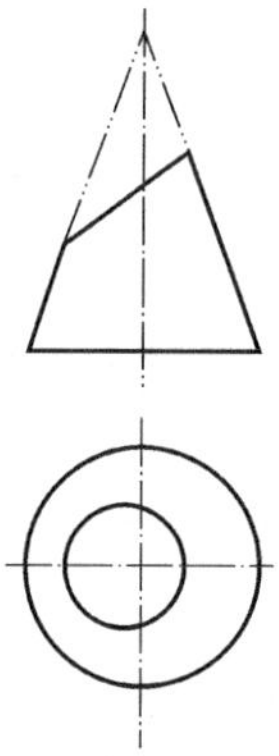	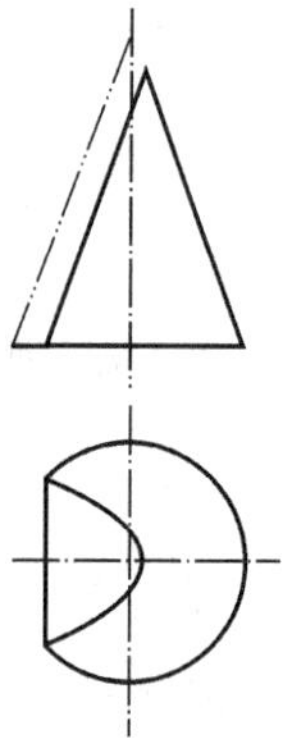	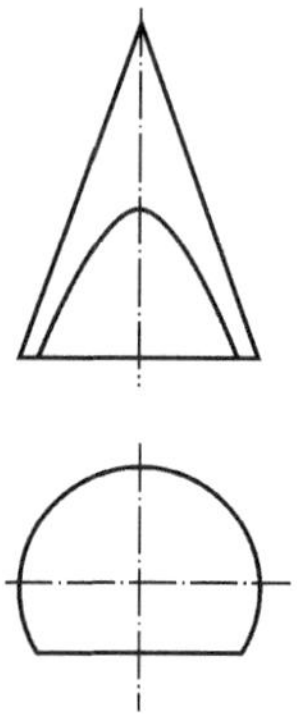	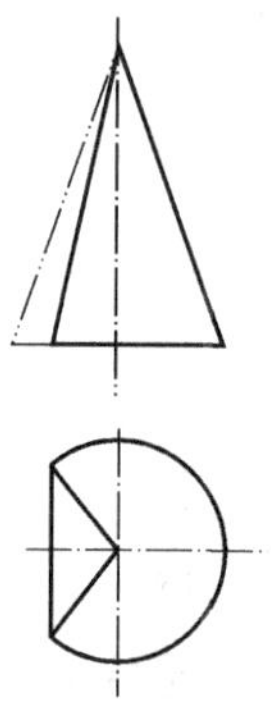
轴测图	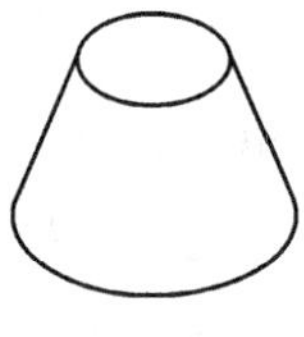	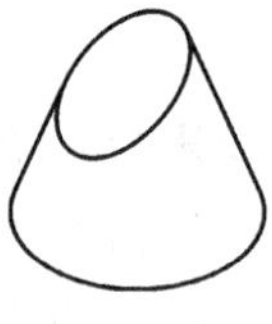	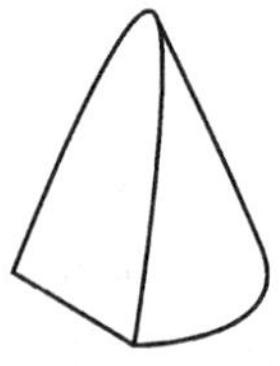		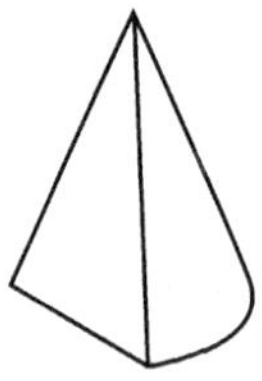
交线形状	圆	椭圆	抛物线	双曲线	三角形

图 2－28 所示为垂直于轴线截切如何求截交线的作图方法。

从正面和侧面投影可以判断，截切圆锥的平面是水平面，故它的截断面也是水平面，因为水平面垂直于正面和侧面，所以在这两面视图中投影为积聚的直线；在俯视图中，因为截切平面平行于水平面，所以在此面的投影反映实形，其实形为一与锥底的同心圆，直径为正面投影或侧面投影该面积聚直线的长。

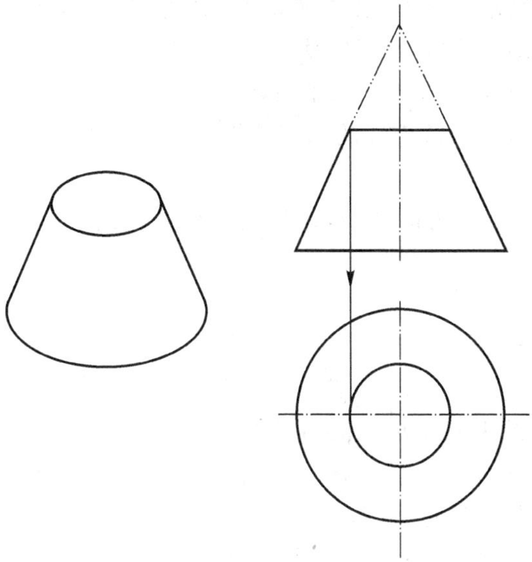

图 2－28　水平面截切正圆锥的截交线

图 2－29 所示为侧平面截切正圆锥时求截交线的作图方法。

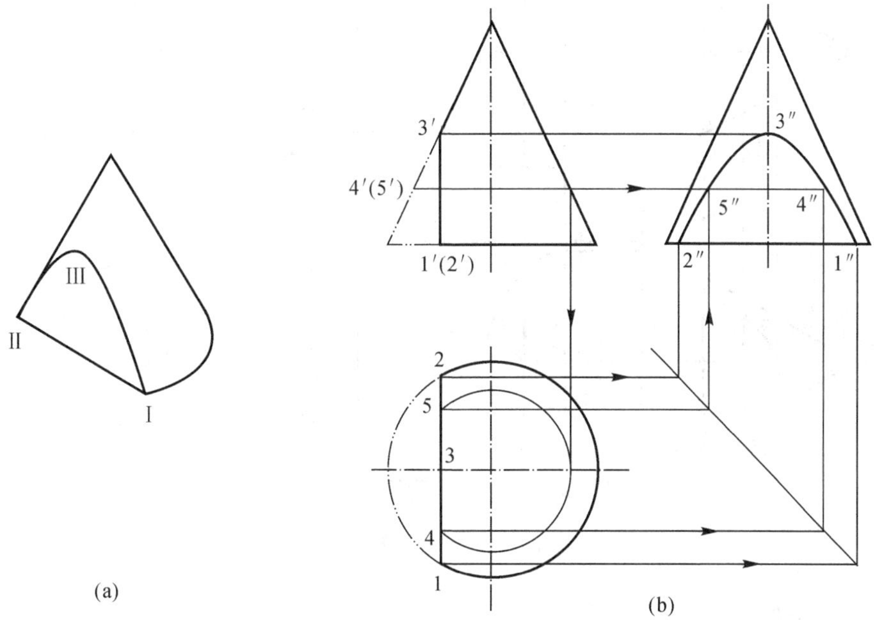

图 2－29　侧平面截切正圆锥的截交线

从正面投影看出,截平面为侧平面,与圆锥的轴线平行,根据表 2-2 可知,截交线的空间形状为一以直线封闭的双曲线,截交线的正面投影和水平投影具有积聚性。其水平投影和正面投影分别积聚为一直线,只需求出侧面投影。

其作图步骤如下:

(1)求特殊位置点:点Ⅲ为最高点,它在最左素线上,故根据 3′可直接作出 3 和 3″。点Ⅰ、Ⅱ为最低点且在在底圆周上,其水平投影 1、2 在底圆的水平投影上,据此可求出 1″和 2″。

(2)求一般位置点:可利用辅助圆法(也可用辅助素线法),即在正面投影 3′与 1′、2′之间画一条与圆锥轴线垂直的水平线,与圆锥最右素线的投影相交,以中心轴线到该交点之间的长度为半径,在水平投影中画一圆,它与截交线的积聚性投影(直线)相交于 4 和 5,据此求出 4″、5″。

(3)依次将点 1″、2″、3″、4″、5″连成光滑的曲线,即为截交线的侧面投影,如图 2-29(b)所示。

【任务实施】

图形的绘制过程。求水平面与立体的交线。

步骤 1:水平面与立体的交线的特殊点 *a*、*d*、*j*;

步骤 2:水平面与立体的交线的中间点 *b*、*c*、*l*、*k*;

步骤 3:正垂截面与立体的交线特殊点 *g*、*e*、*i*

步骤 4:正垂截面与立体的交线特殊点 *f*、*h*;

步骤 5:依次光滑连接各点并整理,如图 2-30 所示。

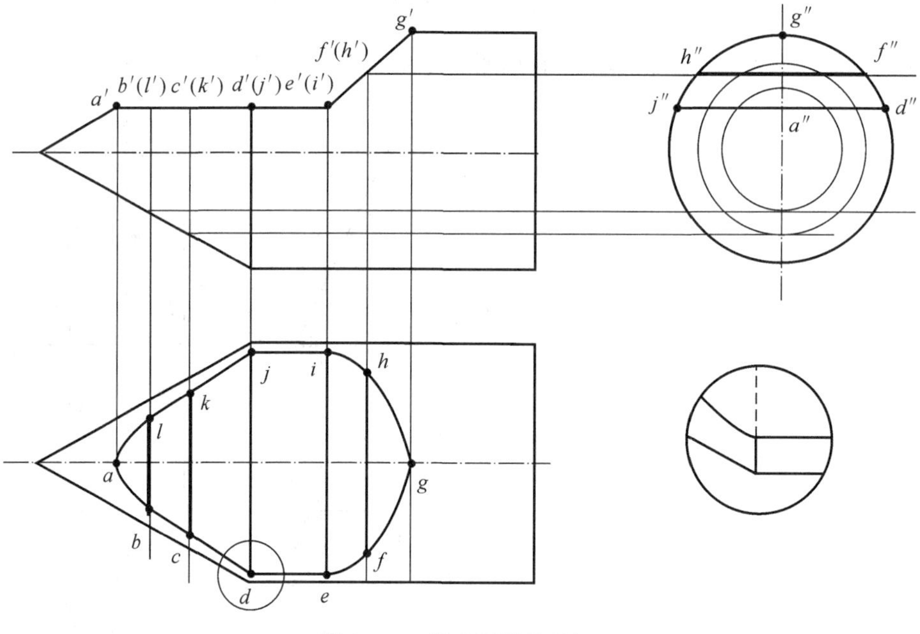

图 2-30 复合回转体截切

【知识拓展】

圆球的截交线。

圆球被任意方向的平面截切，其截交线都是圆。根据截平面对投影面的位置的不同，圆球的截交线投影可能是反映其实形的圆，也可能是椭圆或积聚为直线。

图 2－31(a)所示是一个被正平面截切的圆球，被切面的正面投影为圆。该圆反映了截交线的实形(圆)。其水平面投影和侧面投影都积聚成直线，其长度等于该截交线圆的直径。该圆直径的大小与正平截平面距离球心的远近有关，被切平面到球心的距离越近，圆的直径越大，反之，圆的直径就越小。

图 2－31(b)所示是一个被侧垂面截切的圆球，截交线在侧面投影为一积聚的直线，截交线在正面投影和水平投影均为椭圆，椭圆的长、短轴可通过图中特殊位置点的投影求得，一般位置点请按投影规律自行分析作图。

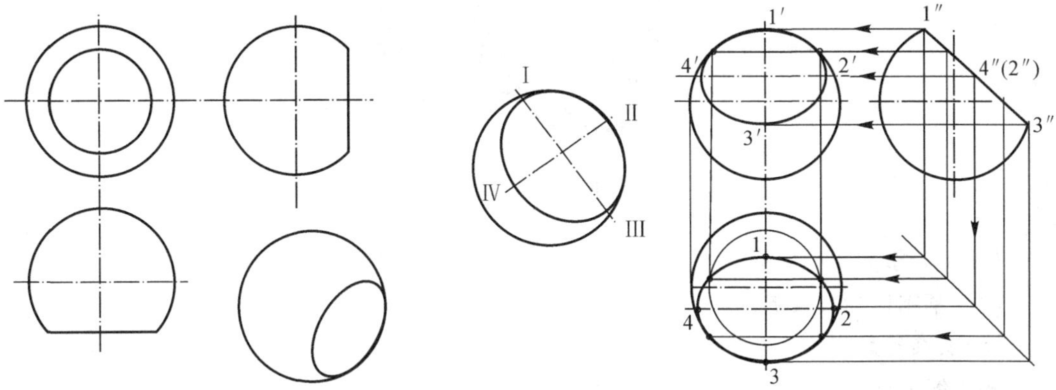

(a)　　　　　　　　　　　　　　　　(b)

图 2－31　圆球截交线的画法

(a)被水平面截切的圆球截交线画法；（b)被侧垂面截切的圆球截交线画法

图 2－32 所示是半圆球被二个侧平面和一个水平面截切后的投影图。画图时，根据正面投影，分别求出各截切平面与圆球的交线，再整理完成全图。

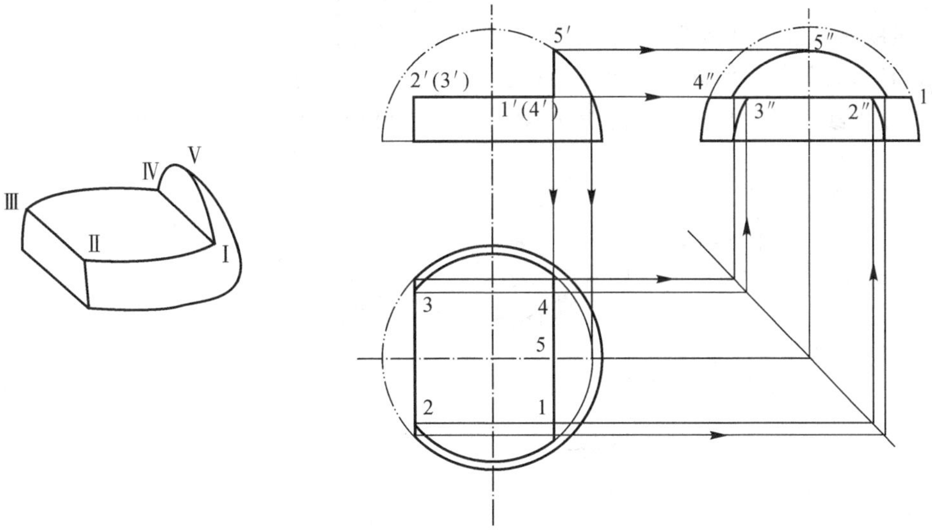

图 2－32　被截切的半圆球画法

任务三　回转体与回转体的相贯线

【任务描述】

画出回转体与回转体的相贯线,如图 2－33 所示。

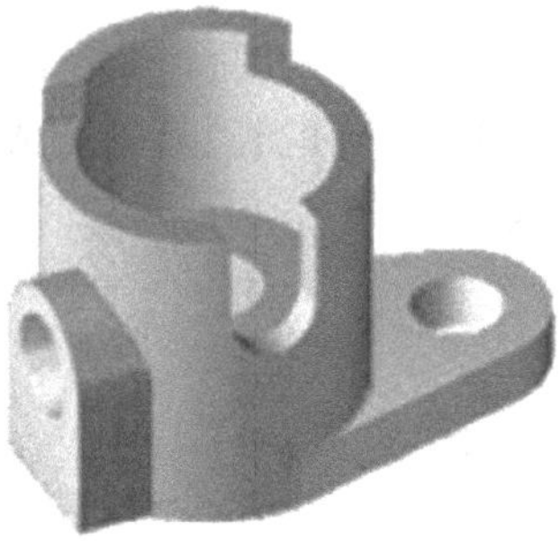

图 2－33　回转体与回转体的相贯线

【任务分析】

学习基本体相贯线的画法。

【知识准备】

相贯线的概念。

两立体相交(两平面立体相交、平面立体与曲面立体相交、两曲面立体相交),在其表面产生的交线称为相贯线。此外只讨论曲面立体中常见的回转体表面相交时求其相贯线的问题,即圆柱与圆锥的相贯问题。

一、相贯线的性质

图 2－34 所示为轴线正交的两圆柱表面的相贯线的情况。

相贯线具有以下基本性质:

(1)相贯线是相贯两立体表面的共有线,是两立体表面上一系列共有点的集合;

(2)相贯线一般是封闭的空间曲线,特殊情况下可能是平面曲线或直线。

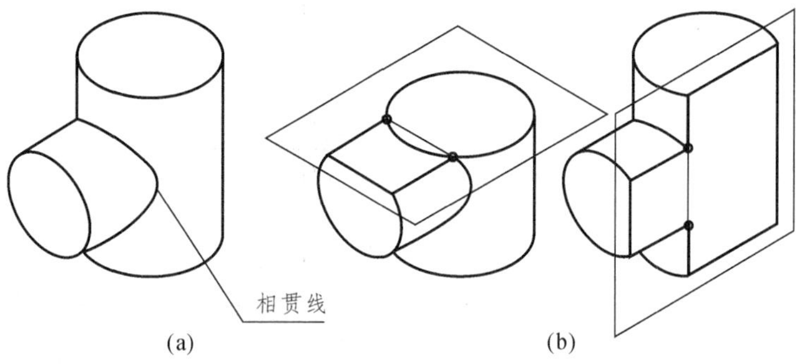

图 2－34　两圆柱相贯

(a)圆柱相贯轴的轴测图;　(b)助平面法求相贯线的轴测图

二、求相贯线的基本方法

求相贯线的实质是找出相贯两立体表面上的若干共有点。通常采用“辅助平面法”。辅助平面与两立体表面相交所得的交点，即为相贯线上的点。

作图前应根据两立体的相交情况分析相贯线的大致伸展趋势，再依次求出特殊位置点和一般位置点，判别可见性，最后将求出的各点光滑地连接成曲线。为使作图简便，所选辅助面与两立体截交线的投影应为简单易画的图线——直线或圆。通常选投影面的平行面作为辅助平面，如图 2－34(b)所示。

三、绘制圆柱与圆柱相贯线的一般步骤

图 2－35(a)所示为两圆柱的相贯线。

(1)分析相贯两立体的几何性质、相对位置和投影特性。图 2－35(a)表达的是两圆柱垂直相贯，直立圆柱的轴线垂直于水平面，柱面的水平面投影积聚为圆。水平圆柱的轴线垂直于侧面，其侧面投影积聚为圆。利用相贯线是两圆柱面上的共有线的性质，相贯线的水平面投影和侧面投影分别与上述两圆重合，无需再求，故只需求出它的正面投影。

(2)找特殊位置点。相贯线上的特殊位置点通常位于极限位置素线上。图中，直立圆柱最左素线与水平圆柱的交点 A，C，分别是最高、最低点，A，C 的正面投影 a'，c'可从图中直接判断得出。水平圆柱最前(最后)素线与直立圆柱的交点 $b(d)$是最前(最后)点。B(或 D)的正面投影 $b'(d')$可根据水平面投影 b(或 d)求得。找出了特殊位置点的投影，即可确定相贯线的大致范围，如图 2－35(b)所示。

(3)求一般位置点。根据辅助平面的选择原则，图中选用水平面 P_1 及 P_2 作为辅助面，求出相贯线上的若干点，如图 2－35(c)中的侧面投影 e''、f''、g''、h''，这些点在垂直于水平面的圆柱表面上，水平面投影积聚成圆，故这些点一定在这个圆上。通过水平面 e、f、g、h，由侧面、水平面，很容易求出正面投影 e'、f'、g'、h'。辅助面的数量根据需要而定，辅助面数量越多，则所求的一般位置点的数量就越多，连点成曲线时就方便些。也可选用水平面或侧平面作为辅助面，请自行做图分析。

(4)连点成线将各点顺次光滑地连接起来，即得相贯线的投影[见图 2－35(d)]。该相贯体前、后对称，因此相贯线前(可见)、后(不可见)部分的正面投影重合。

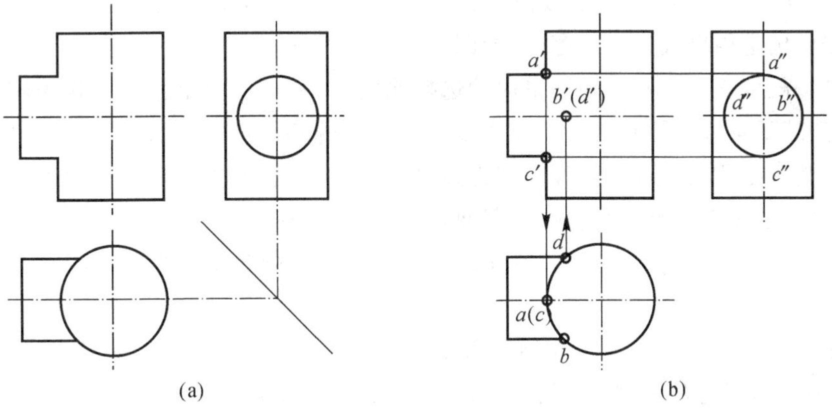

图 2－35　两圆柱垂直相贯线的画法

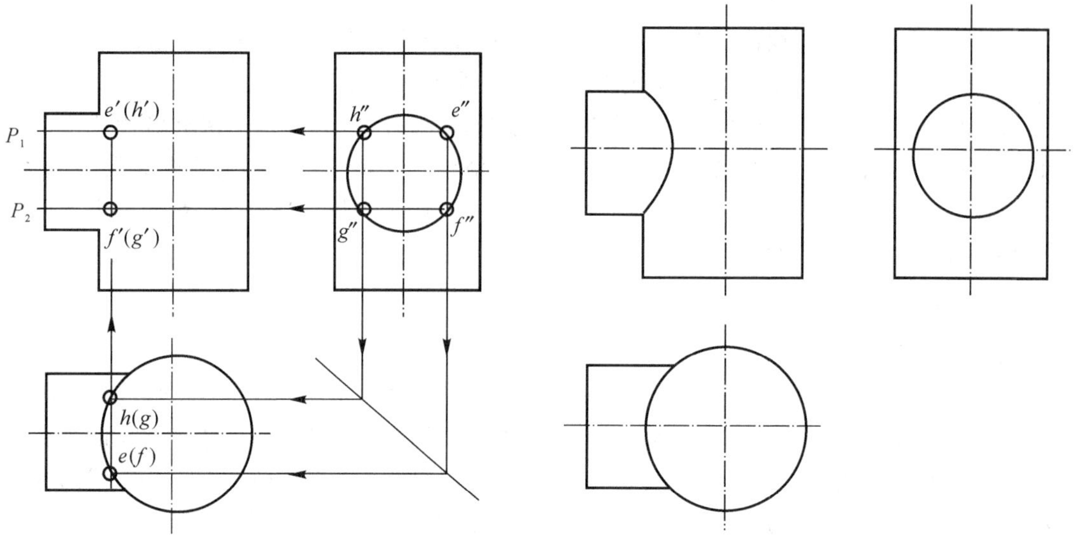

(c)　　　　　　　　(d)

续图 2－35　两圆柱垂直相贯线的画法

四、绘制圆柱与圆锥相贯线的一般步骤

图 2－36 所示为圆柱与圆锥的相贯。

(1)分析相贯两立体的几何性质、相对位置和投影特性。图 2－36(a)表达的是圆柱与圆锥垂直相贯，圆锥的轴线垂直于水平面，锥底面的水平面投影积聚为圆。水平圆柱的轴线垂直于侧面，其侧面投影积聚为圆。利用相贯线是圆柱与圆锥面上的共有线的性质，相贯线的侧面投影与左视图的圆重合，无需再求，故只需求出它的正面投影与水平投影。

(2)找特殊位置点。相贯线上的特殊位置点通常位于极限位置素线上。图中，圆柱最高、最低两素线与圆锥的交点分别是最高点Ⅲ、最低点Ⅰ，其正面投影 3′、1′可从图中直接判断得出。圆柱最前与最后素线与圆锥的交点分别是最前点Ⅳ和最后点Ⅱ。它们的正面投影 4′、2′在圆柱的轴线上，在此面上做辅助水平平面即可求得其他面投影。找出了特殊位置点的投影，即可确定相贯线的大致范围，如图 2－36(b)所示。

(3)求一般位置点。根据辅助平面的选择原则，图中选用两个水平面作为辅助面，求出相贯线上的若干点，即Ⅴ、Ⅶ、Ⅷ点，如图 2－36(c)中的侧面投影 5″、6″、7″、8″，这些点在属于圆锥表面，其所在的圆的水平面投影积为圆，故这些点一定在这个圆上。按宽相等可分别得到水平投影的 5、6、7、8 点，由侧面、水平面，很容易求出正面投影 5′、6′、7′、8′。辅助面的数量根据需要而定，辅助面数量越多，则所求的一般位置点的数量就越多，连点成曲线时就方便些。

(4)连点成线将各点顺次光滑地连接起来，即得相贯线的投影[见图 2－36(d)]。该相贯体为圆柱与圆锥的相贯，因此相贯线水平投影分为上(可见)、下(不可见)不同的两部分。

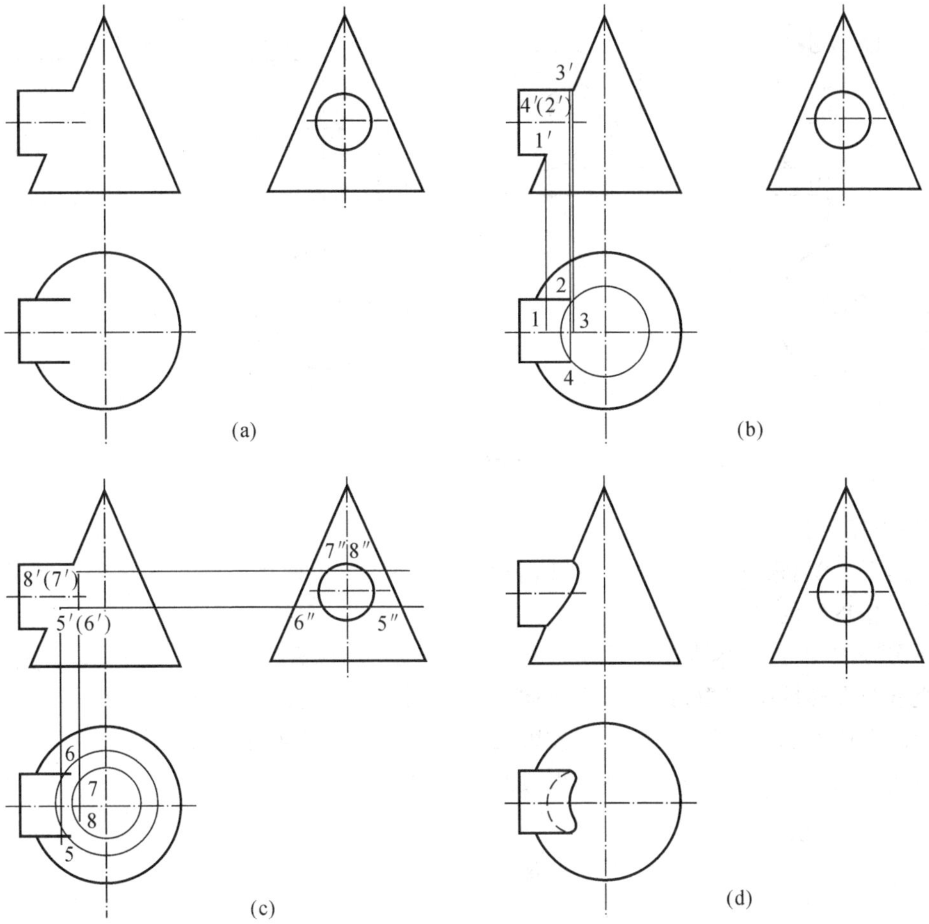

图 2－36　圆柱与圆锥相贯线的画法

【任务实施】

相贯线的绘制过程(见图 2－37)。

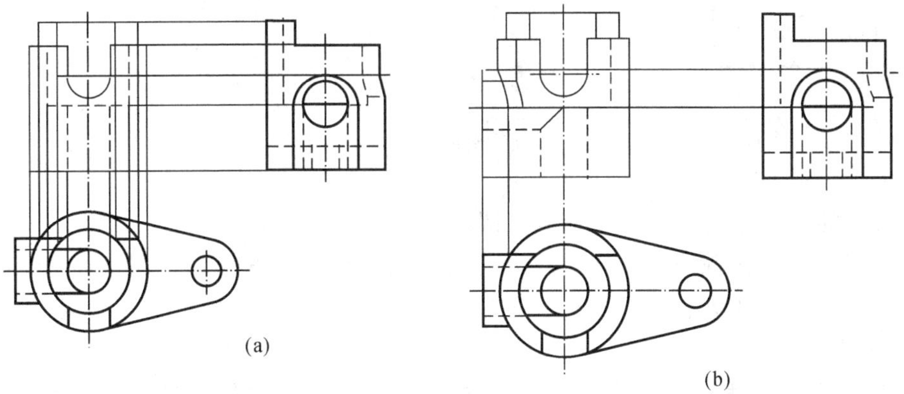

图　2－37

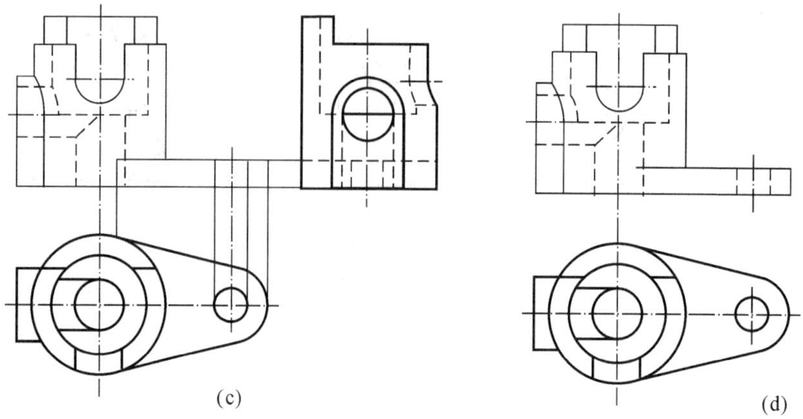

续图 2-37

【知识拓展】

辅助平面法:根据三面共点的原理,利用辅助平面求出两回转体表面上的若干共有点,从而画出相贯线的投影。

作图方法:假想用辅助平面截切两回转体,分别得出两回转体表面的截交线。由于截交线的交点既在辅助平面内,又在两回转体表面上,因而是相贯线上的点。

辅助平面的选择原则:一般选择投影面平行面使辅助平面与两回转体。

表面的圆柱与圆锥相贯,求其相贯线的投影,如图 2-38 所示。

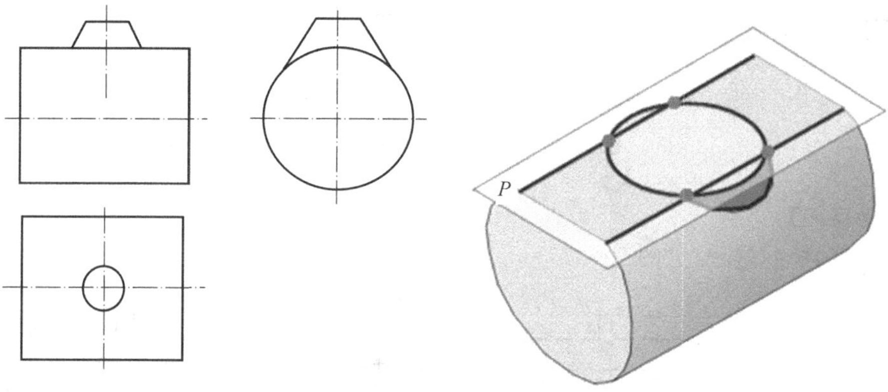

图 2-38 辅助平面法的应用

截交线的投影简单易画,例如直线或圆。

假想用水平面 P 截切立体,P 面与圆柱体的截交线为两条直线,与圆锥面的交线为圆,圆与两直线的交点即为交线上的点。

【学习小结】

在三视图与点、线、面投影的基础上,掌握基本体(平面立体与曲面立体体)的投影画法,并掌握基本体表面上点的投影的画法,并能正确标注基本体的尺寸。

掌握基本体被截切后，表面截交线的画法，能绘制截切体的三视图，同时能正确标注尺寸。

掌握基本体相贯，特别是圆柱与圆锥相贯的相贯线的画法，能绘制相贯体的三视图。

【自我评估】

(1)求复合回转体的截交线(见图 2-39)。

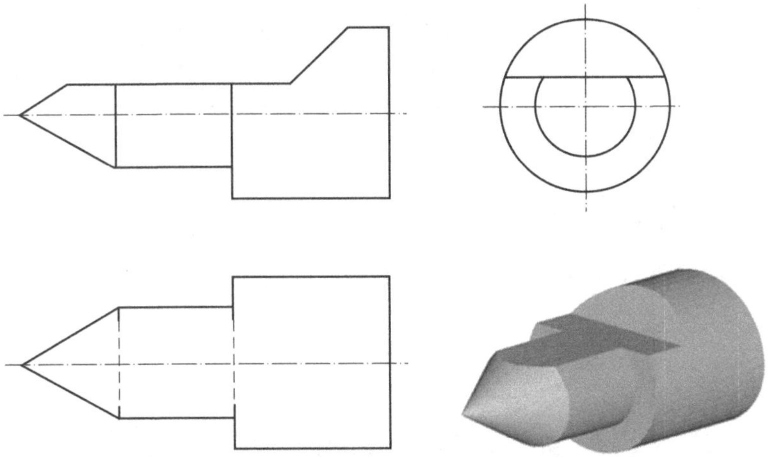

图 2-39　复合回转体

(2)根据立体图找出相应三视图，并在括号内填写相应编号。

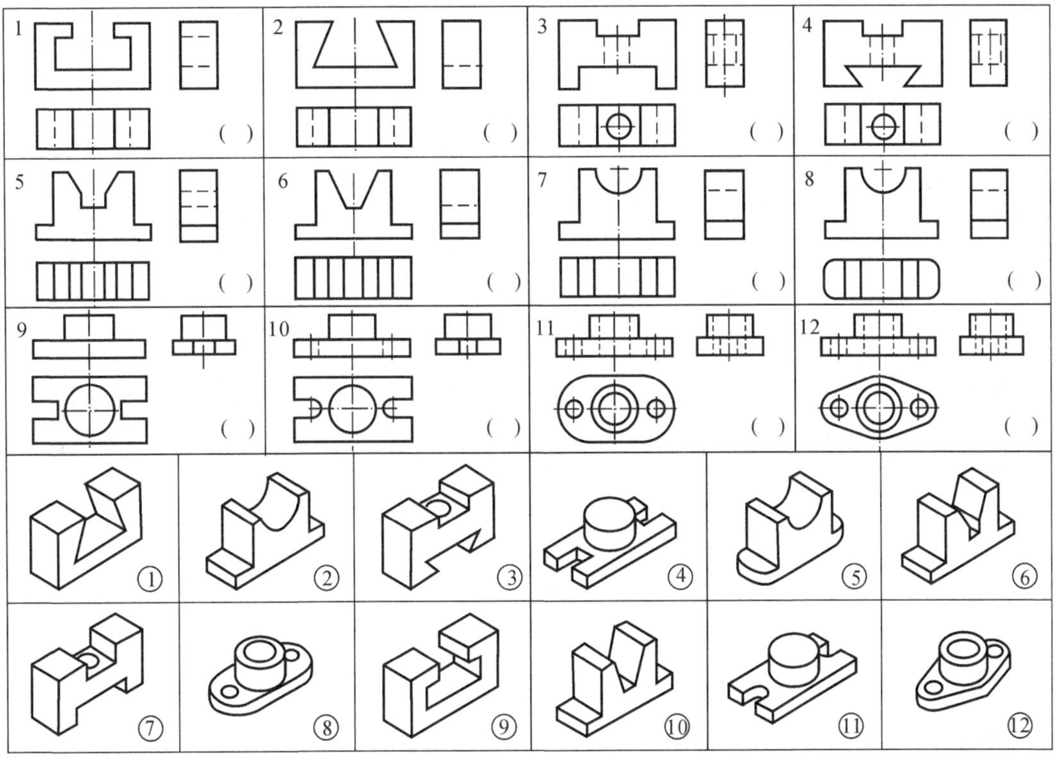

(3)求轴线正交的圆柱与圆锥的相贯线(见图 2－40)。

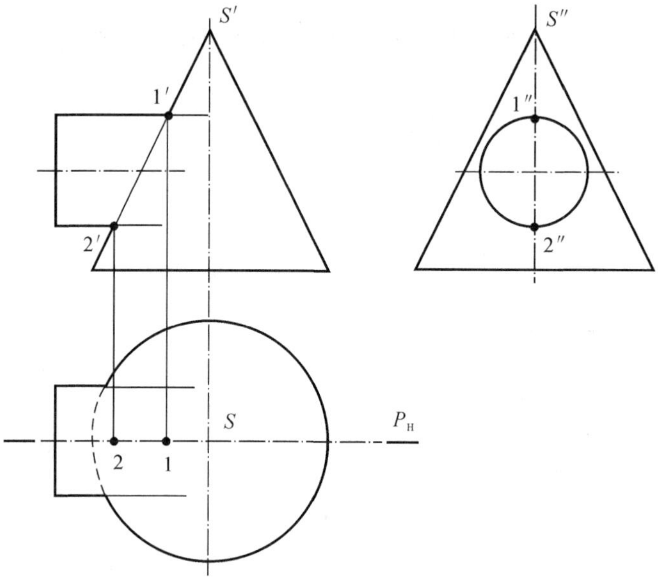

图 2－40　轴线正交的圆柱与圆锥

学习情境三 轴 测 图

【学习目标】

(1)了解轴测投影的基本概念。

(2)掌握正等测图和斜二测图的作图方法。

任务一 圆柱的正等轴测图画法

【任务描述】

画出圆柱的正等轴测图,如图 3-1 所示。

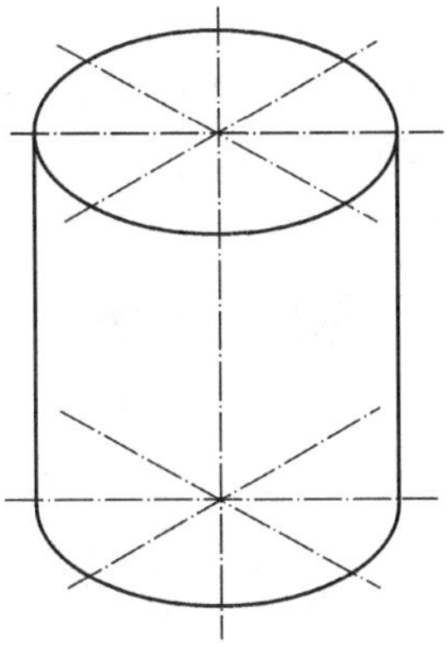

图 3-1 圆柱正等轴测图

【任务分析】

正等轴测图绘制过程分析。

轴测图是用轴测投影的方法画出的一种富有立体感的图形,它接近于人们的视觉习惯,在生产和学习中常用它作为辅助图样,帮助人们想象和构思。轴测图是反映物体三维形状的二维图形,能帮助人们更快、更清楚地认识产品结构。绘制一个零件的轴测图是在二维平面中完成的,相对三维图形更简洁方便。

画轴测图要切记两点:一是利用平行性质作图,这是提高作图速度和准确度的关键;二是沿轴向度量,这是作图正确的关键。

轴测图是一种单面投影图。用轴测图可以表达物体的三维形象,比正投影图直观,常用它作为辅助性的图样来使用。三视图如图 3-2(a)所示,虽然能够真实、完整地表达物体的形状及尺寸大小,但是它的立体感差,对物体形状的表达不够生动。如果不具备一定的制图知识和看图能力,就难以完成由三面视图想象出物体的形状。但如果使用轴测图就很容易看出物体的形状。如图 3-2(b)所示,这种图在机械图样中常作为辅助图样。

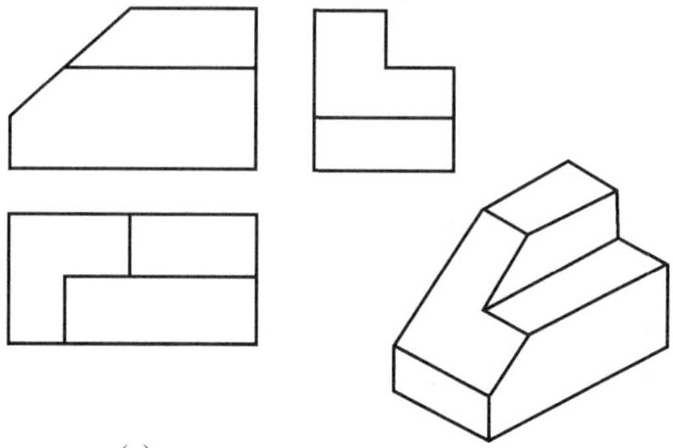
(a)　(b)

图 3-2　三视图与轴测图

【知识准备】

正等测轴及各轴的伸缩系数。

1. 轴测图的形成

将物体连同其参考直角坐标系,沿不平行于任一坐标面的方向,用平行投影法将其投射在单一投影面(P)上所得到的图形叫轴测图,如图 3-3 所示。其中投影面 P 叫轴测投影面。

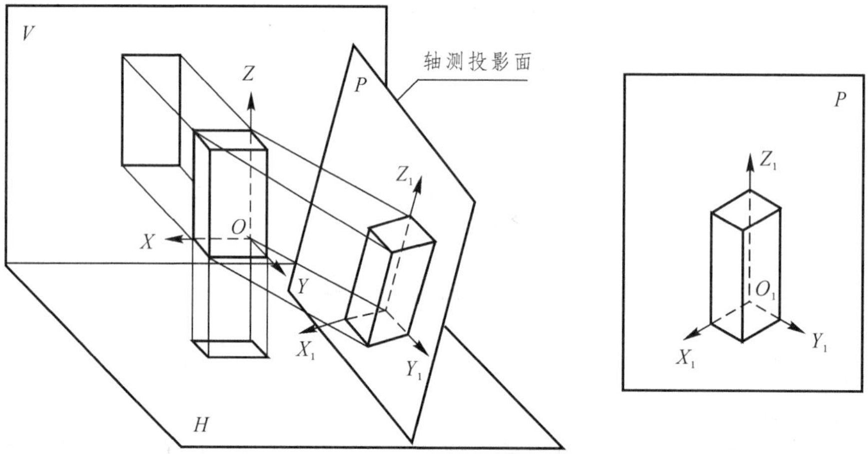

图 3-3　轴测图的形成

2. 轴测轴

直角坐标轴 OX、OY、OZ 在轴测投影面上的投影 O_1X_1、O_1Y_1、O_1Z_1 叫轴测轴。

3. 轴间角

在轴测图中,任意两根轴测轴之间的夹角,称为轴间角。

4. 轴向伸缩系数

直角坐标轴的轴测投影的单位长度，与相应直角坐标轴上的单位长度的比值，称为轴向伸缩系数。OX、OY，OZ 轴上的伸缩系数分别用 p、q 和 r 表示，即 $p=(O_1X_1)/(OX)$，$q=(O_1Y_1)/(Oy)$，$r=(O_1Z_1)/(OZ)$。为便于作图，p、q、r 应采用简单的数值，即 $p=q=r=1$。

轴间角和轴向伸缩系数是画轴测轴的两个主要参数，一旦确定了这两个参数，就可以画出物体的相应轴测图。

5. 轴测图的投影特性

由于轴测图是用平行投影法画出来的，所以它具有平行投影的特性，即：

(1)物体上互相平行的直线，其轴测投影仍平行。

(2)物体上平行于轴测投影面的平面，其轴测投影反映实形。

(3)物体上平行于坐标轴的两平行线段的轴测投影长度与空间长度的比值相等。

画轴测图时，物体上凡平行于坐标轴的线段，可按其原尺寸乘以轴向伸缩系数，再沿着轴测轴方向定出其轴测投影的长短，这就是轴测图“轴测”二字的含义。

6. 常用的几种轴测图

由于图 3-3 中物体和其直角坐标轴、投射线、轴测投影面三者的相对位置可以变化，所以就会出现不同的轴测图。根据投射线与轴测投影面的相对位置，轴测图可以分为两类：

(1)正轴测图。投射线与轴测投影面垂直所得的轴测图称为正轴测图。此时物体的三个参考坐标面都倾斜于轴测投影面。

(2)斜轴测图。投射线与轴测投影面倾斜时所得的轴测图称为斜轴测图。此时物体的一个参考坐标面应平行于轴测投影面。

轴测图有很多种，常用的有正等轴测图(简称正等测)及斜二轴测图(简称斜二测)两种。

【任务实施】

平面、曲面立体正等测图的绘制过程。

一、圆的正等测图的画法

平行于坐标面的圆的正等测图都是椭圆。通常采用菱形法画出这些椭圆。如图 3-4 所示水平位置的圆的正等测图时，可先作圆的外切正方形的正等测图——菱形。

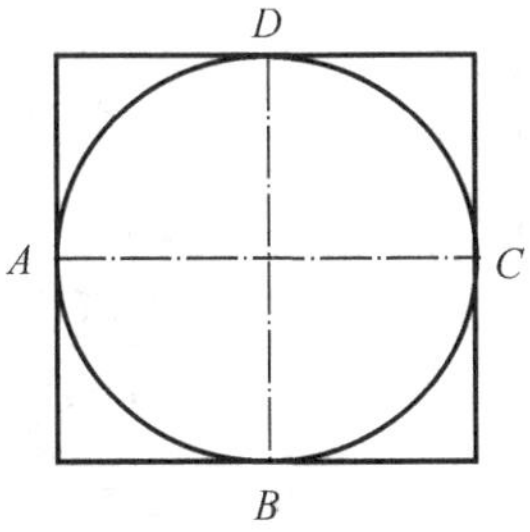

图 3-4　圆的外切正方形

具体画法是：

(1)画轴测轴 X_1、Y_1，在轴测轴上截取圆的半径 R，画出菱形，如图 3-5(a)所示。

(2)先分别以Ⅰ、Ⅱ为圆心,以 IC 长为半径,画出圆弧 CD、EF,如图 3-5(b)所示。

(3)连ⅠC、ⅡD 交长轴于Ⅲ、Ⅳ两点。分别以Ⅲ、Ⅳ二点为圆心,以ⅣC 长为半径,画出圆弧 ED、CF,如图 3-5(c)所示。

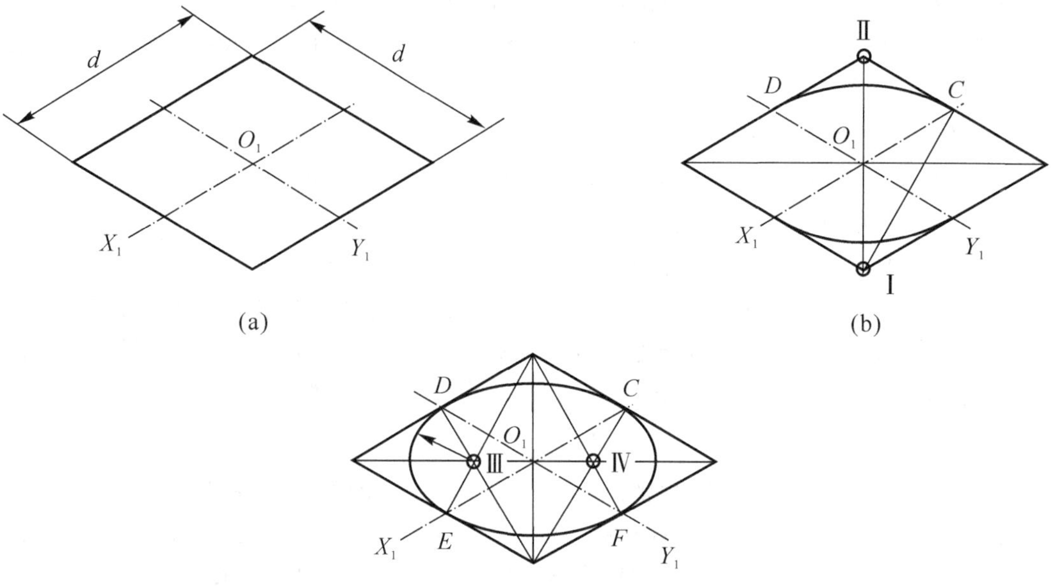

图 3-5 按外切菱形画椭圆

注意此菱形的两对角线正是此椭圆的长轴和短轴的方向。平行于正面或侧面的圆,它们的正等测图可依照上述菱形法画出,如图 3-6(a)所示。但要注意正面椭圆是画 X_1、Z_1 轴,侧面椭圆是画 Y_1、Z_1 轴,水平面椭圆是画 X_1、Y_1 轴,如图 3-6(b)所示。

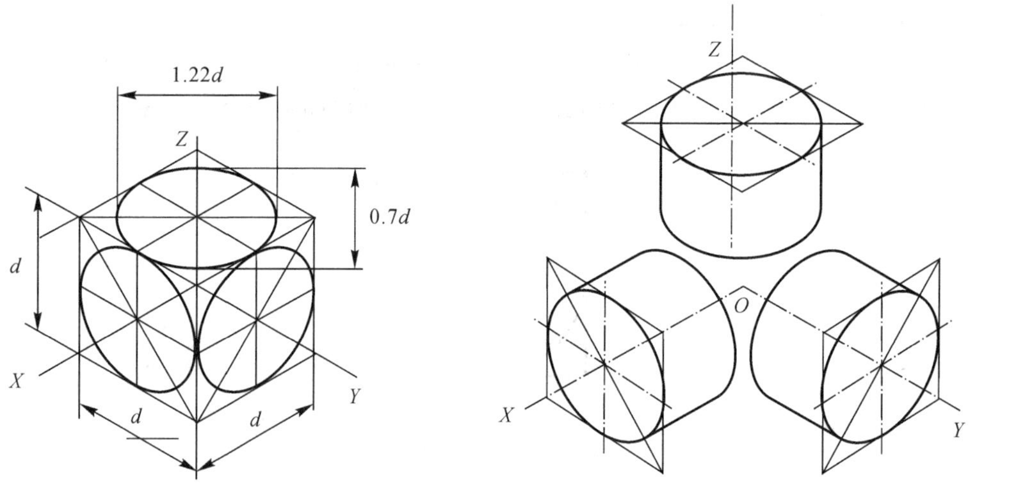

图 3-6 平行坐标面的正等测

二、圆柱的正等轴测画法

作图步骤

(1)分析视图[见图 3－7(a)],得知圆柱上、下表面均为水平面。

(2)画轴测轴,定上、下表面菱形的几何中心,用棱形法画上、下表面的椭圆,上、下表面相距 Z,如图 3－7(b)所示。

(3)作出轮廓线,如图 3－7(c)所示。

(4)加深描粗,完成轴测图,如图 3－7(d)所示。

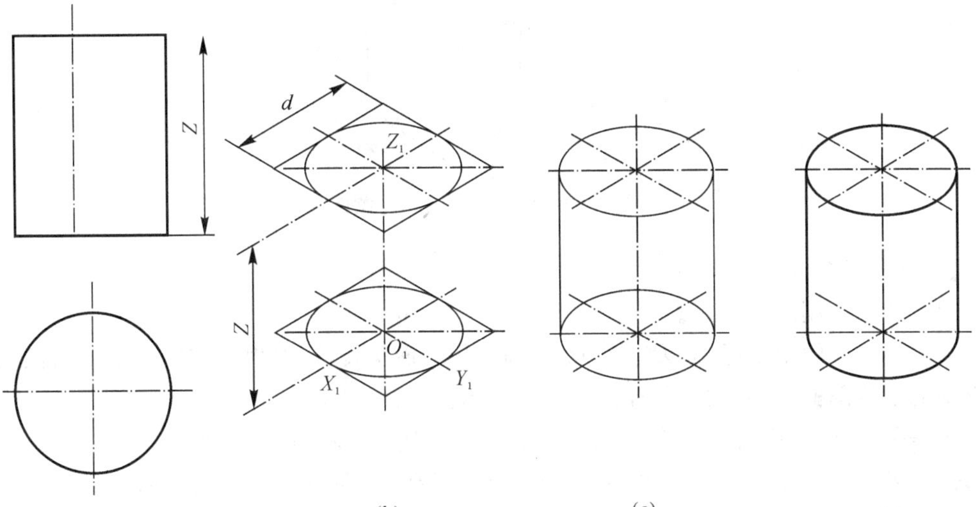

(a)　(b)　(c)　(d)

图 3－7　圆柱正等测的画法

【知识拓展】

圆台正等测的画法。

画圆台的正等测图时,其上、下表面圆的正等测图可按上述方法画出。因圆柱的上、下表面都是圆,可先画出顶面与底面的椭圆后,再切线画出圆锥面,如图 3－8 所示。

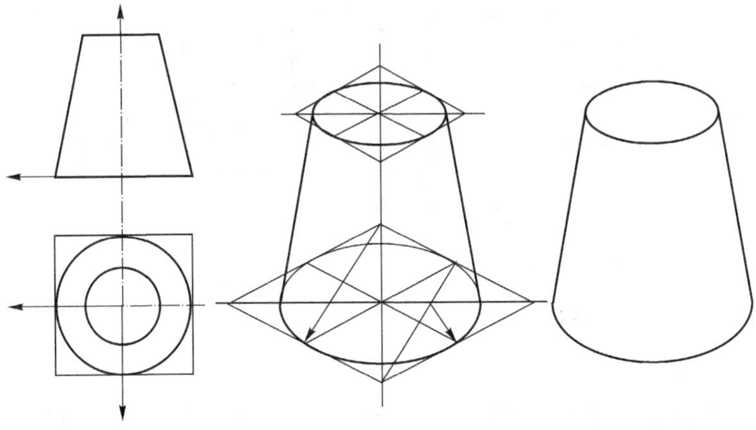

图 3－8　圆台正等测的画法

任务二 正六棱柱的斜二测图画法

【任务描述】

画出正六棱柱的斜二测图,如图 3-9 所示。

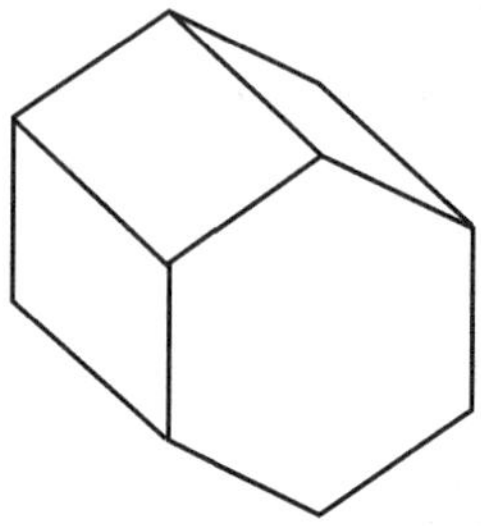

图 3-9 正六棱柱的斜二测图

【任务分析】

斜二测图绘制过程分析。

当物体上的两个坐标轴 OX 和 OZ 与轴测投影面平行,而投射线与轴测投影面倾斜时,所得到的轴测图就是斜二测图,如图 3-10 所示。

凡是平行于 XOZ 坐标面的图形,在斜二测图中,其轴测投影均反映实形,如图 3-10 所示。如果选择物体上有较多圆(圆弧)或形状复杂的平面平行于该坐标面,其轴测图将简便易画。

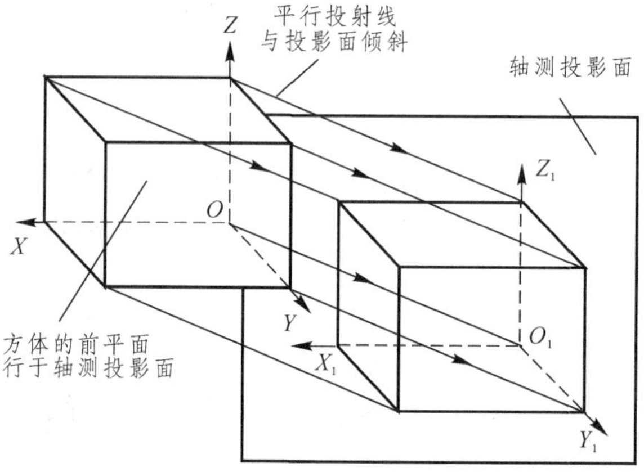

图 3-10 斜二测的形成

【知识准备】

轴测轴及各轴的伸缩系数。

1. 轴测图的形成

使确定物体位置的一个坐标平面 XOZ(即令坐标轴 OZ 处于铅垂位置的正面)平行于轴测投影面户,则坐标平面 XOZ 上的两根直角坐标轴 OX、OZ 也都平行于轴测投影面户,

则其轴测轴 OX、OZ 分别仍为水平、垂直方向，这种斜二测轴测投影，称为正面斜二等轴测投影，简称正面斜二测面。

2. 轴测轴

直角坐标轴 OX、OY、OZ 在轴测投影面上的投影 O_1X_1、O_1Y_1、O_1Z_1 叫轴测轴。

3. 轴间角

在轴测图中，任意两根轴测轴之间的夹角，称为轴间角。$X_1OZ_1=90°$、$X_1OY_1=Y_1OZ_1=135°$。其中 OZ 轴规定画成铅垂方向。

4. 轴向伸缩系数

直角坐标轴的轴测投影的单位长度，与相应直角坐标轴上的单位长度的比值，称为轴向伸缩系数。OX、OY、OZ 轴上的伸缩系数分别用 p、q 和 r 表示，即 $p=(O_1X_1)/(OX)$，$q=(O_1Y_1)/(Oy)$，$r=(O_1Z_1)/(OZ)$。为便于作图，p、q、r 应采用简单的数值，即 $p=r=1$，$q=0.5$，如图 3-11 所示。

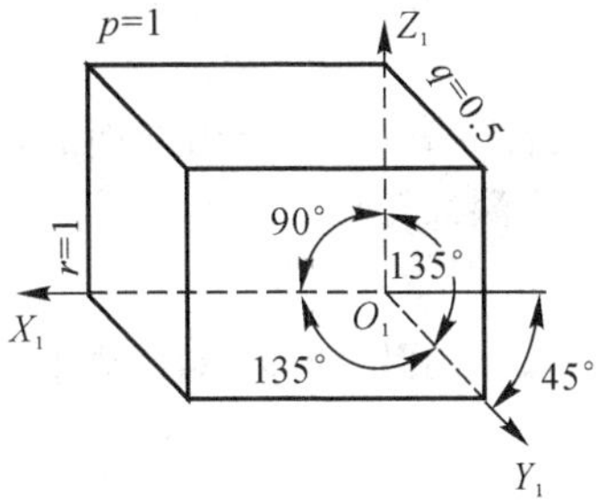

图 3-11 轴间角与轴间系数

【任务实施】

斜二测图的绘制过程。

图 3-12 为正六棱柱的三视图与斜二测图。其中，斜二测的画法如下：

(1)作正六边形，按六边形的做法，画出物体前面的图形。

(2)沿前面图形的各交点，作 O_1Y_1 的平行线，并按 $q=0.5$，截取宽的一半。

(3)作后面的其他图线，只画出可见的图线，擦去多余的线，加粗、描深，完成全图。

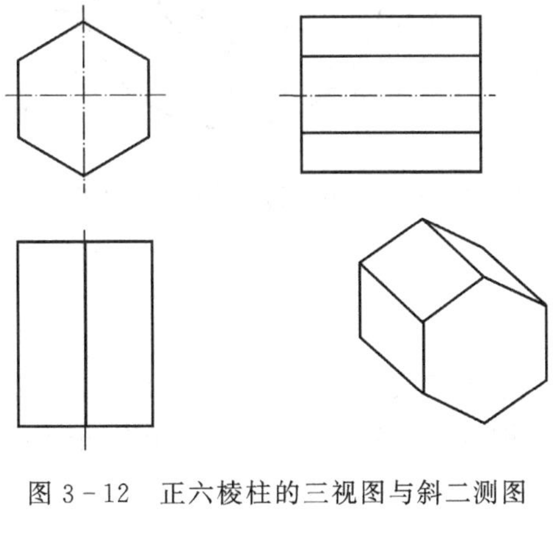

图 3-12 正六棱柱的三视图与斜二测图

【知识拓展】

画出正四棱台的斜二等轴测图,如图 3-13 所示。

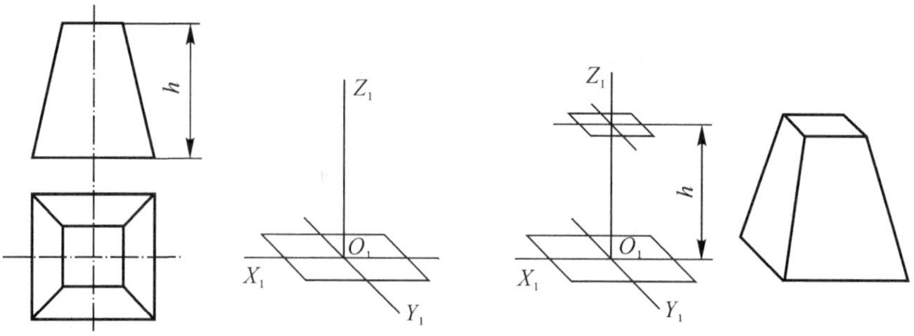

图 3-13　正四棱台的斜二等轴测图

作图过程:

(1)建立轴测轴 O_1X_1、O_1Y_1、O_1Z_1,作出底面的轴测投影:在 O_1X_1 轴上按 1∶1 截取,在 O_1Y_1 轴上按 1∶2 截取。

(2)在 O_1Z_1 轴上量取正四棱台的高度 h,作出顶面的轴测投影。

(3)连接各可见轮廓线,整理描深即可。

任务三　组合体轴测图绘制

【任务描述】

圆筒切割体的斜二测图绘制,如图 3-14 所示。

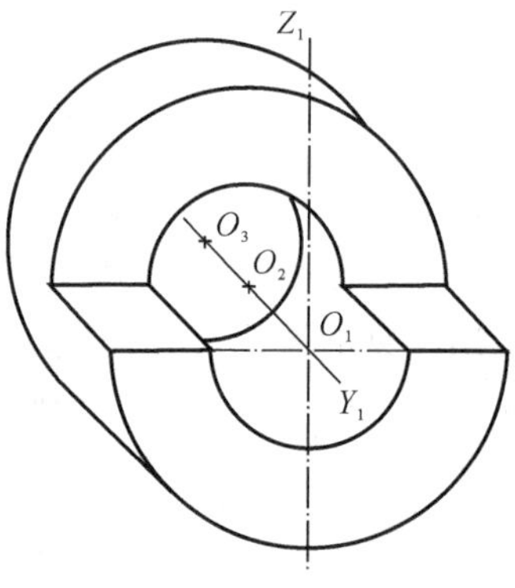

图 3-14　圆筒切割体的斜二测图

【任务分析】

斜二测图绘制过程分析。

由两个或两个以上的基本体组成的物体,称为组合体。

组合体的组合形式及视图画法,将在以后的章节中专门论述,这里只讨论其轴测图的绘制方法。

应该说，所有的轴测图的绘制方法都是一样的，因此组合体的轴测图也按基本体的轴测图的方法绘出。

【知识准备】

轴测轴及各轴的伸缩系数。

斜二轴测图的轴间角：$\angle X_1O_1Y_1=\angle Z_1O_1Y_1=135°$，$\angle X_1O_1Z_1=90°$，轴向伸缩系数：$p=r=1$，$q=0.5$，现在用斜二测图来讨论圆管截切后的斜二测轴测图的画法。

【任务实施】

斜二测图的绘制过程。

根据物体的视图，画出其斜二测，如图 3－15 所示。

分析此图形[见图 3－15(a)]，它是一个圆筒状又被切割后的形体。由于它具有回转体的特点，故用斜二侧表达是一个合理的选择。

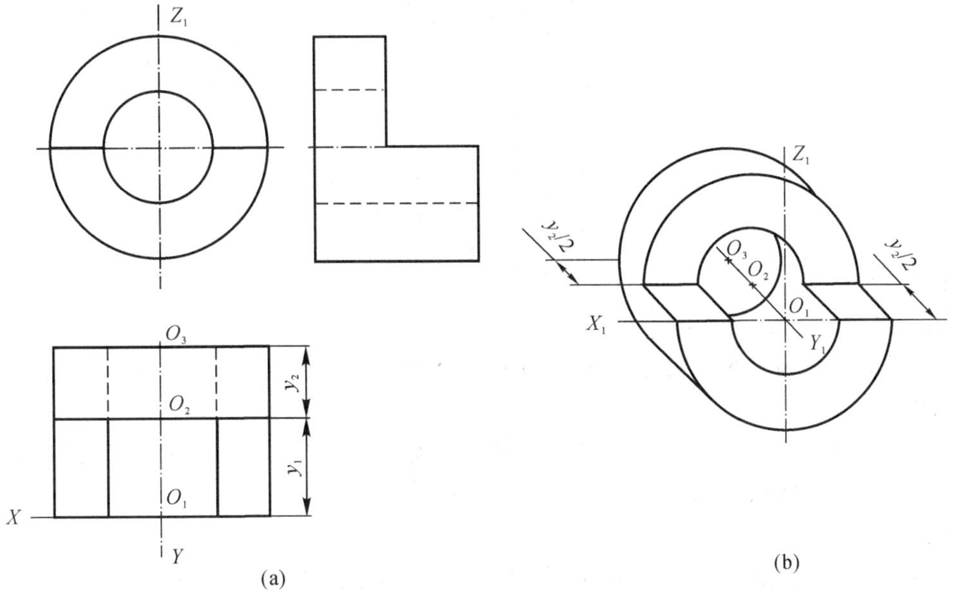

图 3－15　用分层定心法画斜二测图

(a)视图及其分析；(b)轴测轴及斜二测图

(1)作轴测轴，由于物体是回转体，为方便轴测图的绘制，将回转轴线作为轴测轴之一 O_1Y_1 轴。画出物体前面图形，其圆心在 O_1。为作后二个平面圆，须先用分层定心法确定它们的圆心：在 O_1Y_1 轴上向其负方向分别量取 $y_1/2$、$y_2/2$ 得到圆心 O_2、O_3。

(2)以 O_2、O_3 为圆心，分别作出后面的可见轮廓圆，注意圆柱的侧面轮廓应是前、后两个圆的公切线；擦去多余线条，加粗、描深完成全图，如图 3－14(b)所示。

【知识拓展】

组合体轴测图绘制。

步骤如下：

(1)根据三视图作出平面立体的斜二轴测图。

(2)依据条件分别作出圆的斜二等轴测图。

(3)根据圆角的半径,作出圆角的斜二等轴测图。

(4)检查加深,完成作图。如图 3-16 所示。

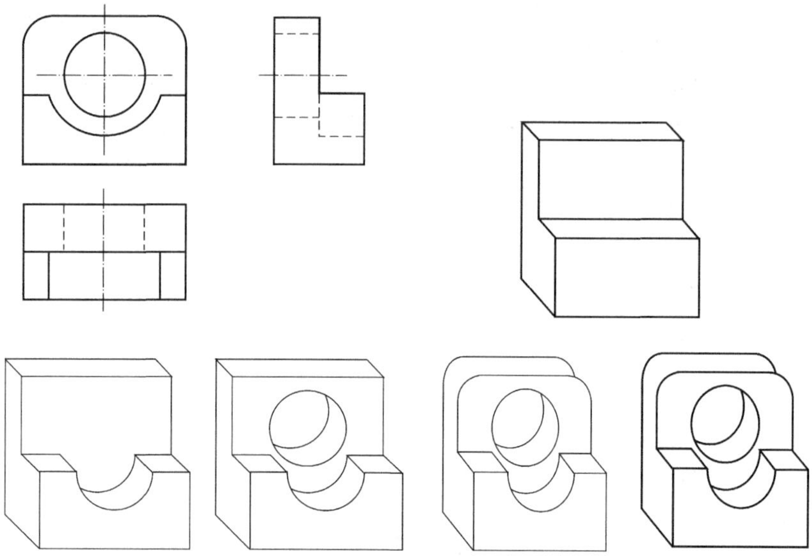

图 3-16　斜二测画法

【学习小结】

对任务进行总结。

(1)掌握正等测图的形成过程以及轴间角和伸缩系数,并能正确绘出各种位置放置的圆柱的正轴测图。

(2)掌握斜二测图的形成过程以及轴间角和伸缩系数,并能正确绘出六棱柱的斜二测图。

(3)组合体的概念,并能绘制组合体的斜二测轴测图。

【自我评估】

(1)什么是轴测图,什么是轴测轴,什么是轴间角,什么是轴向伸缩系数?

(2)正等测与斜二测图的轴间角与伸缩系数分别是多少?

(3)什么叫组合体?

(4)绘制图 3-17 的正等轴测图(尺寸图中量取)。

(5)绘制下图 3-18 的斜二测图(尺寸从图中量取)。

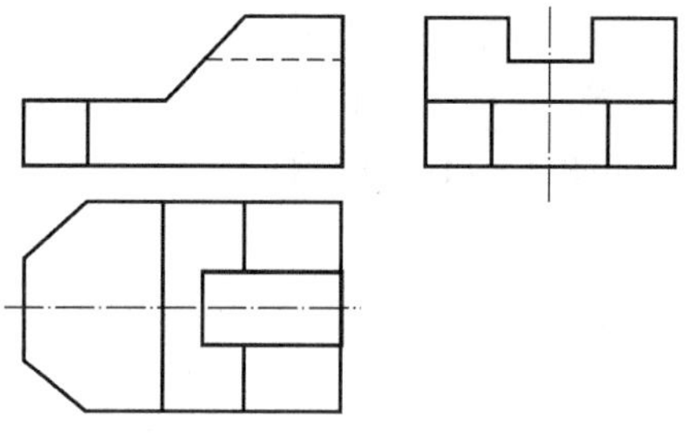

图　3-17

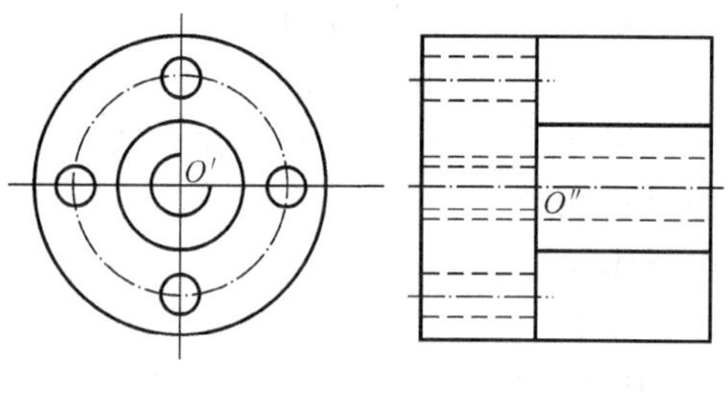

图　3-18

学习情境四　组　合　体

【学习目标】

(1)了解组合体的构成。

(2)熟练掌握组合体的形体分析法,了解线面分析法。

(3)掌握组合体画图、读图及尺寸标注的方法与步骤。

(4)具备绘制、识读组合体三视图及标注尺寸的能力。

任务一　轴承座三视图的画法

【任务描述】

绘制轴承座三视图(见图 4-1),要求:清楚表达轴承座各部分结构,线条粗细分明,比例准确,尺寸标注合理、清楚、正确。

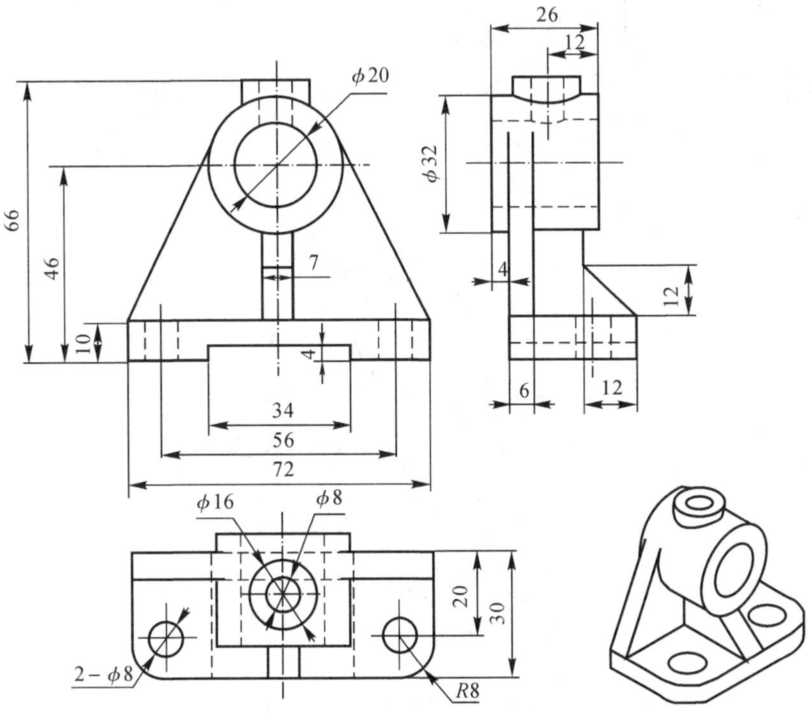

图 4-1　轴承座

【任务分析】

绘制此图形,首先应利用形体分析方法,读懂图形,弄清图形结构和各图形间的对应关系。此轴承座可分为四部分,底板Ⅰ、支承板Ⅱ、肋板Ⅲ和空心圆柱体Ⅳ组成。长方体的底座、上部的圆柱筒、两侧的肋板和前部带圆孔的长方体立板,空心圆筒位于长方形板的正上方,肋板对称分布在圆筒的左右两侧。画图时应按每个结构在三个视图中同时绘制,不要画完一个视图之后再去画另一个视图。

具体绘制该图形时,应首先选定绘图比例,绘制出基准线,确定出三视图的位置,然后绘制底板的外形结构,其次绘制圆筒,再次绘制支承板和肋板,最后绘制各个结构的细小部分。

【知识准备】

一、组合体的形体分析法

(一)组合体的概念

任何复杂的形体都可以看成是由一些基本的形体(简称基本体)按照一定的连接方式组合而成的。这些基本体包括棱柱、棱锥、圆柱、圆锥、圆球和圆环等。由基本体组成的复杂形体称为组合体,如图 4-2 所示。

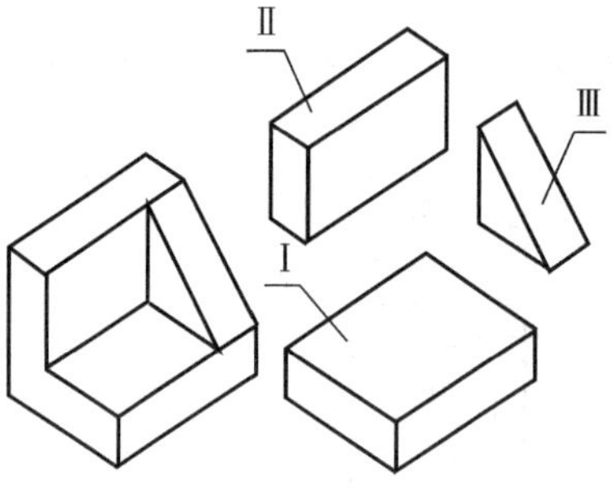

(a)

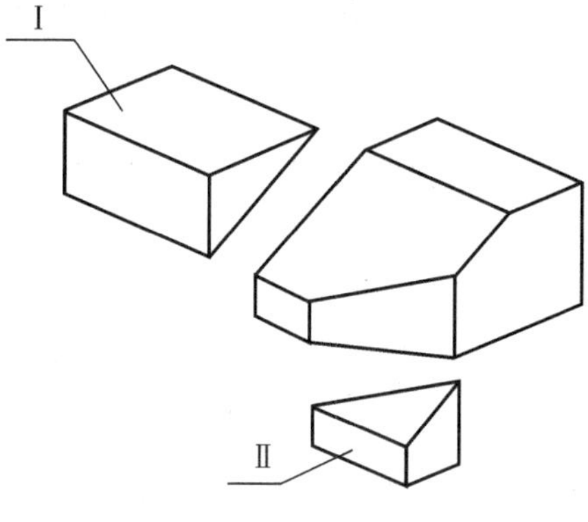

(b)

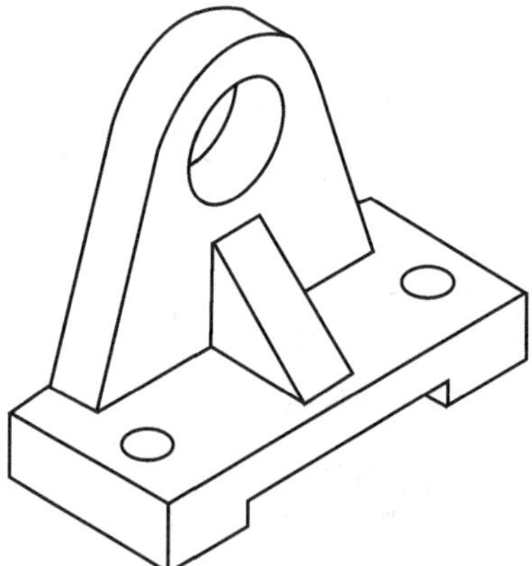

(c)

图 4-2 组合体的组合形式

(a)叠加型; (b)切割型; (c)综合式

(二)组合体的类型

为了便于分析,按形体组合特点,将组合体的组合方式分为叠加式、切割式和综合式三种形式。

1. 叠加式组合体

由若干个基本体叠加而成的组合体称叠加式组合体,简称叠加体。如图 4-2(a)所示的组合体,由水平放置的长方体Ⅰ和竖直放置的长方体Ⅱ,以及三棱柱Ⅲ叠加而成,即基本体素Ⅰ、Ⅱ、Ⅲ的并集,属于叠加型组合体。

2. 切割式组合体

切割式组合体。由基本体切割而成的组合体称为切割式组合体,简称切割体。如图 4-2(b)所示的组合体由长方体切去三棱柱Ⅰ,再切去三棱柱Ⅱ而成,即长方体体素与三棱柱Ⅰ、三棱柱Ⅱ的差集。

3. 综合式组合体

综合式组合体是前两种形式的综合,即整体上为叠加型,局部为切割型的组合体称为综合式组合体,简称综合体。如图 4-2(c)所示的组合体,它们的形成往往是既有叠加,又有切割的综合方式。

注意:许多情况下,叠加式和切割式并无严格的界线,同一物体既可按叠加方式分析,也可按切割方式去理解,如图 4-2 所示形体,也可以认为是由长方体切割而成的。因此分析组合体的组合方式时,应根据具体情况以便于作图和易于理解进行分析。

(三)组合体的表面连接关系

从组合体的整体来看,构成组合体的各基本形体间都有一定的相对位置,并且相邻表面之间也存在一定的连接关系。其形式一般可分为平齐与不平齐、相切、相交几种情况如图 4-3 所示。

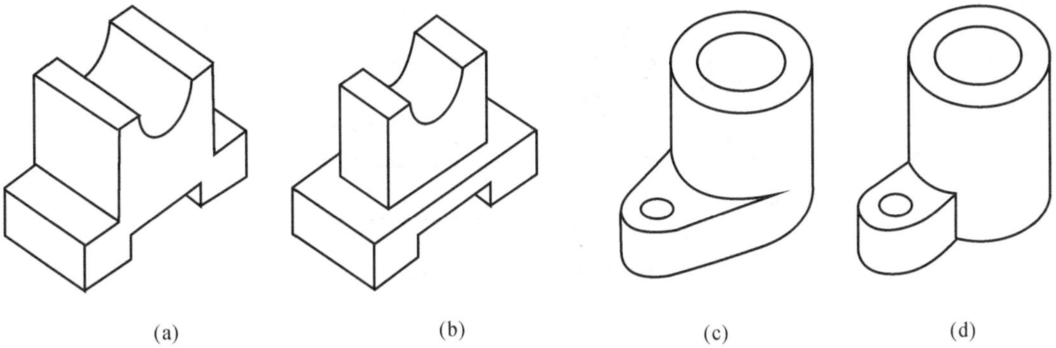

(a)　(b)　(c)　(d)

图 4-3　形体之间的表面连接关系

(a)平齐；(b)不平齐；(c)相切；(d)相交

由基本体形成组合体时,不同几何体上原来有些表面将由于互相结合或被切割而不复存在,有些表面将连成一个平面,有些表面发生相切或相交等情况。在画组合体视图时,必须注意这些表面关系,才能不多画线,不漏画线。在读图时,必须看懂基本体之间的表面连接关系,才能正确理解物体的形状。

1. 平齐与不平齐

平齐是指两基本体某方向的两个表面处于同一平面内,不存在分界线。在视图中平齐处不画线,如图 4-4 所示叠加形体的前表面和后表面都分别处于同一平面内。

必须指出,分析组合体的组合方式及基本形体之间的表面连接关系,是为了便于画图和读图的一种思考方法,整个组合体仍是一个不可分割的整体。因此,图 4-4 所示形体前后表面分别平齐,不可能有分界线。若主视图多画出这条分界线,就成为两个平面了。

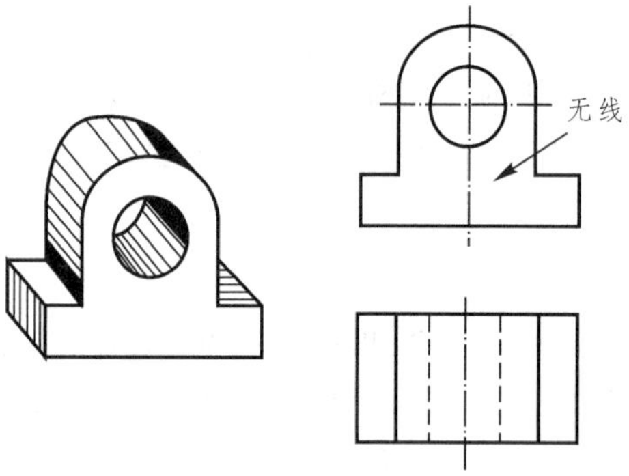

图 4-4 平齐的画法

不平齐是指两个基本体除叠加处表面重合外,没有其他方向的两个表面在同一个平面内。在视图中两个基本体之间应画出分界线,如图 4-5 所示的主视图。若主视图漏画这条分界线,就成为一个连续平面了。

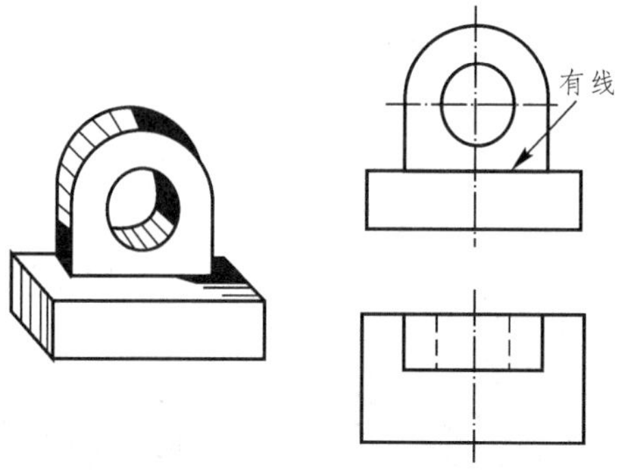

图 4-5 不平齐的画法

2. 相切

相切是指两个基本体的表面(平面与曲面或曲面与曲面)光滑过渡,不存在分界线,在视图中相切处不画线。如图 4-6 所示物体,可以看成是由圆柱与组合柱两部分叠加而成,表面连接关系是相切,即组合柱的前平面与圆柱面相切,在相切处形成光滑过渡,相切处无交线,因此在主视图和左视图中相切处不应画线。但应注意两个切点在主视图和左视图中的位置。画图时可先画出相切面有积聚性的那个视图(图 4-6 中的俯视图),从而定出直线和圆弧的切点,再根据切点的投影作出其他投影。

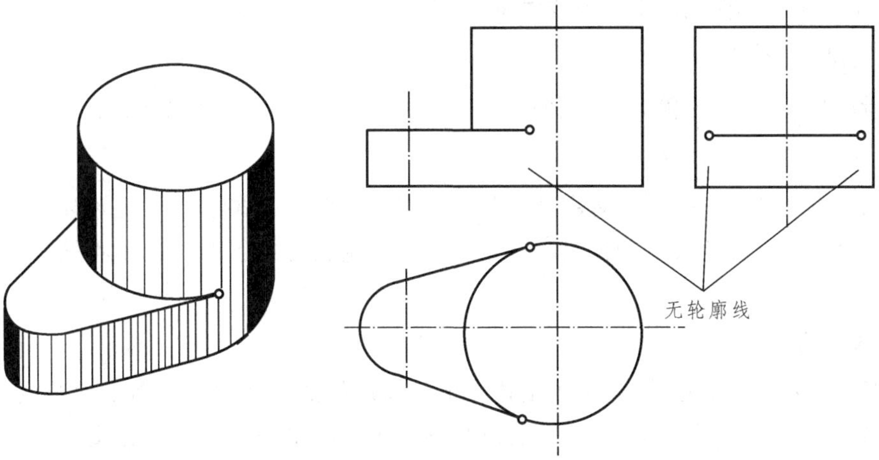

图 4－6　相切的画法

3. 相交

相交是指两个基本体彼此相交时表面产生交线(截交线或相贯线),表面交线是它们的分界线。在视图中相交处应该画出分界线,如图 4－7 所示,图中的交线是由平面和圆柱曲面相交产生的,实质为截交线。

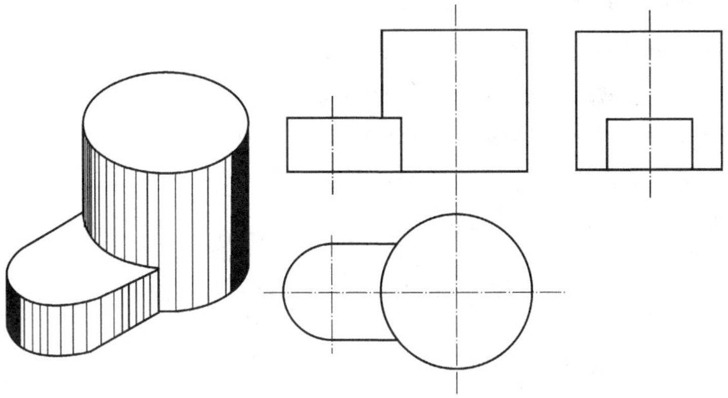

图 4－7　相交的画法

二、组合体绘制的一般步骤

1. 形体分析

将组合体分解成若干个基本形体,并确定它们的组合形式,以及相邻接表面间的相互位置。

2. 确定主视图

主视图是最重要的视图,确定主视图是画三视图的关键。选择主视图的原则:

(1)物体放正,其主要平面(或轴线)平行或垂直于某一投影面;

(2)最能反映形状特征和相对位置;

(3)主视图和其他视图中的虚线尽量少。

3. 选比例,定图幅

尽量选用 1∶1 的比例,这样既便于直接估量组合体的大小,也便于画图。

4. 布置视图,画基准线

根据组合体的总长、总宽、总高确定各视图在图框中的具体位置,使三视图分布均匀,并要在视图之间留出标注尺寸的位置和适当的间距。画出各视图的对称中心线、轴线以及重要的端面和底面等。

5. 画底稿

根据各基本形体的形状,逐个画出每一个基本形体的三视图。当画出两个或多个基本形体时,就应考虑它们之间的相对位置,以及形体表面间平齐、不平齐、相交、相切的相互位置关系,对已画视图做必要的修改。

6. 检查,描深

改正底稿中的错误,并按规定线型加深。

【任务实施】

步骤 1:布置三视图的作图基准线,如图 4-8(a)所示。

步骤 2:画底板的三视图,如图 4-8(b)所示。

步骤 3:画圆筒的三视图, 如图 4-8(c)所示。

步骤 4:画支承板的三视图,如图 4-8(d)所示。

步骤 5:画凸台的三视图, 如图 4-8(e)所示。

步骤 6:画肋板的三视图, 如图 4-8(f)所示。

步骤 7:画底板圆角和圆柱孔, 如图 4-8(g)所示。

步骤 8:检查并加深, 如图 4-8(h)所示。

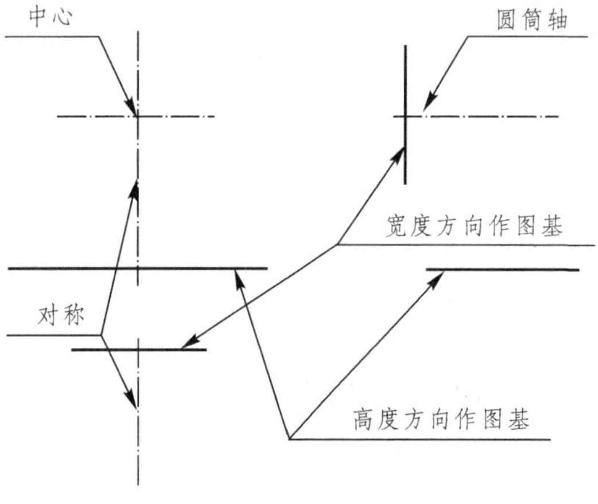

(a)

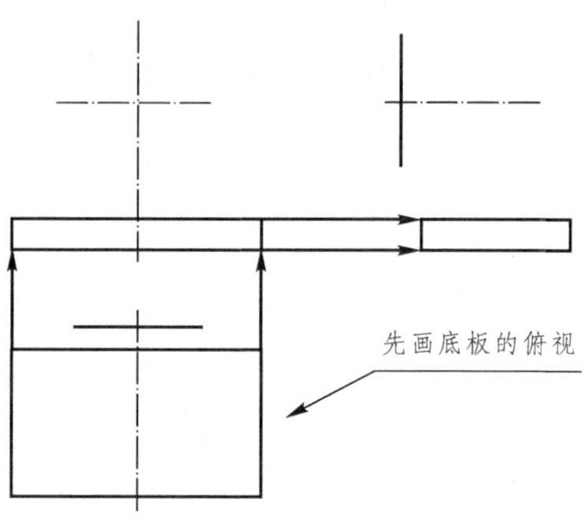

(b)

图 4-8

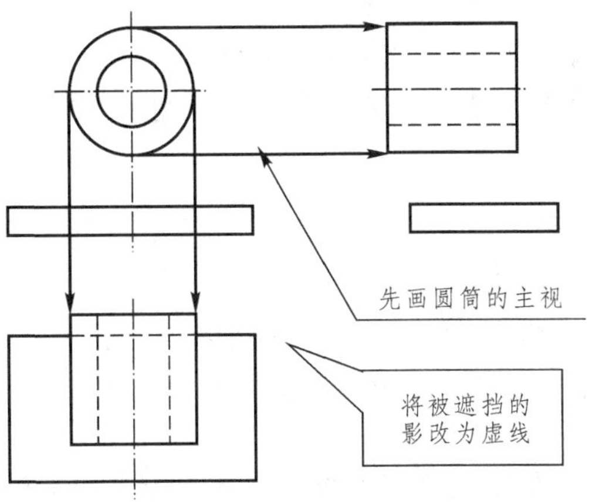

(c)

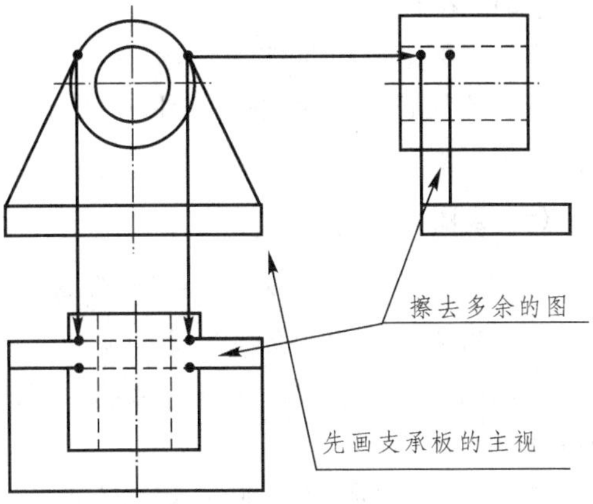

(d)

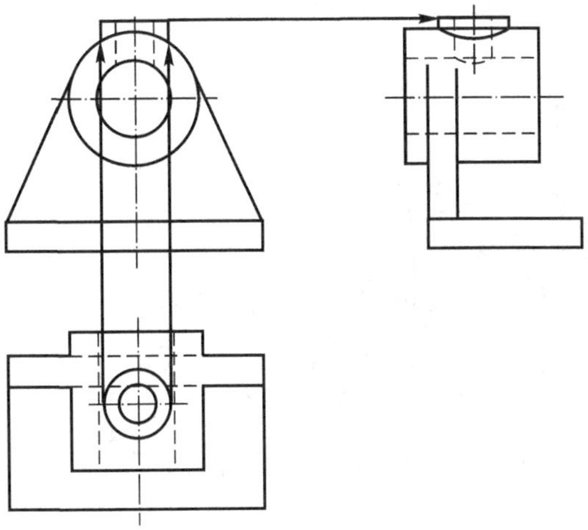

(e)

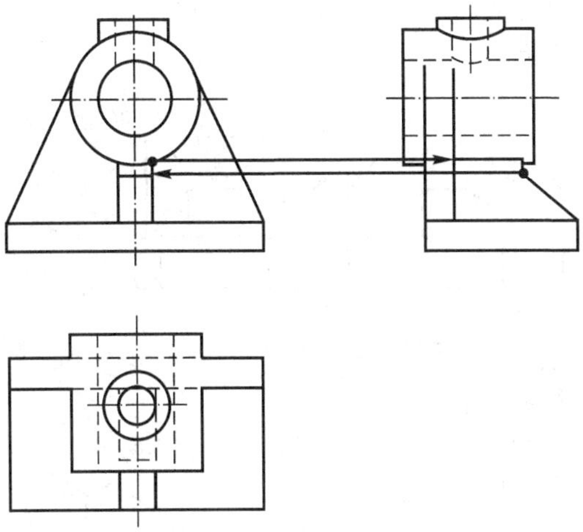

(f)

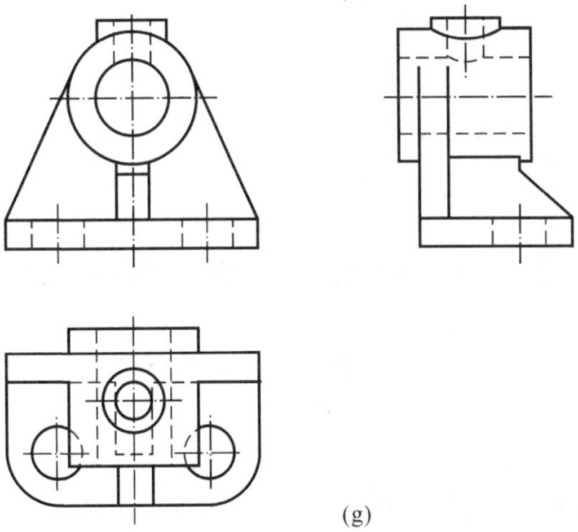

(g)

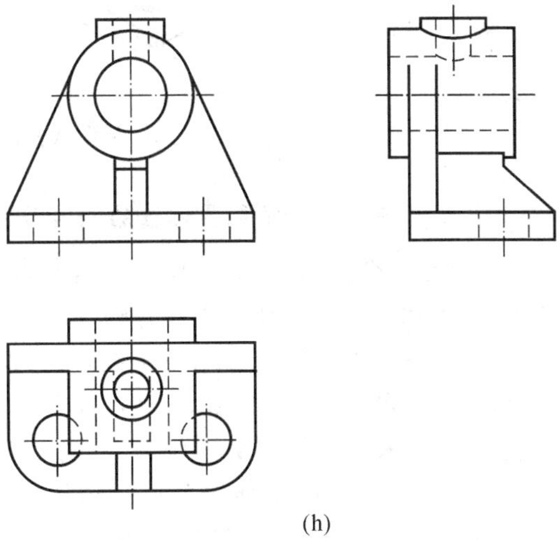

(h)

续图　4－8

【知识拓展】

根据已画好的组合体视图，运用投影原理和方法，想象出其形状和结构，这就是读组合体视图。要能正确迅速地读懂图，一要有扎实的读图基础知识，二要掌握读图的方法，三要通过典型习题反复进行读图实践。

(一)读图要领

1. 从形状特征视图想象各部分形状

由于组成组合体的各基本体的形状特征不一定集中在同一方向视图中，所以读图时，必须从各视图中分离出表示各基本体的特征形线框，以特征形线框为基础，想象该形体的形状和方位。

如图 4-9(a)所示三视图，如想象形体Ⅰ，只从主、左视图的线框 1′、1″是想象不出形状的，必须从俯视图的特征线框 1。同理想象形体Ⅱ、Ⅲ，以左、主视图的特征形线框 2″、3′所示的平面形和位置，配合其他视图表示的厚度，三个形体就想象出来了，如图 4-9(b)～(d)所示。

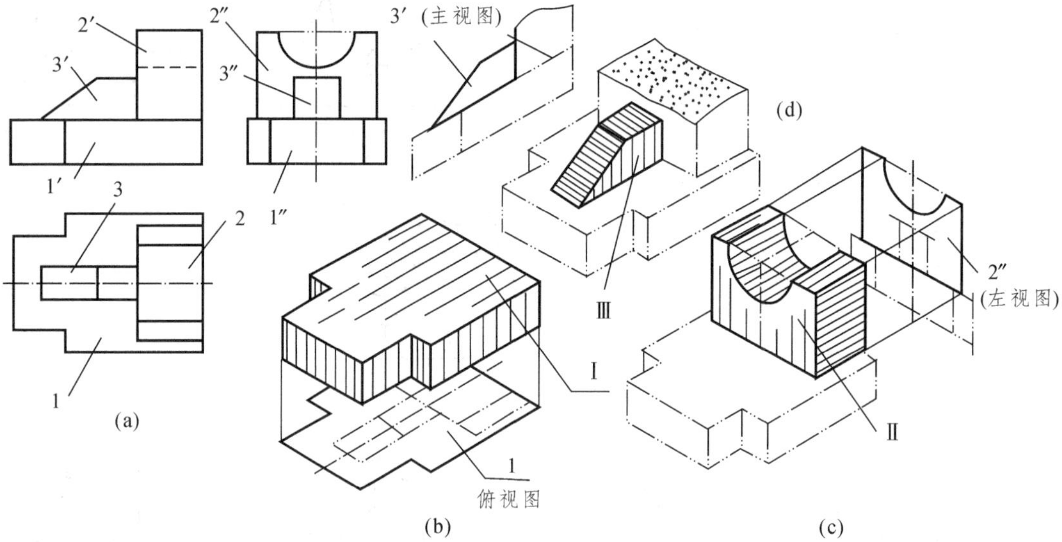

图 4-9　从形状特征视图，想象各基本体形状

2. 位置特征视图想象各部分的相对位置

在给定三个视图中，必有反映各基本体的相对位置最为明显的视图，即位置特征视图。读图时，应从位置特征视图想象各部分的相对位置。

如图 4-10(a)所示，主视图的线框 1′和 2′，清楚地表示了形体Ⅰ、Ⅱ的上、下和左、右的相对位置，而前后关系，即哪个凸出，哪个凹入，只能通过俯、左视图加以判别。假若只联系俯视图，则因长方向投影关系相重，不能依靠主、俯“长对正”分清这两个形体的凸凹关系，至少能想象出图 4-10(b)所示的四种形体。只有把主、左视图配合起来读，根据主、左“高平齐”的投影关系，以及左视图表示前、后方位，才能想象出形体Ⅰ凹，形体Ⅱ凸，如图 4-10(c)所示。因此，该形体的左视图是反映前后(凸凹)关系的特征视图。

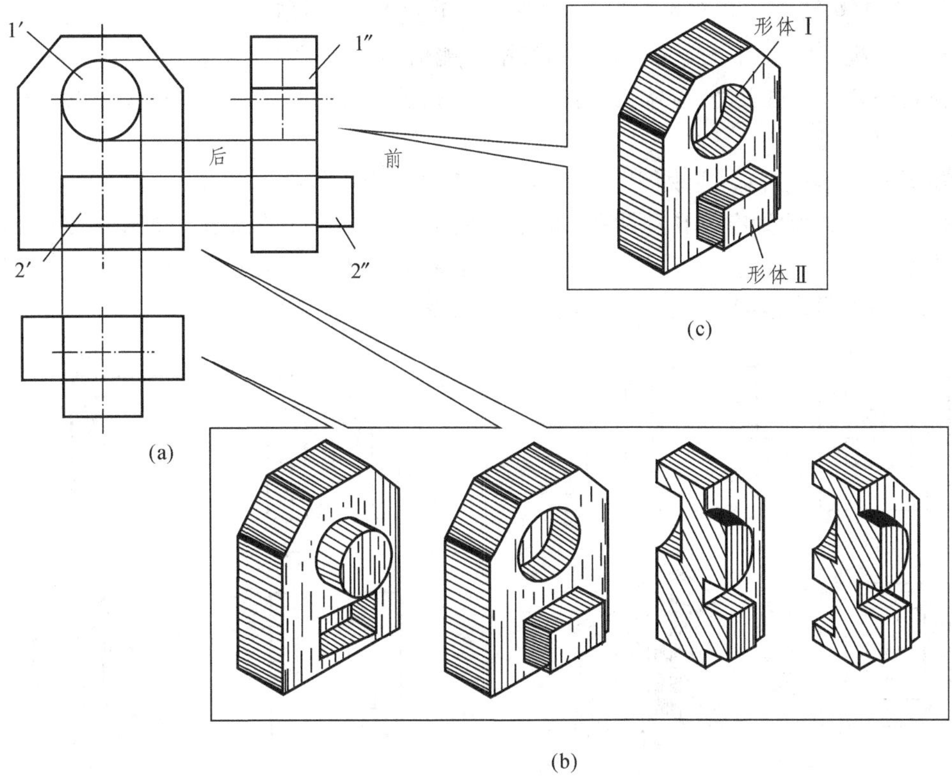

图 4－10　从位置特征视图，想象各基本体的相对位置

3. 读图时，应把几个视图配合起来读

上面介绍从某个形状特征视图判断基本体的形状，但必须指出，有的形体具有两个以上形状特征。读图时，切忌只凭单一视图就臆造出物体形状，必须把几个视图配合起来读，才能正确想象出物体形状。

如图 4－11(a)所示，单从主视图读，误认是拱形柱体[见图 4－11(b)]；配合俯视图，还会误认为圆柱与圆球相切[见图 4－11(c)]；只有再配合左视图，分析其线框和相贯线的形状，才能正确想象出图 4－11(d)所示的物体形状。

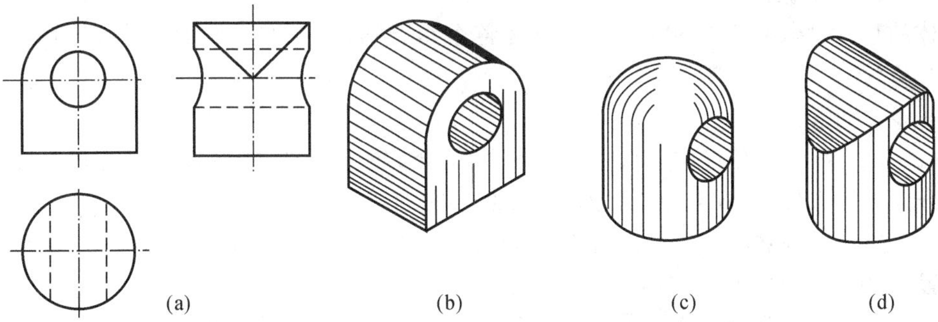

图 4－11　几个视图配合读图

4. 借助视图中线段、线框可见性,判断形体投影相重合的相对位置

当一个视图中有两个或两个以上的线框不能借助于"三等"关系和"方位"关系在其他视图中找到确切对应位置时,应从视图投射方向及视图中线框或线段的可见性加以判别,从而识别出相对位置。

如图 4－12(a)所示,主视图的方形实线框 1′和圆形实线框 2′相切,与俯、左视图对投影关系仅能判断前、后壁有方孔和圆孔,未能分清其位置。这时,借助于主视图的投射方向,线框 1′表示方孔在前壁,线框 2′表示圆孔在后壁,线框 1′、2′才能是可见,如图 4－12(b)所示。图 4－12(c)方形线框(2′)为虚线,则方孔应在后壁,如图 4－12(d)所示。

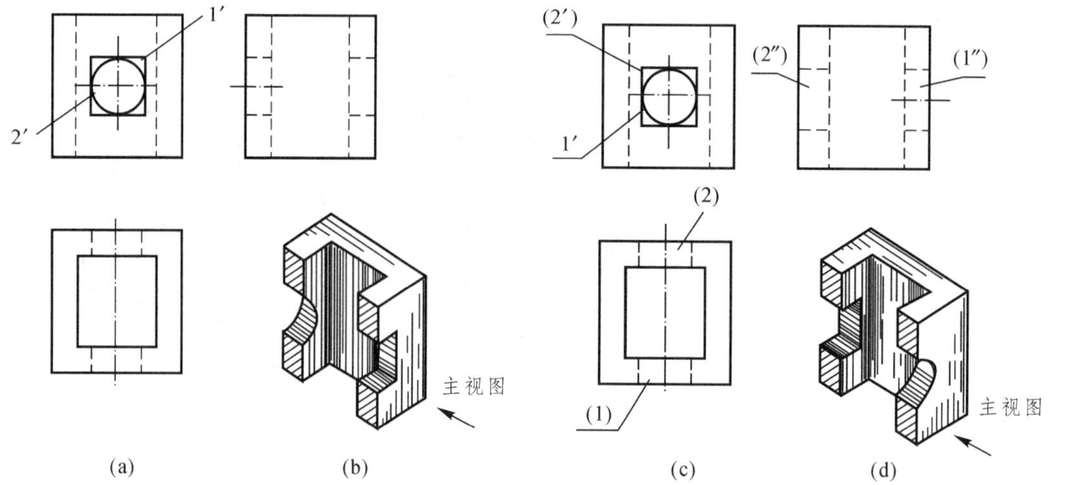

图 4－12　借助线框和线段可见性,判断形体间的相对位置

(二)读图的基本方法和步骤

根据组合体的构型特点,读图的基本方法可分为:形体分析法和线面分析法。

1. 形体分析法

既然任何组合体都可看作由一些基本形体组合而成,那么在看组合体视图时,也和画图一样,在看了它们的大体轮廓后,可先进行形体分析。一般读图都是从主视图开始、按"三等"规律把视图划块,分解成数个基本形体的视图,然后联系其他视图想出这些基本形体的形状及其相对位置,从而弄清楚整个组合体的空间形状,这就是读图最常用的形体分析法。

其步骤如下:

(1)对照投影,划分线框。从主视图入手,结合其他两视图,按照投影对应关系把该组合体划分成三个部分:立板Ⅰ、凸台Ⅱ和底板Ⅲ,如图 4－13(a)所示。

(2)想出形体,确定位置。根据各部分的三视图,逐一想象出各部分的形状和彼此的相对位置,如图 4－13(b)～(d)所示。

(3)综合起来,想出整体。在上述分析的基础上,确定各基本体的形状和相对位置,综合起来想象出组合体的整体形状,如图 4－13(e)所示。

对于叠加方式构成的组合体用形体分析法较为合适。

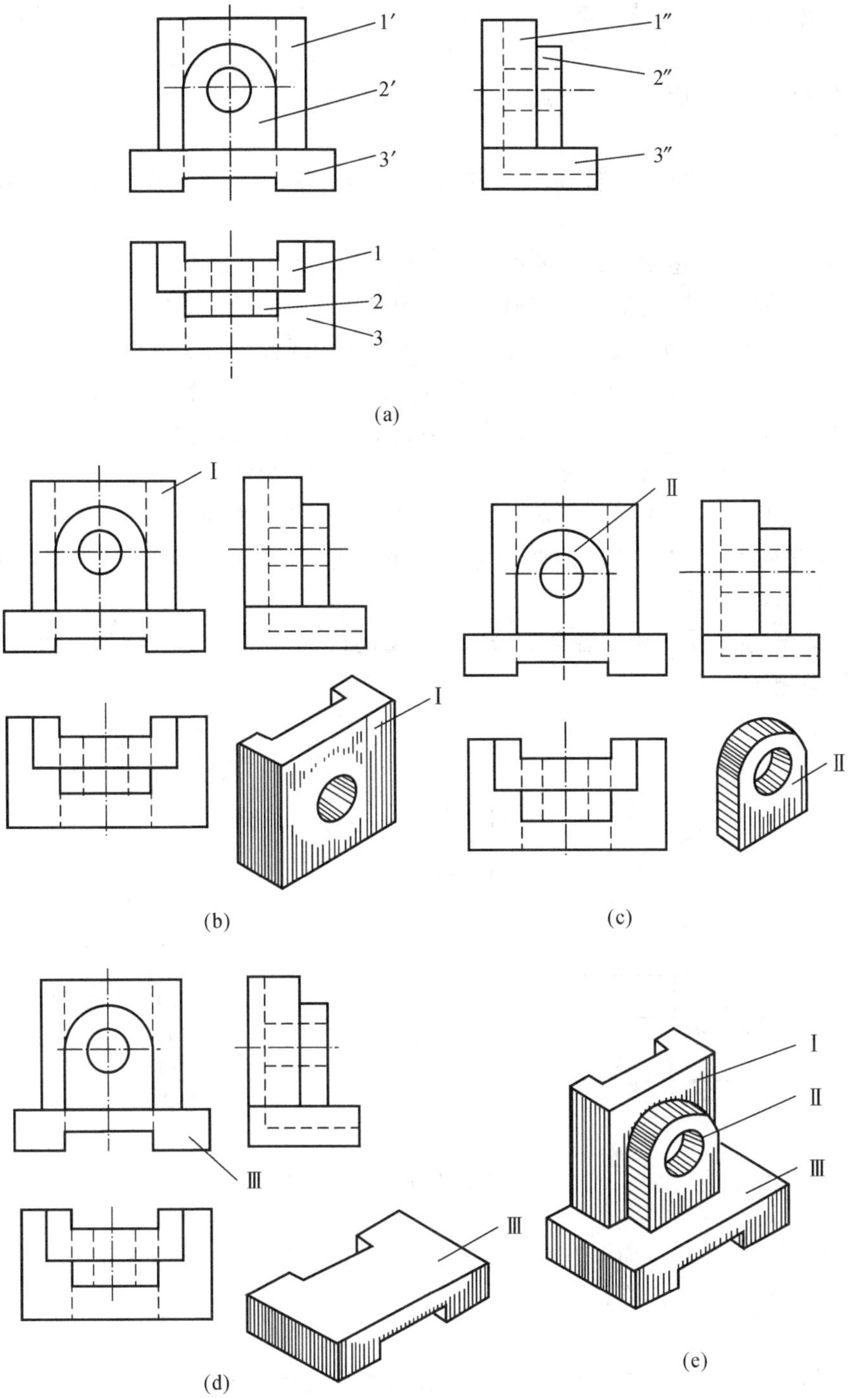

图 4－13　形体分析法读图

(a)分线框对投影；(b)想象立板Ⅰ的形状；(c)想象凸台Ⅱ的形状；
(d)想象底板Ⅲ的形状；(e)综合想象支承架的整体形状

2. 线面分析法

对一些较复杂的或不规则的组合体的视图,仅用形体分析法并不能将其完全看懂,还必须对视图上的每一条线和每一个面作进一步的分析,这样才能确切地想象出组合体的空间形状,这种方法叫作线面分析法。通过线面分析所要解决的问题是,弄清楚视图中难以读懂的线条和线框的含义。

对于一些其结构主要由挖切形成的组合体,视图中基本形体反映不明显,则需要用线面分析法来读图。

线面分析法,就是运用点、线、面的投影特性,分析视图中的图线、封闭线框的含义以及各要素的空间位置;弄清楚组合体表面及交线的形状和相对位置,从而读懂视图。

下面以图 4-14 所示组合体三视图为例,说明运用线面分析法读图的方法和步骤。

(1)分线框,识面形。三视图中,一般线框为投影面平行面、投影面垂直面或投影面倾斜面。根据平面的投影特性,凡“一框对两线”则表示投影面平行面,“一线对两框”则表示投影面垂直面,“三框相对应”则表示投影面倾斜面。图 4-14 为挖切组合体,在三视图中找出各图线、线框的对应投影。线框Ⅰ(1,1′,1″)在三视图中为“一框对两线”,是侧平面。线框Ⅱ(2,2′,2″)在三视图中为“一线对两框”,是侧垂面。线框Ⅲ(3,3′,3″)在三视图中为“三框相对应”,是投影面倾斜面。

(2)识交线,想形状。根据各个面的形状和空间位置,还应分析交线的形状和位置,从而想象出物体的整体形状。

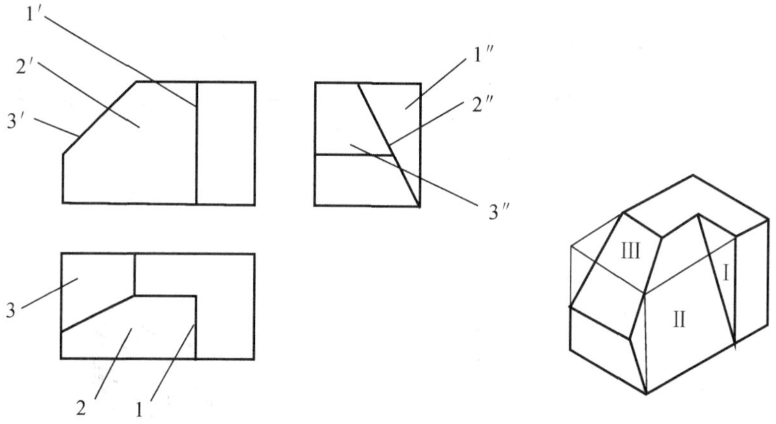

图 4-14 线面分析法读图

看组合体视图时,常常需要两种方法并用,以形体分析法为主,遇到难点时再借助线面分析法,这样才能较好地读懂视图。

任务二 滑座的尺寸标注

【任务描述】

滑座的三视图如图 4-15 所示,对所绘图形进行尺寸标准。

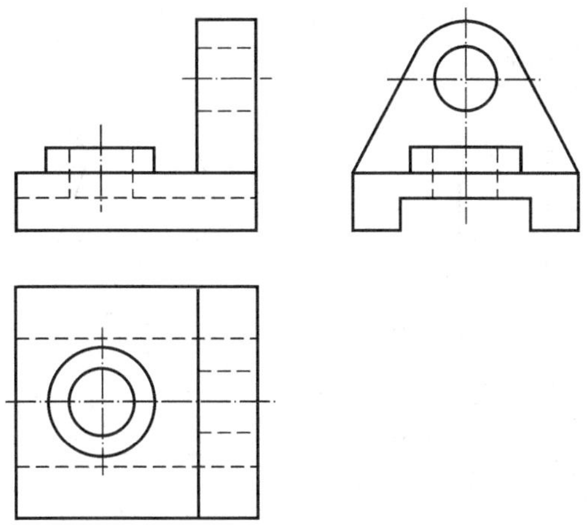

图 4-15　滑座的三视图

【任务分析】

根据滑座的三视图进行形体分析，选择尺寸基准，选定三个方向的尺寸基准；标注出各形体的定形尺寸和定位尺寸；调整总体尺寸。

【知识准备】

一、组合体的尺寸标注

视图只能表示组合体的形状，各形体的真实大小及其相对位置，需由尺寸来确定。

(一)尺寸标注的基本要求

1. 正确

正确是指尺寸标注要符合国家和行业制图标准的规定。

2. 完整

完整是指所注尺寸能够完全确定组合体的形状和大小。即定形尺寸、定位尺寸、总体尺寸标注齐全，并且不重复。

3. 清晰

清晰是指所注尺寸位置明显，排列整齐，便于读图。

4. 合理

合理是指所注尺寸既能满足设计要求，又方便加工测量。合理标注尺寸，需要具备一定的专业只是后才能逐步做到。

(二)基本几何体的尺寸注法

基本几何体的大小都是由长、宽、高三个方向的尺寸来确定的，一般情况下，这三个尺寸都要标注出来。关于基本几何体的尺寸注法，如图 4-16 所示。有些基本几何体的三个尺寸中有两个或三个是互相关联的，如六棱柱的正六边形的对边宽与对角距相关联，则只标对边宽(或对角距)以及柱高。标圆柱、圆锥台的尺寸时，一般在不反映为圆的视图上标注其底面(或顶)，直径(数值前注直径符合“ϕ”)和高度，确定其大小，其他视图不需要标注尺寸。

对于圆球,其三个尺寸相同,只需要在一个视图上标注尺寸,并在直径符合“ϕ”前加“S”,以表明球直径。带括号的尺寸是参考尺寸。

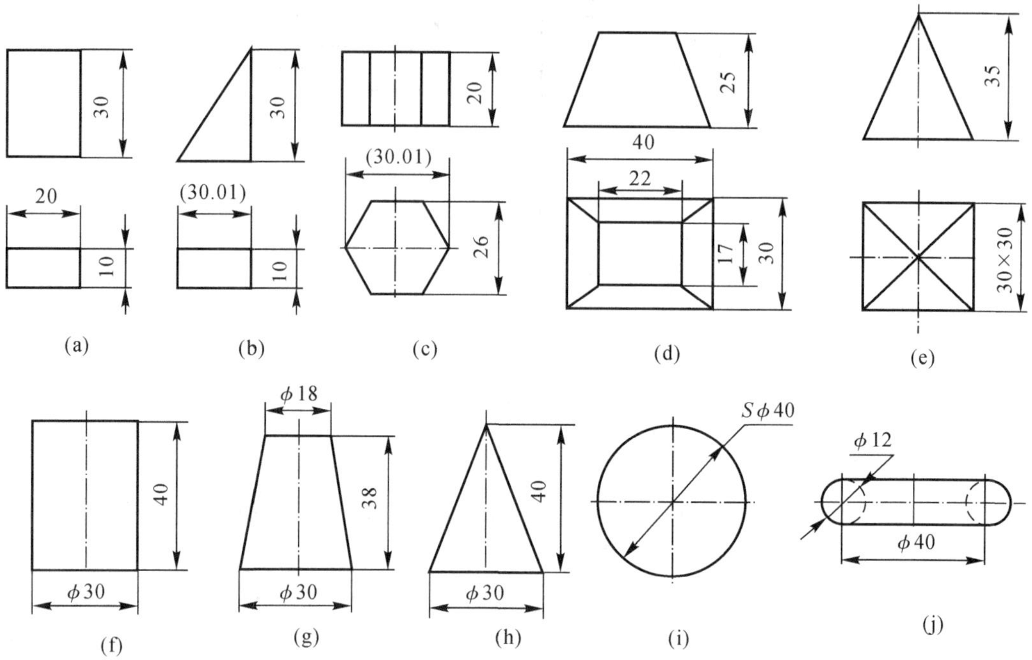

图 4-16　基本几何体尺寸标注

(三)切割体的尺寸标注

被切割几何体的尺寸标注.除标注几何体尺寸大小外,还应标注截平面的位置尺寸,不应标注截交线的大小尺寸。因为截平面与几何体的相对位置确定之后,截交线的形状与大小就确定了,若再注其尺寸,即属错误尺寸,如图 4-17(b)(d)(e)中标“x”的尺寸即是。

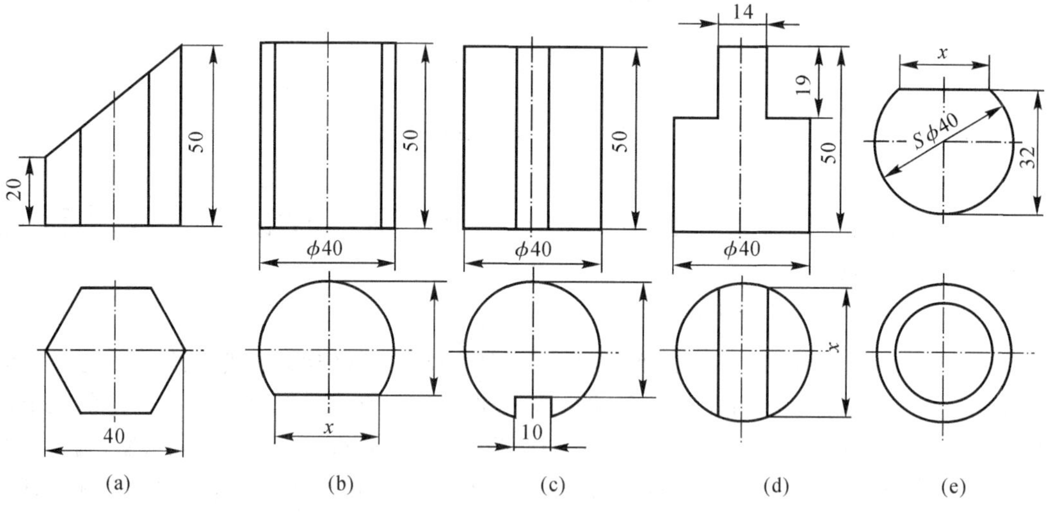

图 4-17　切割体尺寸标注(“x”为错误尺寸)

(四)组合体的尺寸种类

从形体分析来说组合体的尺寸有定形、定位和总体三种尺寸。

(1)定形尺寸:一确定形体形状大小的尺寸称为定形尺寸。在三维空间中,定形尺寸一般包括长、宽、高三个方向的尺寸。如图 4－18 底板的大小尺寸为长 200、宽 170、高 15,4－ϕ 20 为四个孔的直径尺寸。

(2)定位尺寸:确定各基本形体间的相对位置尺寸。如图 4－18 俯视图中 160 与 130 是四个孔的位置尺寸。在标注回转体的定位尺寸时,一般是确定其轴线的位置,而不应以其转向线来定位,如图 4－19 所示。

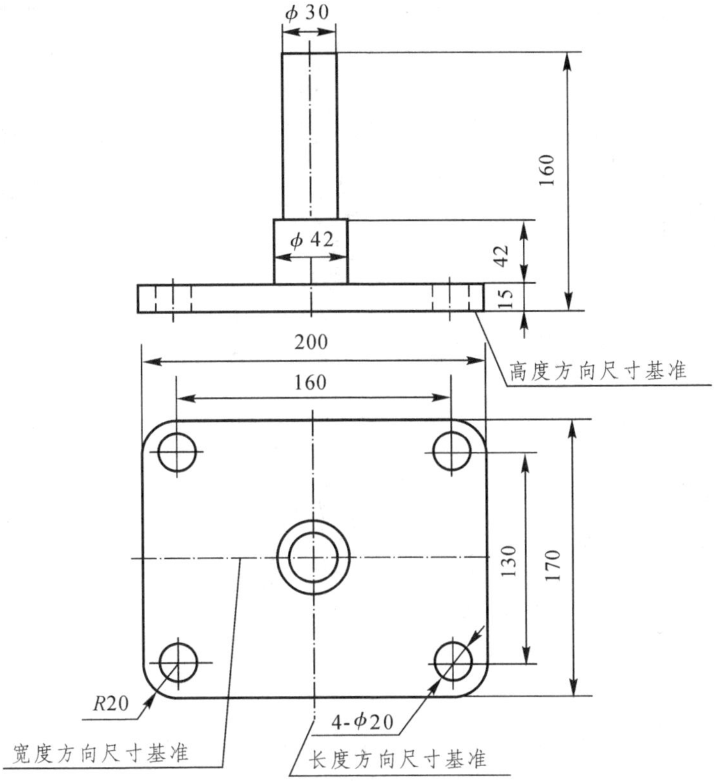

图 4－18　组合体尺寸注法

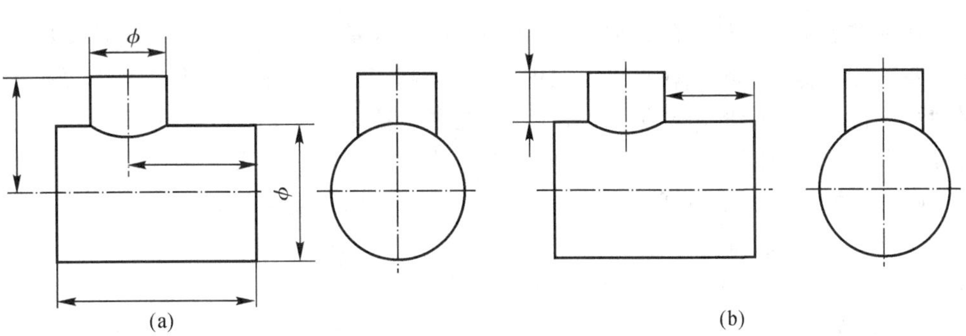

图 4－19　回转体定位尺寸标注

(3)总体尺寸:组合体的总长、总宽、总高尺寸。如图 4－18 中的总长 200、总宽 170、总高 160。

组合体一般需要标注总体尺寸。由于组合体定形、定位尺寸已标注完整,所以再加注总体尺寸会出现重复尺寸。此时加注总体尺寸的同时,就要减去一个同方向的定形尺寸,如图 4－18 高度方向尺寸,便是如此。

当组合体的端部不是平面而是回转面时,该方向一般不直接标注总体尺寸,而是由确定回转面轴线的定位尺寸和回转面的定形尺寸(半径或直径)来间接确定,如图 4－20 所示各图中的一些总体尺寸没有直接标出。

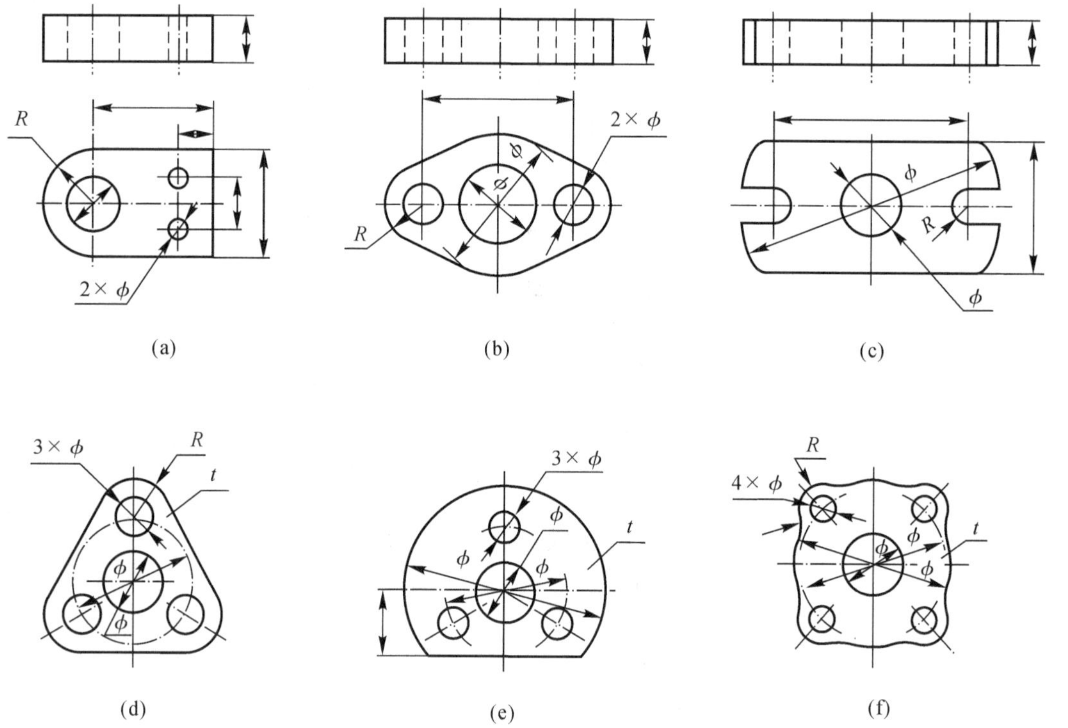

图 4－20　不直接标注总体尺寸的图例

(五)组合体的尺寸基准

尺寸基准确定尺寸位置的几何元素(点、直线、平面等)称为尺寸基准,简称基准。基准分为主要基准和辅助基准。在三维空间中,长、宽、高三个方向上应各有一个主要基准。一般采用组合体(或形体)的对称平面(对称线)、主要的轴线和较大的平面(底面、端面)作为主要基准。根据需要,还可选一些其他几何元素作为辅助基准。主要基准和辅助基准之间应有尺寸联系。如图 4－18 中高度方向以底面为尺寸基准;长度方向选用左右的对称平面为尺寸基谁;宽度方向以前后的对称平面为尺寸基准。标注 4－φ 20 时,孔中心距的长度方向的定位尺寸为 160,孔中心距的宽度方向的定位尺寸为 130。

【任务实施】

步骤 1:标注底板的定形尺寸,如图 4－21 所示。

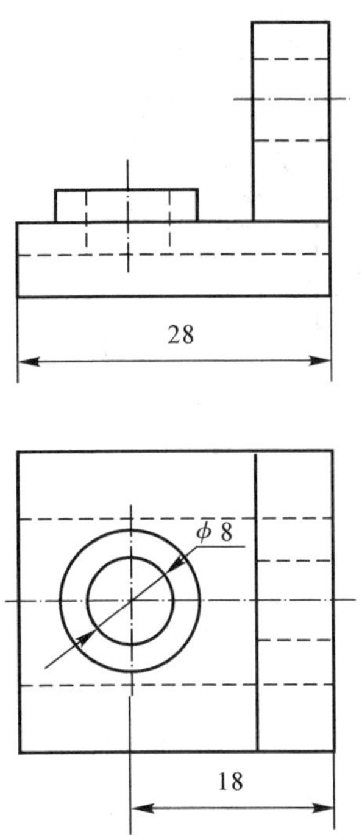

图　4－21

步骤 2:标注支板的定形尺寸,如图 4－22 所示。

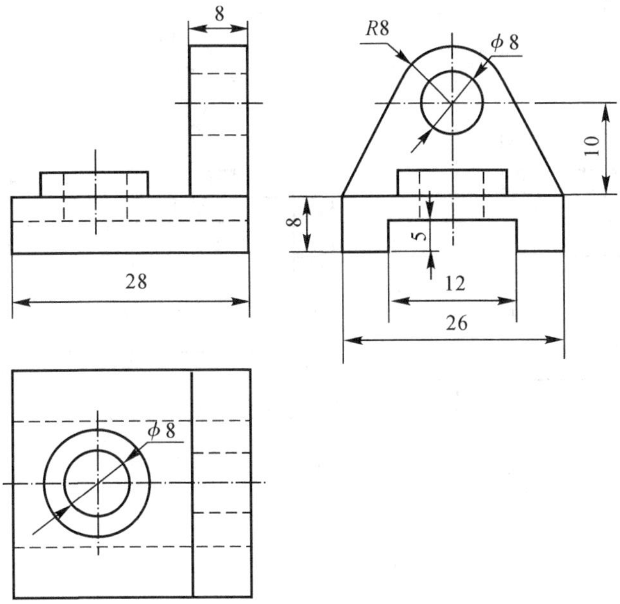

图 4－22

步骤 3:标注圆柱体的定形尺寸,如图 4－23 所示。

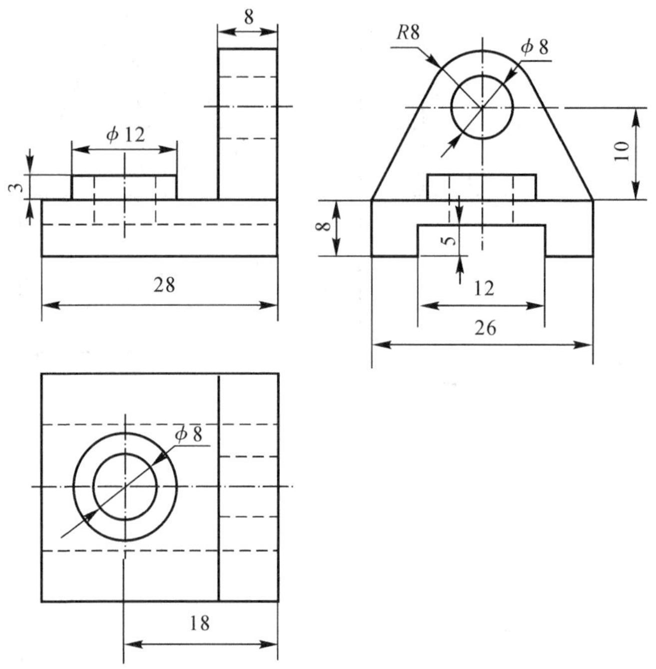

图 4-23

步骤 4:标注基本形体间的定位尺寸及组合体的总体尺寸,如图 4-24 所示。

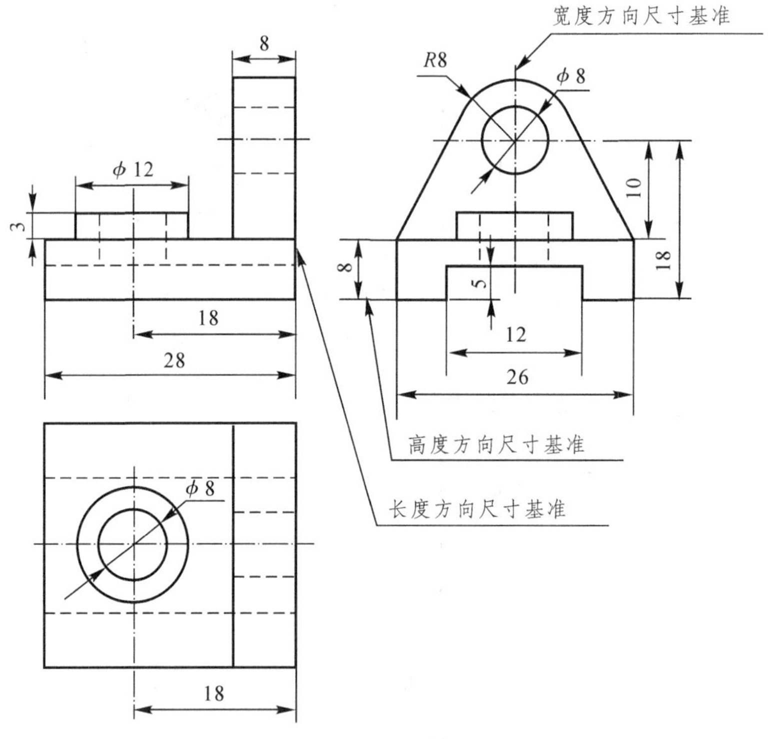

图 4-24

步骤 5:总体尺寸整理,如图 4-25 所示。

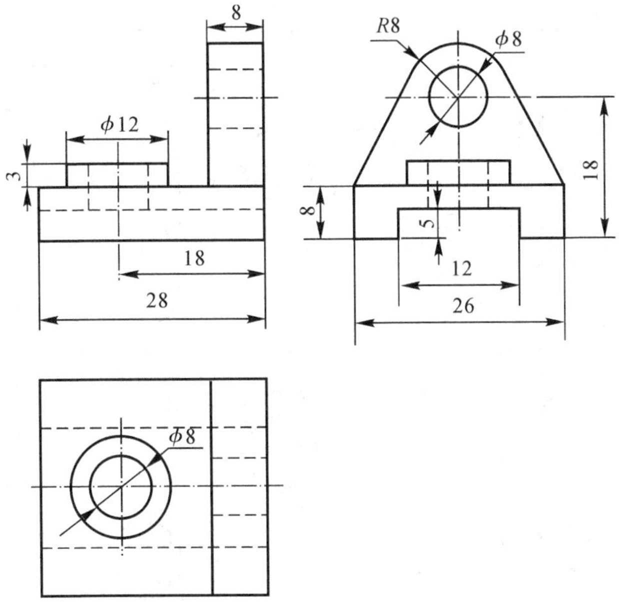

图　4-25

【知识拓展】

组合体尺寸标注注意事项。

1. 把尺寸标注在形体特征明显的视图上

为了看图方便,应尽可能把尺寸标注在形体特征明显的视图上。如图 4-26 所示,把五棱柱的五边形尺寸标注在反映形体特征的主视图上。

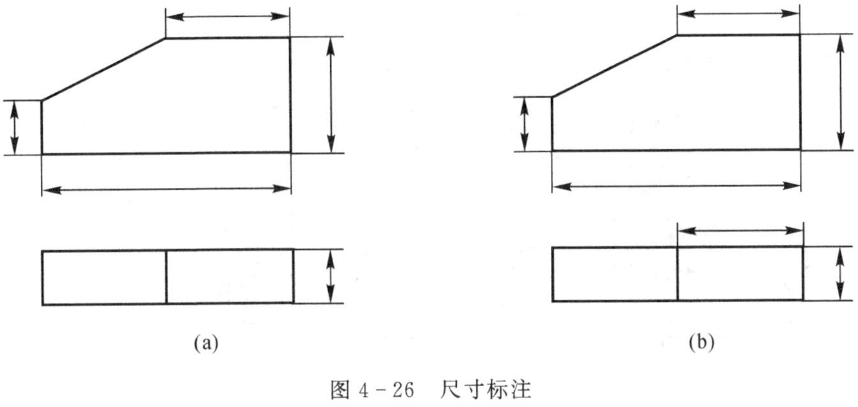

(a)　　　　(b)

图 4-26　尺寸标注

2. 交线上不应直接标注尺寸

在形体的叠加(或挖切)过程中,形体的邻接表面处于相交位置时,自然会产生交线。由于两个形体的定形尺寸和定位尺寸已完全确定了交线的形状,所以,在交线上不应再另注尺寸,如图 4-27(a)所示。

3．把有关联的尺寸尽量集中标注

为了看图方便，应把有关联的尺寸尽量集中标注，如图 4－27(b)所示。

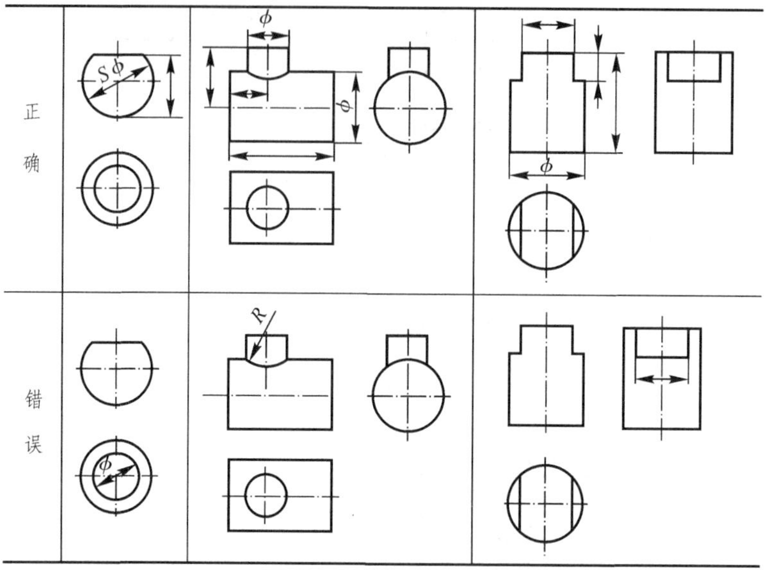

(a)

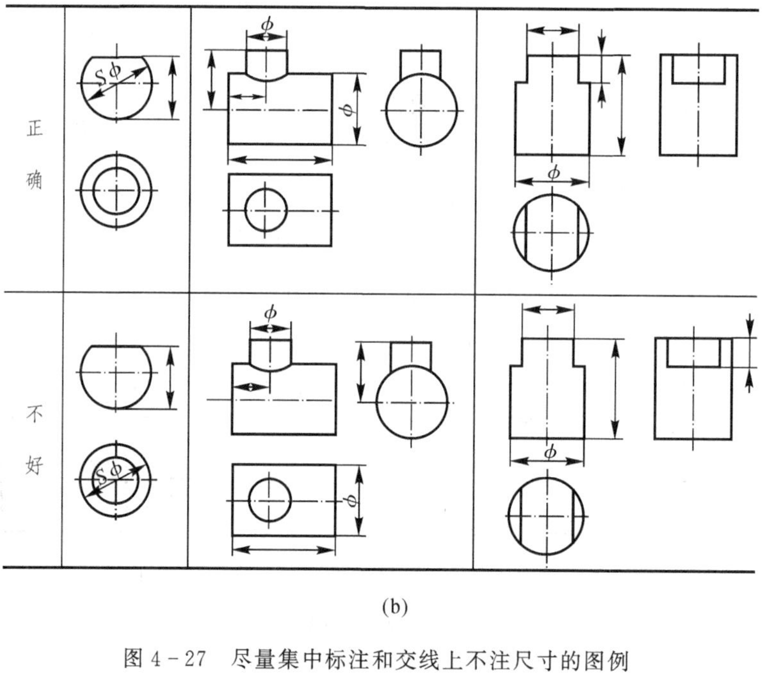

(b)

图 4－27　尽量集中标注和交线上不注尺寸的图例

4．尺寸排列整齐、清楚

排列整齐除了遵守尺寸注法的规定外，尺寸尽量标注在两个相关视图之间；尽量标注在视图的外面。同一方向上连续标注的几个尺寸应尽量配置在少数几条线上，如图 4－28 所示。

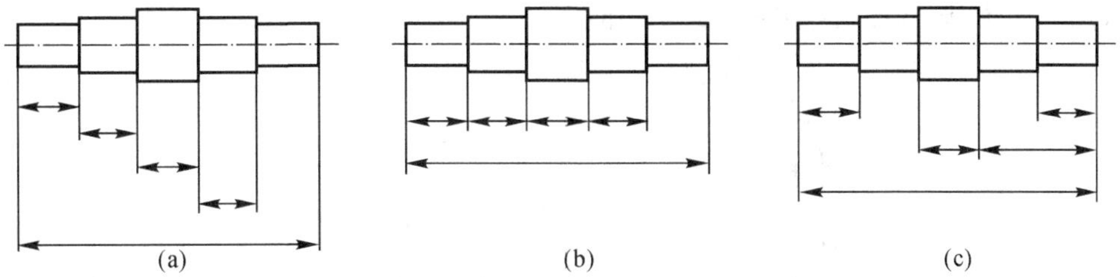

图 4－28　同一方向上的连续尺寸标注
(a)不好；(b)好；(c)好

按圆周均匀分布的孔的ϕ值和定位尺寸应集中标注在反映其数量和分布位置的视图上。

【学习小结】

通过本情景的学习，学生应该理解、领悟、掌握以下知识点：

(1)组合体的组合方式。

(2)形体分析法。

(3)线面分析法。

(4)三视图的画法。

(5)组合体视图识读。

(6)基本几何体的尺寸标注。

(7)尺寸标注的基本要求。

(8)尺寸分类和尺寸基准。

(9)具有截交线和相贯线的组合体的尺寸标注。

【自我评价】

(1)什么叫组合体？

(2)什么叫形体分析法？试述用形体分析法画图和看图的步骤。

(3)组合体的尺寸分哪几种？如何保证标注组合体尺寸的完整性。

(4)如何才能将组合体尺寸标注的清晰。

(5)什么叫线面分析法。

(6)标注图 4－29 所示组合体的尺寸。

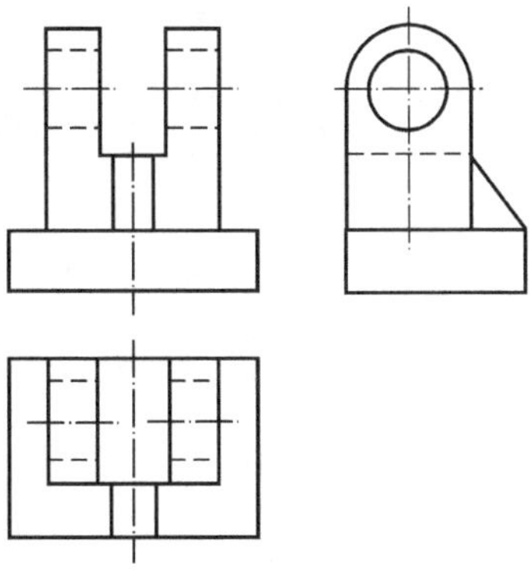

图　4－29

(7)已知主、俯视图,补画左视图(见图 4-30)。

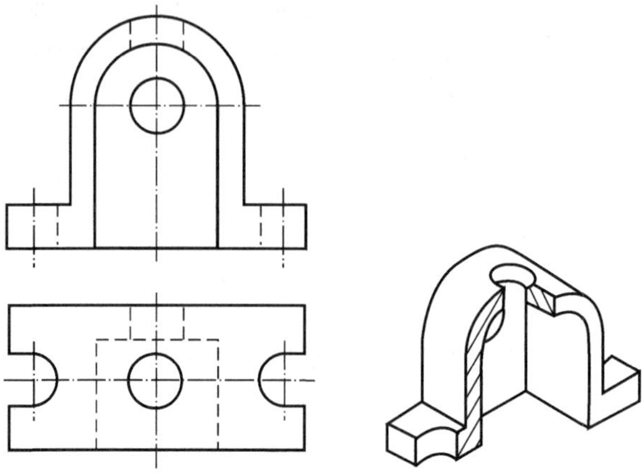

图 4-30

学习情境五　图样画法

【学习目标】

(1)掌握基本视图的表达,向视图、斜视图、局部视图的运用。

(2)掌握剖视图的概念、表达、标注,全剖视图的表达运用。

(3)掌握剖视图的类型,全剖、半剖、局部剖视图的表达运用。

(4)掌握剖切面的类型。

(5)掌握断面图的类型及表达运用。

(6)掌握局部放大图的画法,常见的简化画法及规定画法。

任务一　筋板的剖视图

【任务描述】

根据轴承支架实体图 5-1,采用合理的视图表达方式对其实体进行绘制。

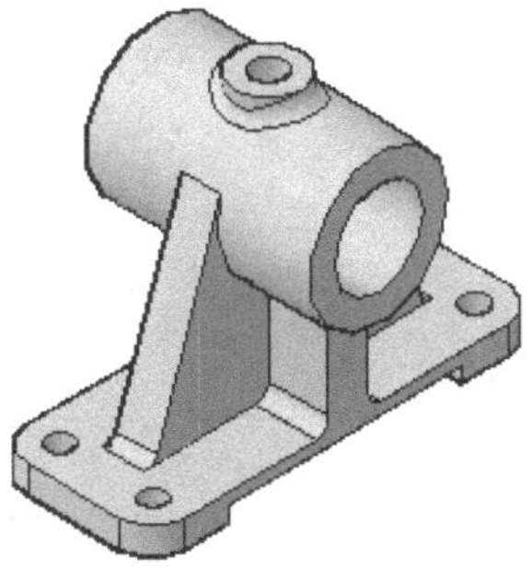

图 5-1　轴承支架

【任务分析】

首先要对轴承座进行功用、形体、结构的分析,设想如何采用简单的三视图来表达轴承座的结构形状;其次要根据分析结果依据主视图的确定原则确定轴承座的主视图;再次要根据主视图选择后,各个视图对零件的具体表达情况,选择其他剖视图来进一步清楚表达零件各个部分的具体结构;最后进行零件图形的绘制。

【知识准备】

一、视图

(一)基本视图

物体在基本投影面上的投影,称为基本视图。当机件的上下、左右、前后形状各不相同时,在三视图中会出现较多的虚线,再加上内部结构的虚线,使图形很不清晰,不易读懂。为此,国家标准规定采用正六面体作为基本投影面,即在原有的正立面、水平面、右侧面以外增加了前立面、顶面和左侧立面,共六个投影面。将机件置于正六面体内,分别向六个投影面投影,相应得到六个视图,主视图、俯视图、左视图、右视图(由右向左投影)、后视图(由后向前投影)、仰视图(由下向上投影)。六个投影面的展开方法(见图 5－2)是正立面保持不动,其他视图旋转到与正面在同一平面内。因此,六个基本视图的配置(GB/T17451—1998)如图 5－3 所示。在绘制机件的图样时,应根据机件的复杂程度,选用其中必要的几个基本视图,选择的原则如下:

(1)选择表示机件信息量最多的那个视图作为主视图,通常是机件的工作位置或加工位置或安放位置。

(2)在机件表示明确的前提下,使视图的数量为最少。

(3)尽量避免使用虚线表达机件的轮廓。

(4)避免不必要的重复表达。

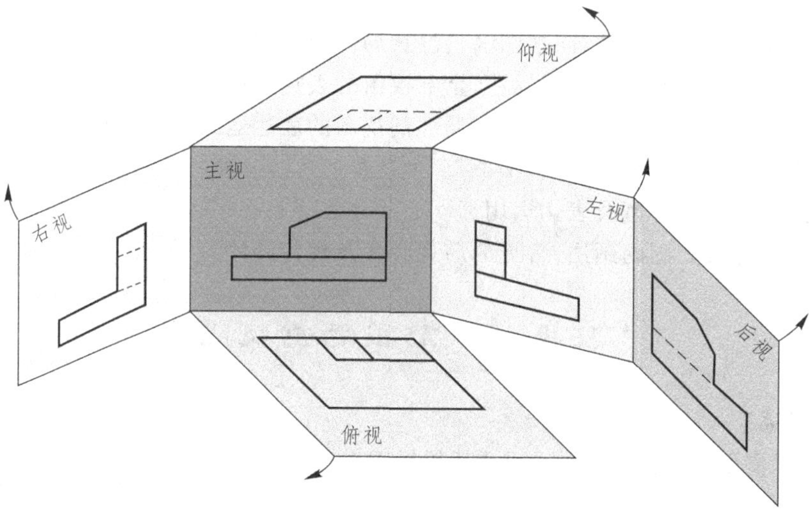

图 5－2　投影面的展开

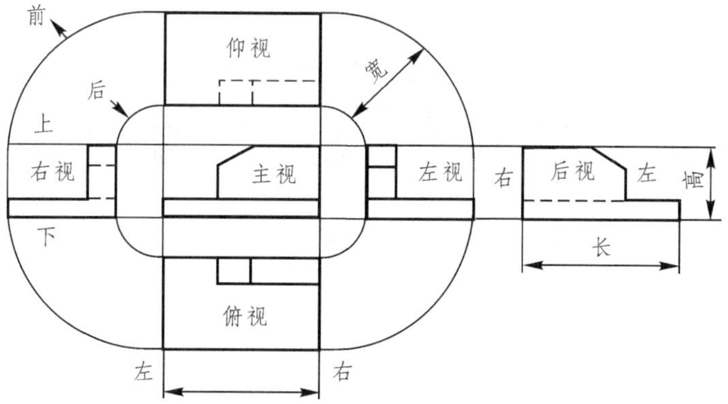

图 5－3　基本视图配置

(二)向视图

向视图是可以自由配置的视图。根据需要允许从以下两种表达方式中选择一种。

(1)在向视图上标注“×”(“×”为大写拉丁字母),要相应视图的附近用箭头指明投影方向，并标注相同的字母，如图 5-4 所示。

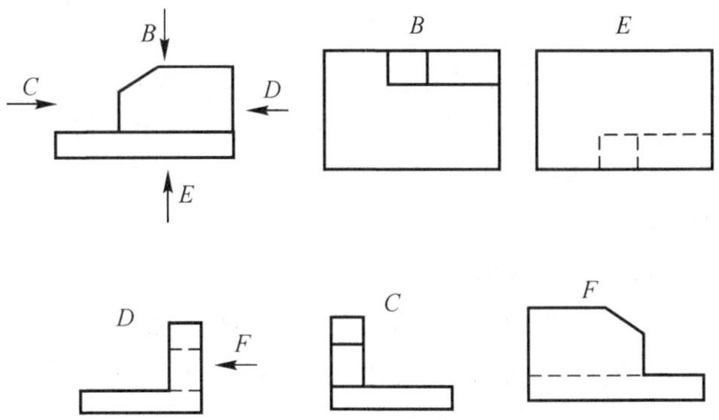

图 5-4　向视图

(2)在向视图的下方(或上方)标注图名。标注图名的各视图位置，应根据需要和可能按相应的规则布置。

(三)局部视图

将机件的某一部分向基本投影面投影所得的视图，称为局部视图。在采用了适当数量的基本视图之后，机件上还留有一些局部的结构未表达清楚，为了简化作图，避免重复，可将该部分结构单独向基本投影面投影，并用波浪线与其他部分断开，画成不完整的基本视图。它可能是某一基本视图的一部分，也可能是机件的某一部分。一般在局部视图上方标出视图名称“×”，在相应的视图附近用箭头指明投影方向，并注上同样的字母，如图 5-5 所示。当局部视图按基本视图配置形式配置时，可省略标注，也可按向视图的配置形式配置并标注，如图 5-5 所示。

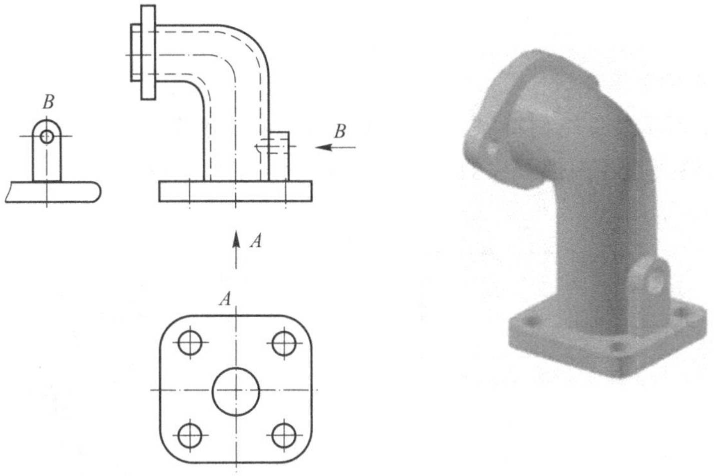

图 5-5　局部视图

当所表示的局部结构是完整的，且轮廓线又成封闭时，波浪线可省略不画，如图 5-5 所示。用波浪线作为断裂时，波浪线不应超过机件的轮廓线，应画在机件的实体上，不可画在机件中的空白处。

(四)斜视图

图 5－6 所示机件，右边倾斜部分的上下表面均为正垂面，它对其他投影面是倾斜结构，其投影不反映实形。为了表达出倾斜部分的实形，可设置一个与倾斜部分平行的投影面，再将该结构向新投影面投影得到其实形。这种将机件向不平行于任何基本投影面的平面投影所得的视图，称为斜视图。

(1)作用：表达机件倾斜结构的实形。

(2)画法：只需画出倾斜结构的形状，而用波浪线将倾斜部分与其余部分分开。

(3)配置：配置在箭头所指方向，且符合投影关系，必要时可配置在其他位置，为了配置紧凑，允许斜视图旋转画出(旋转角 90°)。

(4)标注：视图上方标“X 向”，相应视图附近用箭头指明投影方向和表达部位，并标相同字母，字母均水平标写。如斜视图旋转画出，则注“X 向旋转”。

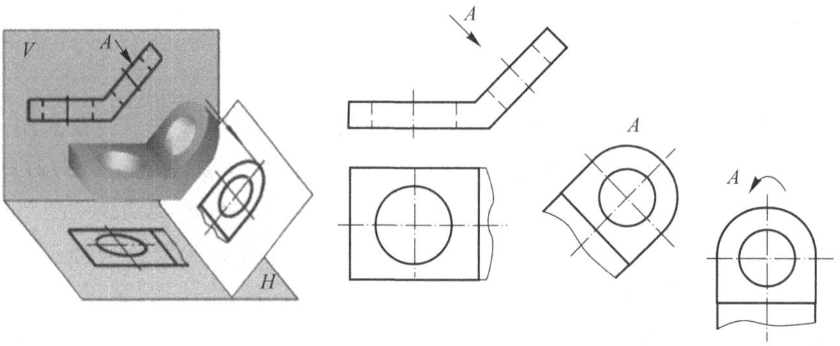

图 5－6　斜视图

二、剖视图

(一)剖视图的基本概念

分析图 5－7 所示机件结构特点：内部结构复杂，视图中虚线多，有时内外轮廓线重叠，影响看图。为了解决机件内部结构的表达问题，减少图形中的虚线，工程制图中广泛采用剖视的方法，如图 5－7 所示。

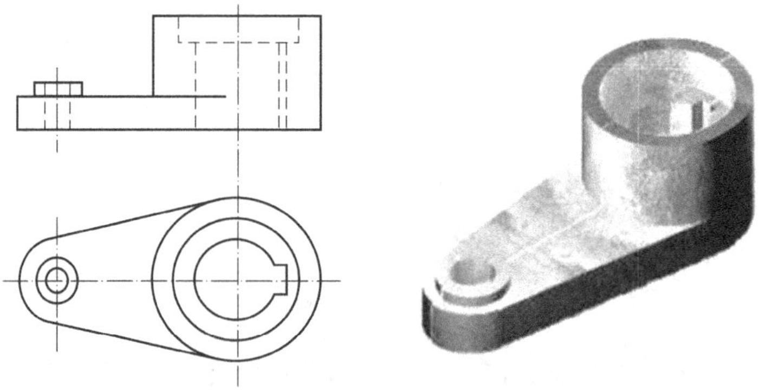

图 5－7　三视图及模型

假想用剖切面从适当的位置剖开机件，将处在观察者和剖切面之间的部分移去，而将其余部分向投影面投影所得到的图形，称为剖视图，剖开后可更好地观察内部结构，不可见的孔、槽的轮廓线变成可见的了，如图 5－8 所示。

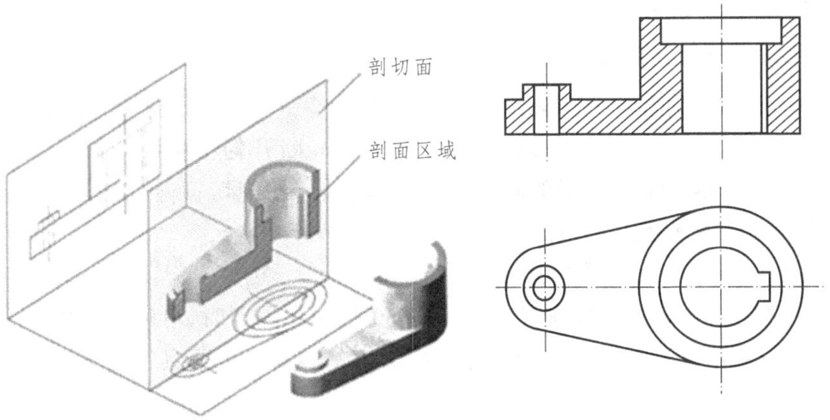

图 5－8　剖视图

(二)注意的问题

剖视图是一种假想的表达手法，机件并不被真正切开，因此除剖视图外，机件的其他视图仍然是完整画出。一般采用平行于投影面的平面剖切。剖切位置选择要得当，首先应通过内部结构的轴线或对称平面以剖出它的实形，其次应在可能的情况下使剖切面通过尽量多的内部结构。当剖切面将机件切为两部分后，移走距观察者近的部分，投影的是距观察者远的部分。它包括两项内容：一是剖切面与机件接触的切断面，是实体部分；另一是断面后的可见轮廓线，一般产生于空的部分。规定在切断面上画出剖面符号。

(三)画剖视图的方法

(1)先画出机件的视图。

(2)确定剖切位置。在一般情况下，剖切平面选用投影面的平行面，其位置应通过机件内部结构的对称平面或轴线。

(3)画剖视图轮廓线。在剖视图中，可见轮廓线主要包括截断面轮廓线(剖切平面与机件的截交线)，以及剖切平面后方的可见轮廓线，这些轮廓线一律用粗实线画出。对于不可见的轮廓线，除非必要，一般应省略虚线，以使图形更加清晰。

由于剖切方法是假想的，当某个视图画成剖视后，并不影响其他视图的完整性。

(4)画剖面符号。在剖视图中，剖切面与物体的截断面又称剖面区域，在剖面区域内应画出剖面符号。

(5)画出断面后的所有可见部分。对于断面后的不可见部分，如果在其他视图上已表达清楚，虚线应该省略；对于没有表达清楚的部分，虚线必须画出。

(6)标注出剖切平面的位置和剖视图的名称。在主视图上，用剖切符合表示出剖切平面的位置，在剖切符合的外侧画出与剖切符号相垂直的箭头表示投影方向，两侧写上同一字母，在所画的剖视图的上方中间位置用相同的字母标注出剖视图的名称“×—×”。

注意事项:不要漏画截断面后面的可见轮廓线或交线。不需要在剖面区域中表示材料的类别时,可以采用通用剖面线表示。通用剖面线应以适当角度的细实线绘制,最好与主要轮廓或剖面区域的对称线成 45°角。在同一张图纸内同一机件的所有剖面线,应保持方向与间隔一致。

(四)剖视图的标注及配置

一般应在剖视图的上方中间标出剖视图的名称"×—×"。在剖切面积聚为直线的视图上标注相同字母,线宽为(1～1.5)b、长约(5～10)mm 断开的粗实线画出剖切符号,表示剖切位置。剖切符号尽量不与图形的轮廓线相交或重合,在剖切符号外侧画出与剖切符号相垂直的细实线和箭头表示投影方向。

剖视图省略标注有以下两种情况:

(1)当剖视图按投影关系配置,中间又没有其他图形隔开时,可略去箭头;

(2)当单一剖切平面通过机件的对称平面或者基本对称平面且符合上述条件时,可全部省略。

(五)剖视图的分类

按剖视图的剖切范围,剖视图分为全剖视图、半剖视图和局部剖视图。

1. 全剖视图

用剖切面完全地剖开机件所得的剖视图。当机件的内部结构较复杂外形较为简单时,常用全剖视图表达机件内部结构形状,如图 5－9 所示。

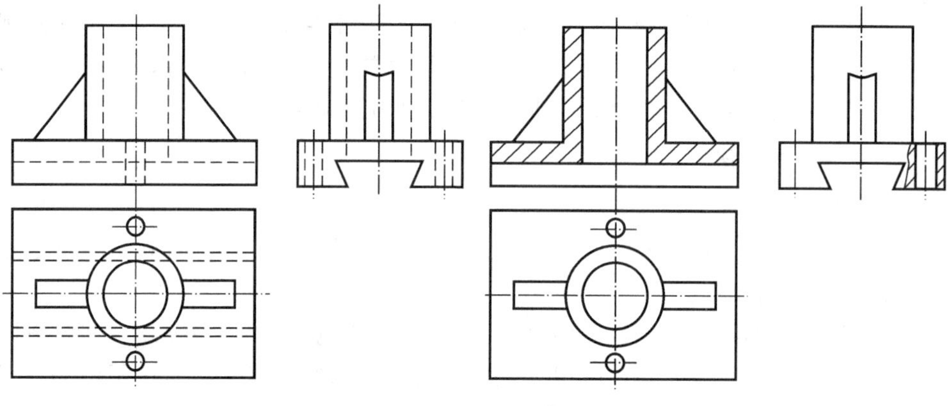

图 5－9　全剖视图

2. 半剖视图

当机件具有对称平面时,在与对称平面垂直的投影面上的图形,可以以对称中心线即细点画线为界,一半画成剖视图表达内形,另一半画成视图表达外形,从而达到在一个图形上同时表达内外结构的目的,如图 5－10 所示。

半剖视图适用于两种情况:

(1)在与机件的对称平面相垂直的投影图上,如果机件的内外形状都需要表达,则可以以图形的对称中心线为界线画成半剖视。

(2)当机件的结构接近于对称,而且不对称的部分另有图形表达清楚时,也可画成半剖视图。

半剖视图并没有用垂直于投影面的平面剖切,因而视图和剖视图的分解线只能是细点画线,而不能画成粗实线。标注方法与全剖视图相同。

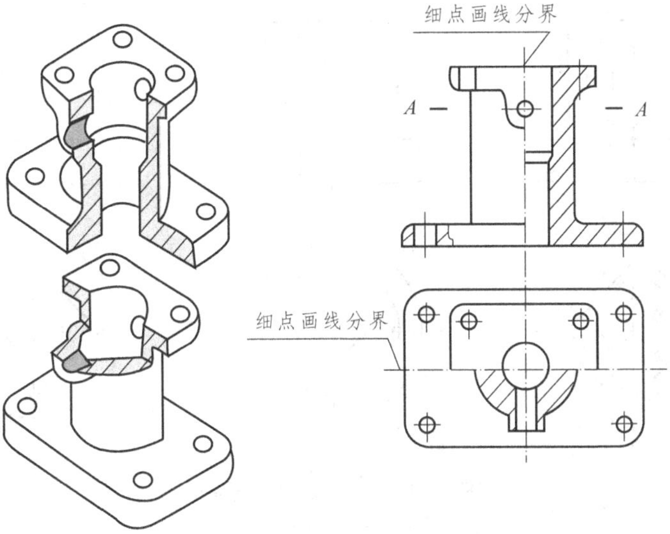

图 5-10　半剖视图

(六)局部剖视图

用剖切平面局部地剖开机件所得的剖视图,称为局部剖视图,如图 5-11 所示。

局部剖视图不受图形是否对称的限制,在何部位剖切、剖切面有多大,均可根据实际机件的结构选择,是一种比较灵活的表达方法,运用得当可使图形简明清晰。

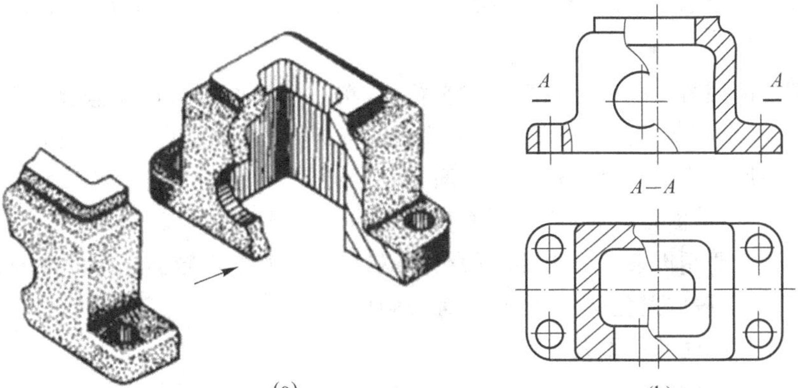

图 5-11　局部剖视图

局部剖视图适用于三种情况:

(1)机件上有局部内形需表达。

(2)机件的内外结构均需表达,但不具有与剖切平面相垂直的对称平面,不能采用半剖视图，这时如果内外结构不相互重叠，则可以将一部分画成剖视图表达内形，另一部分画成视图表达外形。

(3)当图形的对称中心线或对称平面与轮廓线重合时，要同时表达内外结构形状，又不宜采用半剖视图，这时可采用局部剖视图，其原则是保留轮廓线，如图 5-12 所示。

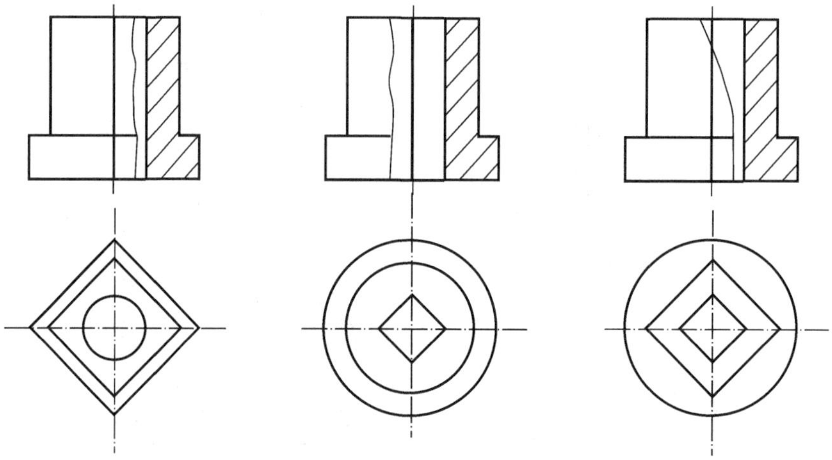

图 5-12　不宜采用半剖视图

注意：

1)当被剖结构为回转体时允许将该结构的中心线作为局部剖视图与视图的分界线。

2)单一剖切平面的剖切位置明显时，局部剖视图的标注可省略。

三、剖切面的种类

根据国家标准(GB/T　17452—1998)规定，常用的剖切面有三种类型，即单一剖切面、几个相交的剖切平面、几个平行剖切面。以下介绍单一剖切面，另外两种类型在知识拓展中介绍。

单一剖切面用得最多的是投影面的平行面，单一剖切面还可以用垂直于基本投影面的平面，当机件上有倾斜部分的内部结构需要表达时，可和画斜视图一样，选择一个垂直于基本投影面且与所需表达部分平行的投影面，然后再用一个平行于这个投影面的剖切平面剖开机件，向这个投影面投影，这样得到的剖视图称为斜剖视图，简称斜剖视。

斜剖视图主要用以表达倾斜部分的结构，机件上与基本投影面平行的部分，在斜剖视图中不反映实形，一般应避免画出，常将它舍去画成局部视图。

画斜剖视时应注意以下几点：

(1)斜剖视最好配置在与基本视图的相应部分保持直接投影关系的地方，标出剖切位置和字母，并用箭头表示投影方向，还要在该斜视图上方用相同的字母标明图的名称，如图 5-13 所示。

(2)为使视图布局合理，可将斜剖视保持原来的倾斜程度，平移到图纸上适当的地方；为了画图方便，在不引起误解时，还可把图形旋转到水平位置，表示该剖视图名称的大写字母应靠近旋转符号的箭头端，如图 5-13 所示。

(3)当斜剖视的剖面线与主要轮廓线平行时，剖面线可改为与水平线成 30°或 60°角，原图形中的剖面线仍与水平线成 45°，但同一机件中剖面线的倾斜方向应相同。

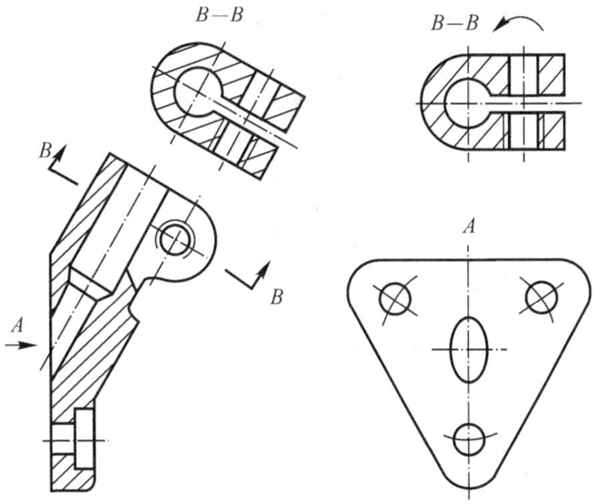

图 5-13　斜剖视

【任务实施】

画轴承座剖视图步骤如下：

1. 分析零件

功用：支撑轴及轴上零件。

形体：轴承孔、底版、支撑板、筋板等，如图 5-14 所示。

结构：分析四部分主要形体的相对位置关系。

支撑板外侧及肋板左右两面与轴承孔外表面相交等。

2. 选择主视图

图 5-14 中的轴承座的位置既是加工位置，也是工作位置。从 B 向投射得到如图 5-15 的主视图，主视图表达了零件的主要部分：轴承孔的形状特征，各组成部分的相对位置，三个螺钉孔，凸台也得到了表达，如图 5-15 所示。

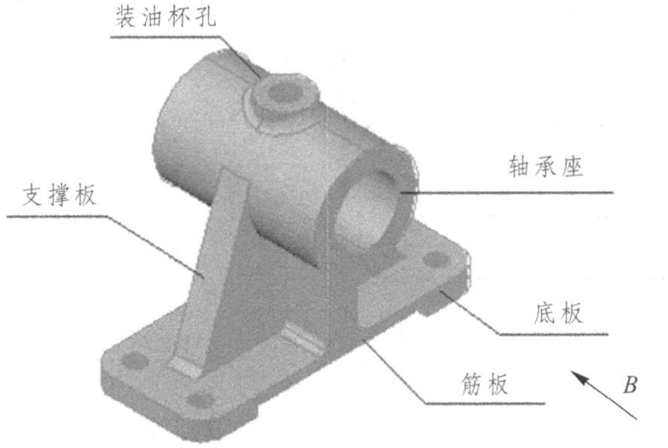

图 5-14　轴承座形体分析

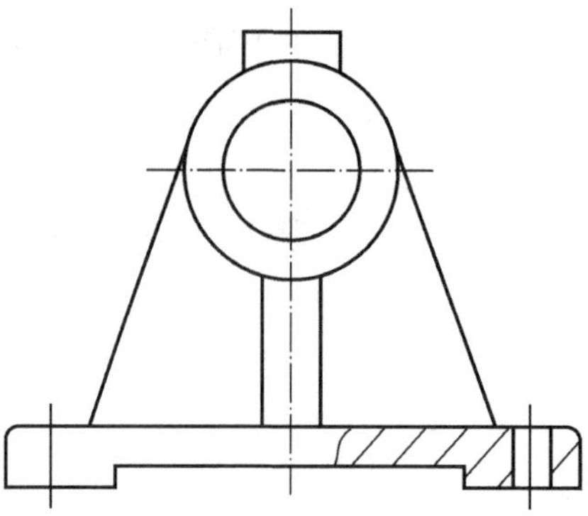

图 5-15　轴承座主视图

3. 选其他视图

其他视图及表达方案的选择。

选定主视图后,由于三视图不可以完全清楚体现轴承座各个部位的具体结构,所以必须选择适当的剖视图来清楚表达零件各个部分的结构。首先在主视图中为了清楚表达出底板上安装孔的结构,因此对左边安装孔采用局部剖视图进行具体体现;其次选全剖的左视图,表达轴承孔的内部结构及肋板形状。俯视图选用剖视表达底板与支撑板断面及肋板断面的形状,A 向局部视图表达上面凸台的形状,如图 5-16 所示。

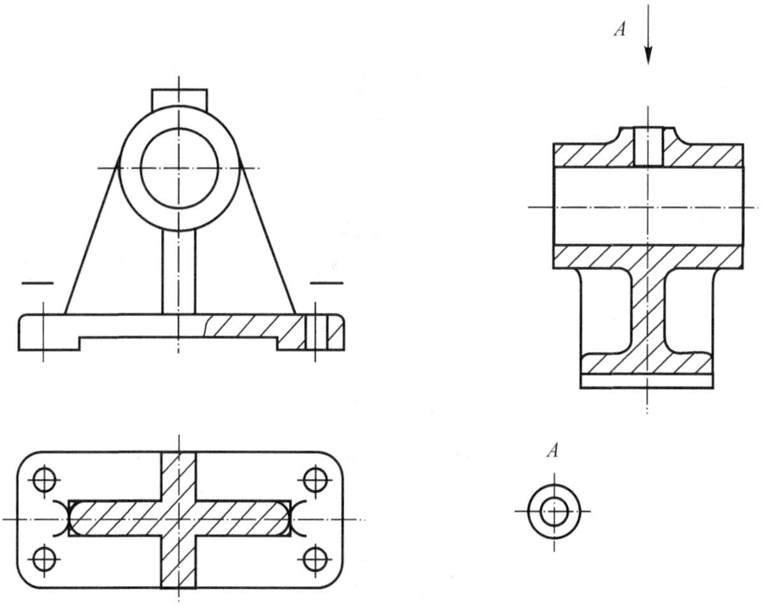

图 5-16　轴承座剖视图

4. 具体绘制过程

(1)画出轴承座的视图。

(2)确定剖切位置。以通过主视图中的左右对称中心线且平行于左视图投影面的平面为左视图剖切面。对于主视图中局部剖切面的位置选在通过底板安装孔的左右对称线上,且此平面平行于主视图投影面。俯视图的剖切面为通过肋板,并且平行于水平面的平面。

(3)画剖视图轮廓线。画出剖切平面于轴承座的截交线,得到断面的投影图形。

(4)画剖面符合。在轴承座剖视图的剖面区域内画出剖面符号。

(5)画出断面后的所有可见部分及其向视图。

(6)标注出剖切平面的位置、剖视图的名称、局部视图的方向以及局部视图的名称。在主视图上,标注出剖切平面的位置以及局部视图方向,在所画的剖视图按基本视图位置布置,可省略标注,在所画的局部视图上方也用相同的字母标注出向视图名称“A”。

【知识拓展】

1. 几个相交的剖切平面

用相交的剖切平面(且交线垂直于某一投影面)剖开机件的方法称为旋转剖,如图5-17所示。

采用这种方法画剖视图时,先假想按剖切位置剖开机件,然后将被剖开的结构及有关部分旋转到与选定的投影面平行后再进行投射。如图中双点画线所表示出的部分,但在实际绘图时不画出来。处在剖切平面后的其他结构一般仍按原位置投影。当剖切后产生不完整要素时,应将此部分按不剖绘制。

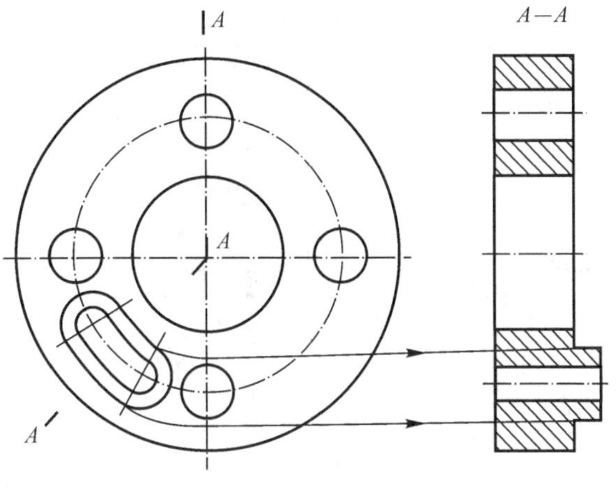

图 5-17 旋转剖

旋转剖必须标注,在剖切平面的起迄和转折处应标注相同的字母。旋转剖在起始处应画箭头表示投影方向。

2. 几个平行的剖切平面

用几个平行的剖切平面剖开机件的方法,称为阶梯剖,如图 5-18 所示。图中机件其主视图是用了两个相互平行的且平行于基本投影面的剖切平面剖切的。阶梯剖适用于表达外形简单,内形较复杂且难以用单一剖切平面剖切表达的机件。阶梯剖必须标注,它的各剖切平面相互连接而不重叠,其转折符号成直角且应对齐。当转折处位置有限又不会误解时可省略字母。剖切是假想的,在剖视图中不得画出各剖切面的分界线,像是用同一个平面剖出的剖视图。

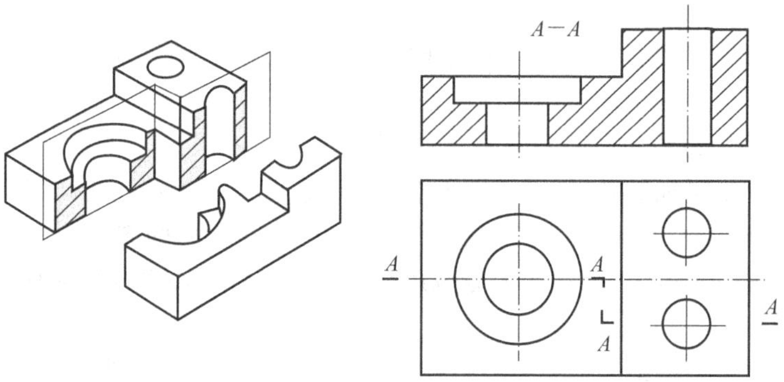

图 5-18　阶梯剖

任务二　轴的断面图

【任务描述】

图 5-19 所示为一个轴的主视图,如何选择其他视图来清楚表达轴的结构形状。

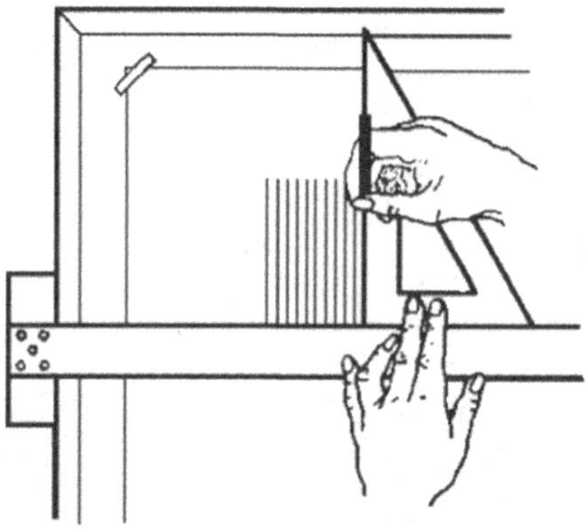

图 5-19　轴的主视图

【任务分析】

对主视图进行分析:主视图取轴线水平放置,反映了其加工位置,平行轴线的方向作为主视图的投影方向,并且直径小的一端放置在右端,为了清楚表达键槽的形状和位置,键槽转向正前方;反映零件结构形状存在的问题:通过主视图分析后,可以看出轴上键槽的结构在主视图上未表达清楚,键槽的深度无法体现,因此应在可在主视图的适当部位用移出断面表示;对于主视图中的一些细小结构部位表达不是很清楚,可采用局部放大图,以便确切表达其形状和标注图形尺寸,因此此轴应用一个基本视图和若干断面来表示。

【知识准备】

(一)断面图

断面图是用来表达机件某一局部断面形状的图形。假想用剖切平面将机件的某处切断,仅画出切断面的图形,称为断面图,简称断面,如图 5-20 所示。根据国家标准(GB/T 17452—1998)规定常用的断面有移出断面和重合断面两种类型。

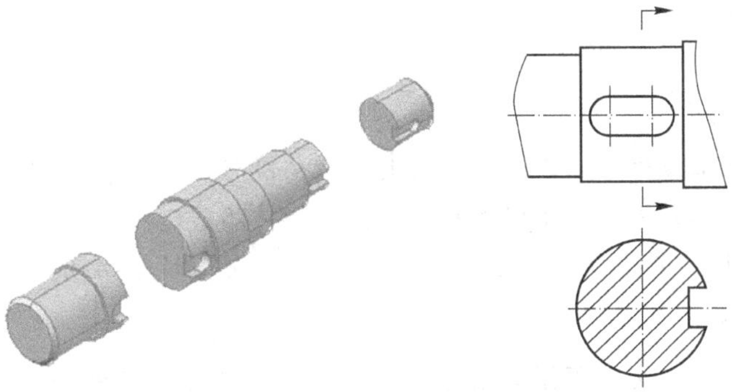

图 5-20 断面图

断面图与剖视图的区别在于断面图只画断面的形状,而剖视图则是将切断面与切断面后的可见轮廓一起向投影面投影。

(二)移出断面

画在视图外的断面图称为移出断面。移出断面的轮廓线用粗实线绘制。

1. 移出断面的画法及配置原则

(1)移出断面通常配置在剖切线的延长线上,如图 5-20 所示。

(2)移出断面的图形对称时也可画在视图的中断处,如图 5-21 所示。

(3)必要时移出断面图可配置在其他适当位置。

(4)由两个可多个相交的剖切平面剖切得出的移出断面图,中间一般应断开,如图 5-22 所示。

(5)当剖切平面通过回转面形成的孔或凹坑的轴线时,这些结构按剖视画出,如图5-23 所示。

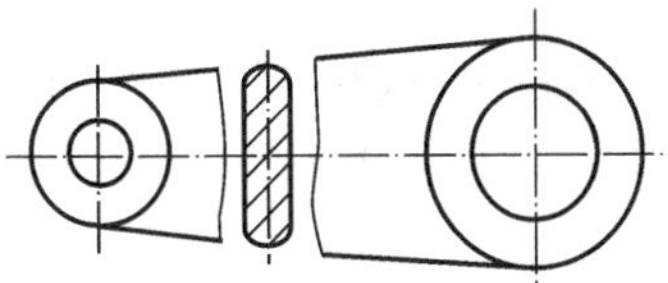

图 5-21 移出断面配置在视图中断处

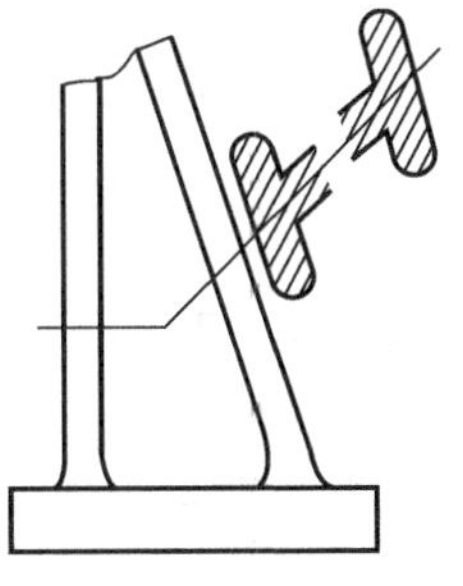

图 5-22 两个相交剖切平面剖切的移出断面

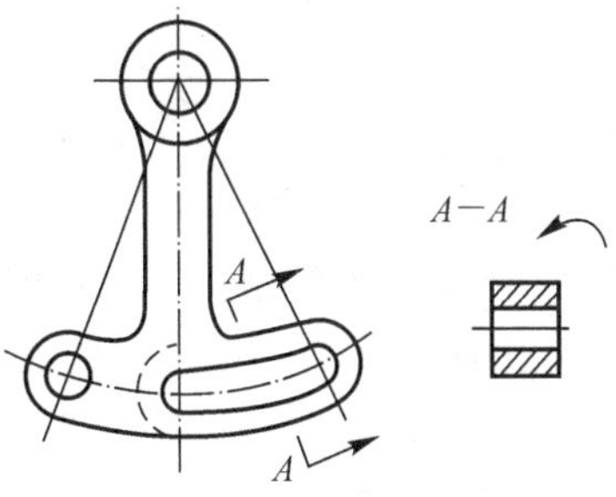

图 5-23 按剖视图绘制的断面图

2. 移出断面的标注

(1)移出断面一般用剖切符号表示剖切位置,用箭头表示投射方向,并注上字母。在断面图的上方用同样的字母标出相应的名称“X—X”,如图 5-23 所示。

(2)配置在剖切符号延长线上的不对称移出断面不必标注字母,如图 5-20 所示。

(3)不配置在剖切符号延长线上的对称移出断面,以及按投影关系配置的移出断面,一般不必标注箭头。

【任务实施】

1. 形体及结构分析

图 5-19 为轴类零件,这类零件是用来支承传动件(如齿轮、皮带轮等)以传递运动和动力的。轴类零件通常是由若干段直径不同的圆柱体组成(称为阶梯轴)的,为了连接齿轮、皮带轮等其他零件,在轴上常用键槽、销孔和固定螺钉的凹坑等结构。

2. 主视图的选择

轴的主要加工工序是在车床上进行的。为了加工时看图方便,主视图应将轴线按水平位置放置,如图 5-24 所示。

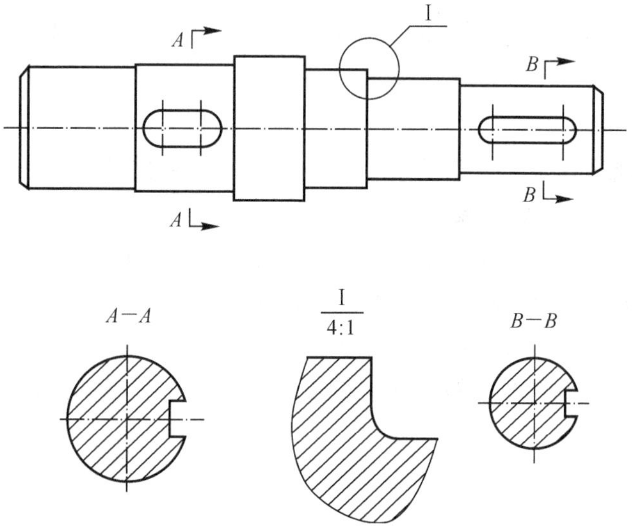

图 5-24　轴视图表达

3. 其他视图的选择

轴上键槽的结构在主视图上未表达清楚,可在主视图的适当部位用移出断面表示,如图 5-24 所示。对一些轴上的细部结构还可采用局部放大图,以便确切表达其形状和标注尺寸。因此轴类零件一般多采用一个基本视图和若干断面来表示,如图 5-24 所示。

【知识拓展】

1. 重合断面图

剖切后将断面图形重叠在视图上,这样得到的剖面图叫重合断面图,如图 5-25 所示。

重合断面图的轮廓线要用细实线绘制，而且当断面图的轮廓线和视图的轮廓线重合时，视图的轮廓线应连续画出，不应间断。当重合断面图形不对称时，要标注投影方向和断面位置标记，如图 5－25 所示。

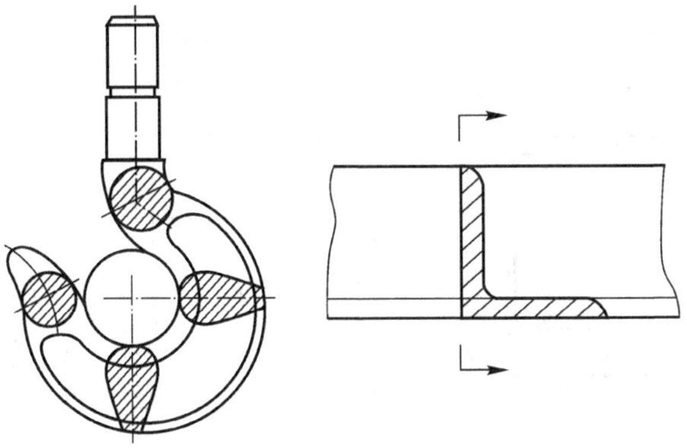

图 5－25　重合断面图

2. 局部放大图

将机件的局部结构，用大于原图形所采用的比例画出的图形，称为局部放大图，如图 5－26 所示。局部放大图可采用原图形所采用的表达方法，也可采用与原图形不同的表达方法，如原图形为视图，局部放大图为剖视图。绘制局部放大图时，除螺纹、齿轮、链轮的齿形外，应用细实线圈出被放大的部位，当同一机件上有几个放大图时，必须用罗马数字依次为被放大的部位编号，并在局部放大图的上方注出相应的罗马数字和所采用的比例，如图 5－26 所示。

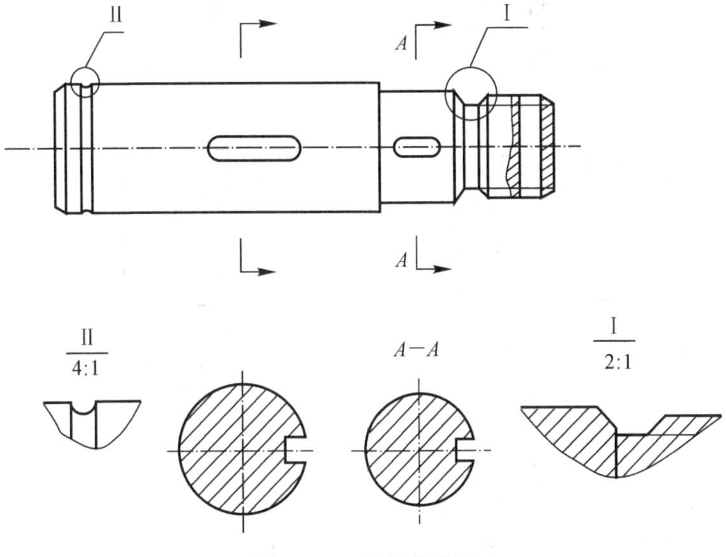

图 5－26　局部放大图

3. 简化画法

当机件上具有若干相同的结构（如齿、槽等），并按一定的规律分布时，只需画出几个完整的结构,其余用细实线连接,并在图上注明该结构的总数。若干直径相同的且成规律分布的孔,可以只画出几个,表示清楚其分布规律,其余只需用点画线表示其中心位置,并注明孔的总数,如图 5-27 所示。

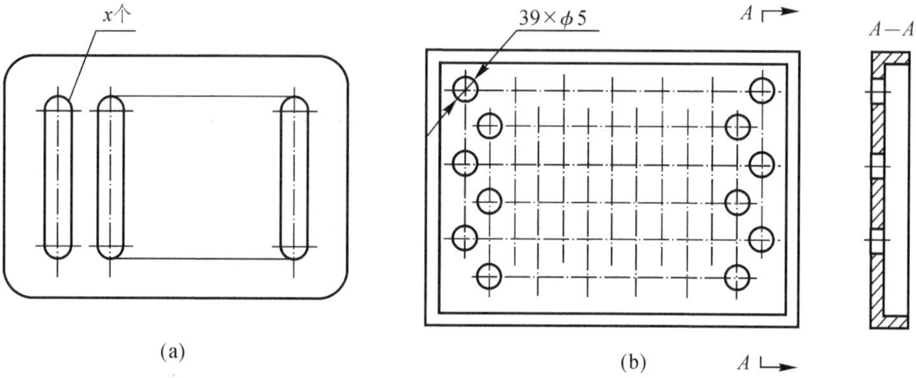

图 5-27　简化画法(1)

网状物、编织物或机件上的滚花部分,可在轮廓线附近用细实线示意画出,并在视图上或技术要求中注明这些结构的具体要求。当视图不能充分表达平面时,可在图形上用相交的两条细实线表示平面。机件上的相贯线、截交线等,当交线和轮廓线非常接近,并且一个视图中已经表示清楚时,其他视图上可省略或简化。在不致引起误解时,零件图中的小圆角或小倒角允许省略不画,但必须注明尺寸或在技术要求中加以说明,如图 5-28 所示。

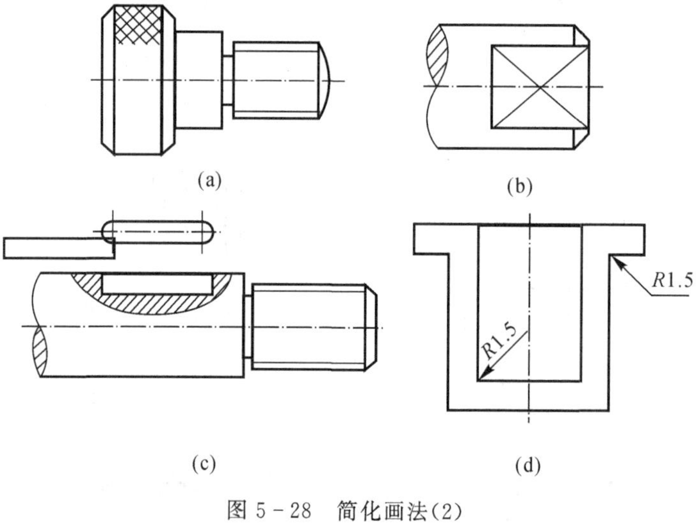

图 5-28　简化画法(2)

较长机件(轴、杆、型材等)沿长度方向的形状一致或按一定规律变化时,可断开后缩短绘制,但长度尺寸必须按实际尺寸注出。当机件回转体上均匀分布的孔、肋板等结构不处于剖切平面上时,可将这些结构旋转到剖切平面上,按剖视绘制。在不致引起误解时,对于对称机件的视图可只画出一半或四分之一,并在对称中心线的两端画出两条与其垂直的平行细实线,如图 5-29 所示。

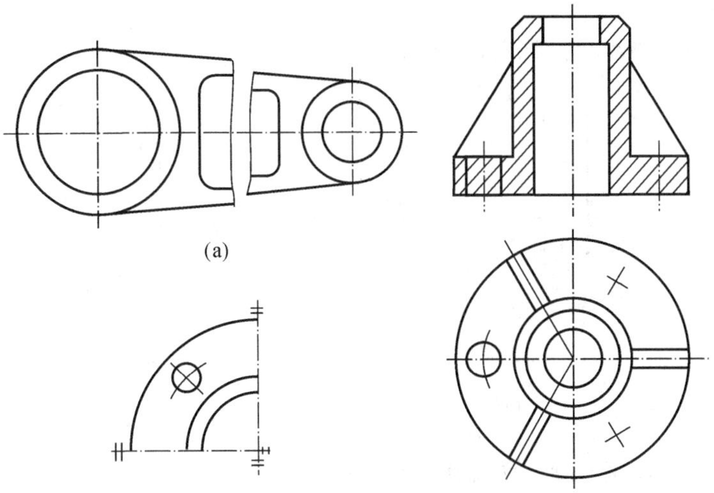

(a)　(b)　(c)

图 5－29　简化画法(3)

4. 规定画法

对于机件上的肋、轮幅及薄壁等结构，当剖切平面纵向剖切时，这些结构按不剖处理(即不画剖面线，用粗实线将其与邻接部分分开。横向剖切时，需画上剖面符号，如图 5－30 所示。

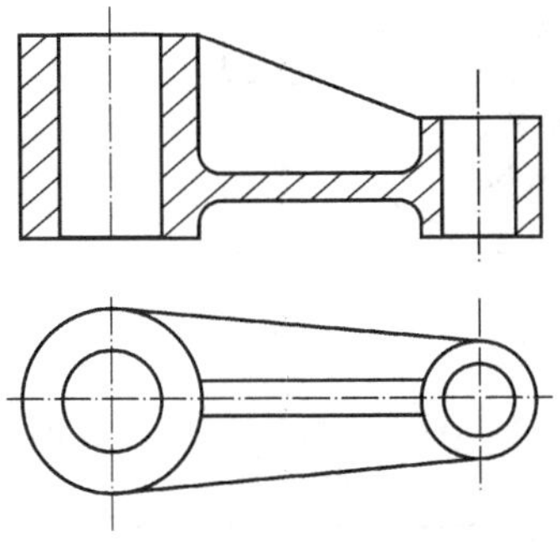

图 5－30　规定画法

【学习小结】

通过本情景的学习，学生应该理解、领悟、掌握以下知识点：

(1)六个基本视图。

(2)剖视图的概念、剖视图的标记、剖视图的画法。

(3)单一剖面、阶梯、旋转全剖视图。

(4)半剖视图。

(5)局部剖视图。

(6)断面图。

(7)放大图。

(8)简化画法。

【自我评估】

(1)在指定位置画出全剖视图(见图 5－31)。

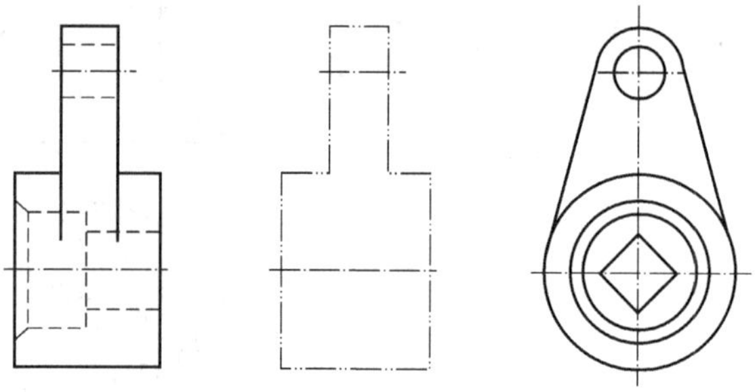

图 5－31

(2)将图 5－32 所示主视图改画成半剖视图。

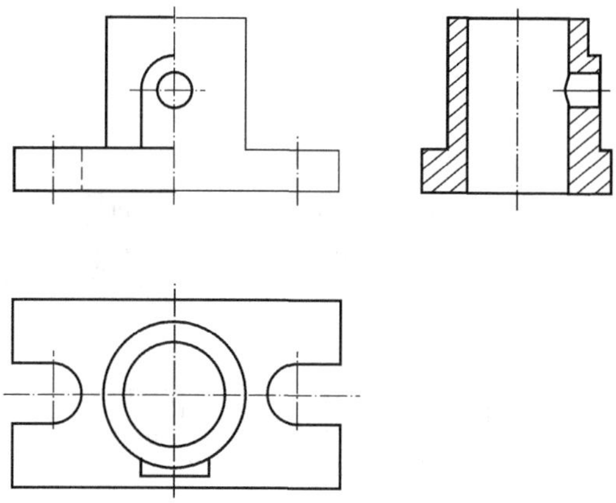

图 5－32

(3)分别将图 5－33 所示主、俯视图改画成局部剖视图。

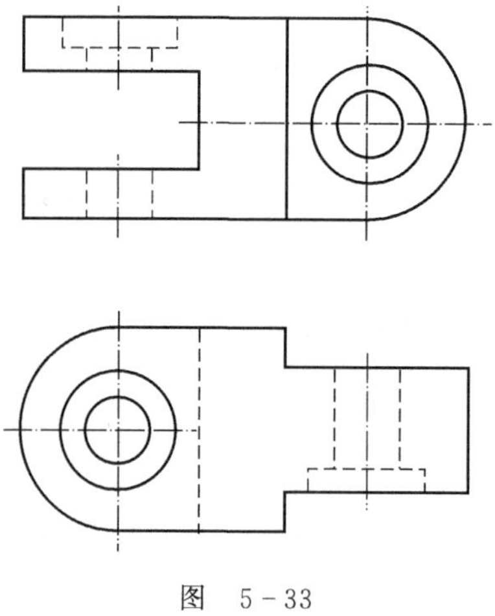

图 5－33

学习情境六　标准件和常用件

【学习目标】

(1)了解常用标准件和齿轮、弹簧的作用及有关的基本知识。

(2)掌握螺纹的规定画法和标注方法。

(3)掌握常用螺纹紧固件的规定标记,以及它们的连接画法。

(4)掌握键连接和销连接的画法和键、销的规定标记。

(5)学会按标准件的规定查阅其有关标准。

(6)掌握齿轮的基本知识、圆柱齿轮基本参数的计算方法以及直齿圆柱齿轮的啮合画法。

(7)掌握轴承的简化画法和规定标记,以及弹簧的规定画法。

任务一　螺纹和螺纹紧固件

【任务描述】

如图 6-1 所示的螺栓连接实物图,假设上板厚度为 15 mm,下板厚度为 15 mm,画出螺栓连接的三视图。

【任务分析】

根据各螺纹紧固件的标记型式,螺纹的公称直径 d,查有关的标准件表,确定各部分尺寸,按尺寸画三视图。可以采用两种方式对螺栓三视图进行绘制,为了提高画图速度,故采用比例画法绘制此螺栓连接的三视图,其绘制过程包括螺纹,螺母,螺栓等绘制,要掌握各自绘制要领。

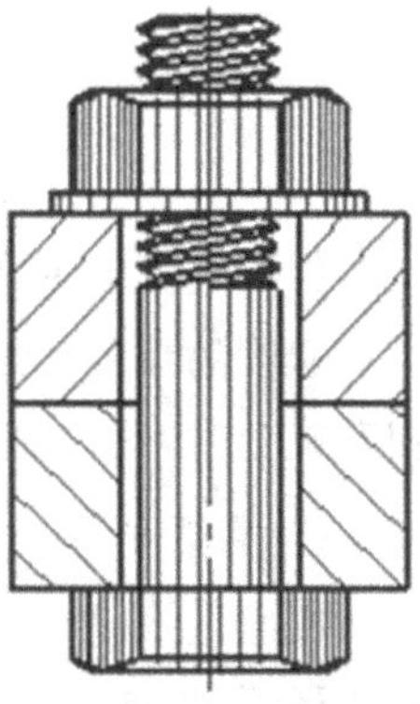

图 6-1　螺栓连接

【知识准备】

一、螺纹的基本知识

(一)螺纹的形成

螺纹是根据螺旋线形成的原理而制作出来的。在车床上车削螺纹,是常见的形成螺纹的一种加工方法。将工件装夹在与车床主轴相连的卡盘上,使它随主轴作等速旋转,同时使车刀沿主轴轴线方向作等速移动,当车刀切入工件达一定深度时,就在工件表面上车制出螺纹。在圆柱面上形成的螺纹为圆柱螺纹;在圆锥面上形成的螺纹形成的螺纹为圆锥螺纹。在圆柱体外表面上的螺纹叫外螺纹,在圆柱内表面上的螺纹叫内螺纹,如图 6-2 所示。

(a) (b)

图 6-2　外螺纹及内螺纹

螺纹的加工方法很多,在车床上车削螺纹,是常见的形成螺纹的一种加工方法。将工件装夹在与车床主轴相连的卡盘上,使它随主轴作等速旋转,同时使车刀沿主轴轴线方向作等速移动,当车刀切入工件达一定深度时,就在工件表面上车制出螺纹。图 6-3 所示是在车床上车制外螺纹的情况。图 6-4 所示是在车床上车制内螺纹的情况。

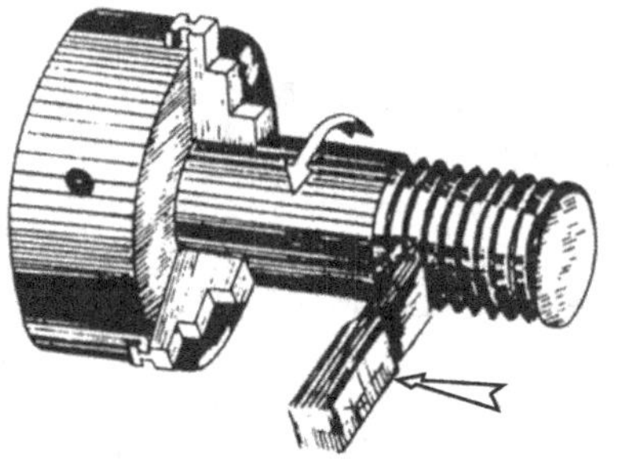

图 6-3　外螺纹加工

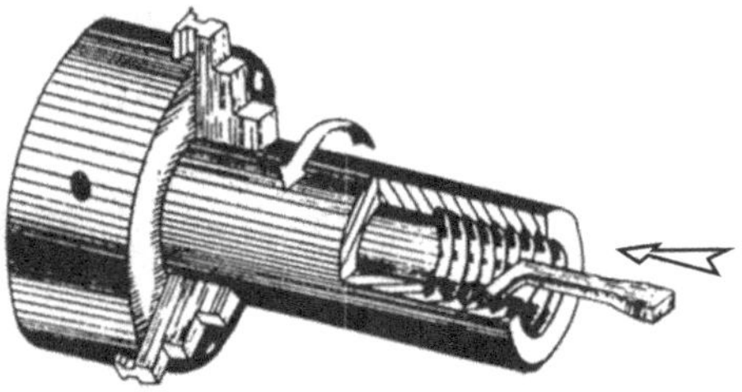

图 6-4　内螺纹加工

(二)螺纹的基本要素

螺纹的尺寸和结构是由牙型、直径、螺距和导程、线数、旋向等要素确定的,当内外螺纹相互旋合时,这些要素必须相同,才能装在一起。

1. 螺纹牙形

在通过螺纹轴线的断面上,螺纹的轮廓形状,称为螺纹牙形。它有三角形、梯形、锯齿形和矩形等,如图 6-5 所示。不同的螺纹牙形,有不同的用途。

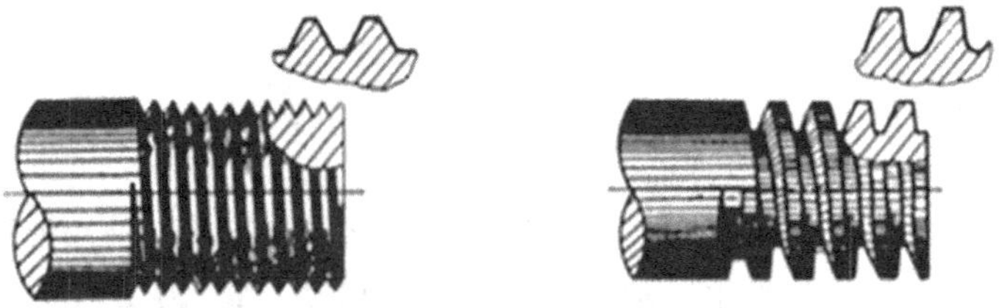

三角形　锯齿形

图 6-5　螺纹牙型

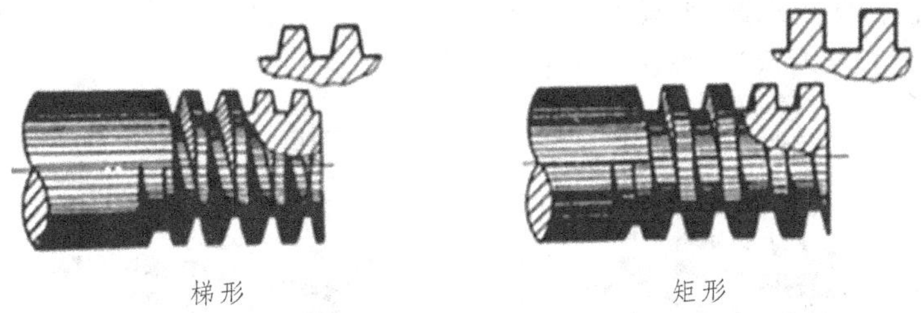

续图 6－5　螺纹牙型

2. 直径

螺纹的直径有：大径、小径和中径，如图 6－6 所示。

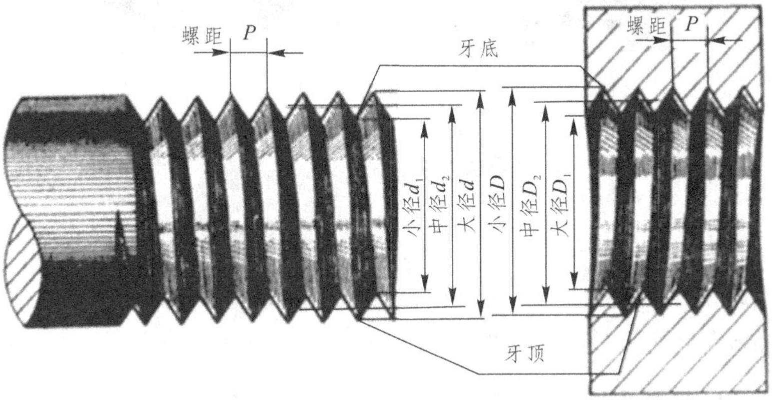

图 6－6　螺纹的牙顶、牙底和直径

与外螺纹牙顶或内螺纹牙底相重合的假想圆柱的直径，称为大径。

与外螺纹牙底或内螺纹牙顶相重合的假想圆柱的直径，称为小径。

中径也是一个假想圆柱的直径，该圆柱的母线通过牙型上的沟槽和凸起宽度相等的地方。

外螺纹的大、小、中径分别用符号 d、d_1、d_2 表示，内螺纹的大、小、中径则分别用符号 D、D_1、D_2 表示。螺纹的直径有：大径(d、D)、小径(d_1、D_1)和中径(d_2、D_2)。

3. 线数 n

螺纹有单线和多线之分。

单线螺纹是指由一条螺旋线所形成的螺纹，多线螺纹是指由两条或两条以上在轴向等距分布的螺旋线所形成的螺纹，如图 6－7 所示。

4. 导程和螺距

在车制螺纹时，工件旋转一周刀具沿轴线方向移动的距离叫导程，即同一条螺旋线上相邻两牙在中径线上对应两点之间的轴向距离。螺距是螺纹相邻两牙在中径线上对应两点之间的轴向距离，单线螺纹的螺距等于导程[见图 6－7(a)]；如果是双线螺纹，由图 6－7(b)可知：

一个导程包括两个螺距,则螺距=导程/2;若是三线螺纹,螺距=导程/3。因此,螺距和导程之间的关系可以表示为:螺距=导程/线数。

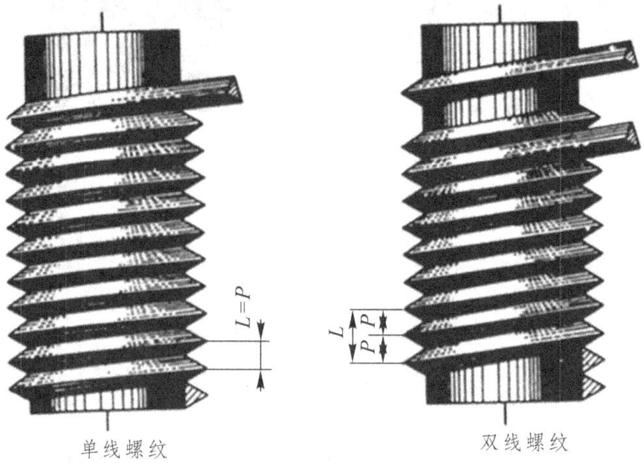

图 6-7　螺纹线数

(a)单线螺纹;　(b)双线螺纹

5. 旋向

螺纹有左旋和右旋之分。顺时针旋转时旋入的螺纹称为右旋螺纹,反之,逆时针旋转时旋入的螺纹称为左旋螺纹,如图 6-8 所示。

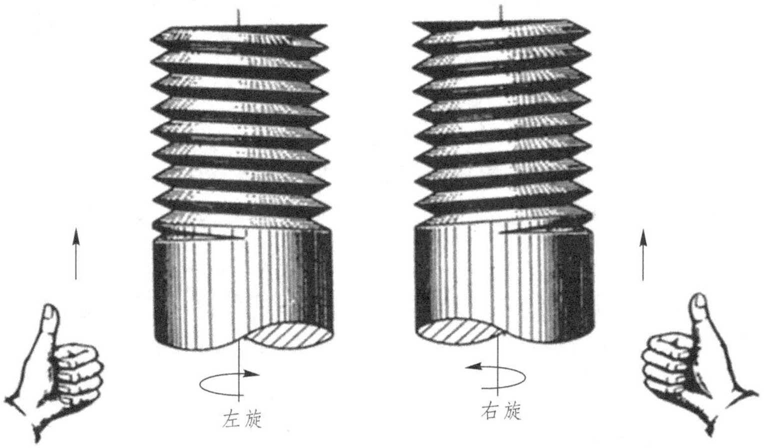

图 6-8　螺纹旋向

在上述 5 项要素中,改变其中任何一项,都会得到不同规格的螺纹。因此,相互旋合的内、外螺纹这五项要素必须相同。

(三)螺纹的种类

国家标准对螺纹的牙型、大径、螺距等作了规定,根据符合国标的不同情况,螺纹可分为三类:

(1)标准螺纹。其牙型、大径和螺距都符合国家标准的规定，只要知道此类螺纹的牙型和大径，即可从有关标准中查出螺纹的全部尺寸。

(2)特殊螺纹。牙型符合标准规定，直径和螺距均不符合标准规定。

(3)非标准螺纹。牙型、直径和螺距均不符合标准规定。

(四)螺纹的结构

1. 螺纹起始端倒角或倒圆

为了便于螺纹的加工和装配，常在螺纹的起始端加工成倒角或倒圆等结构，如图 6-9 所示。

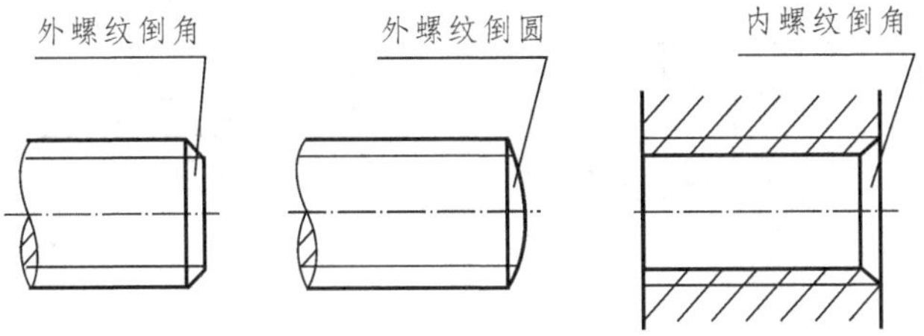

图 6-9　螺纹倒角倒圆

2. 螺纹的收尾和退刀槽

车削螺纹，刀具运动到螺纹末端时要逐渐退出切削，因此螺纹的末尾部分的牙型是不完整的，这一段牙型不完整的部分称螺纹的收尾，如图 6-10 所示。在允许的情况下，为了避免产生螺尾，可以预先在螺纹末尾处加工出退刀槽，然后再车削螺纹。

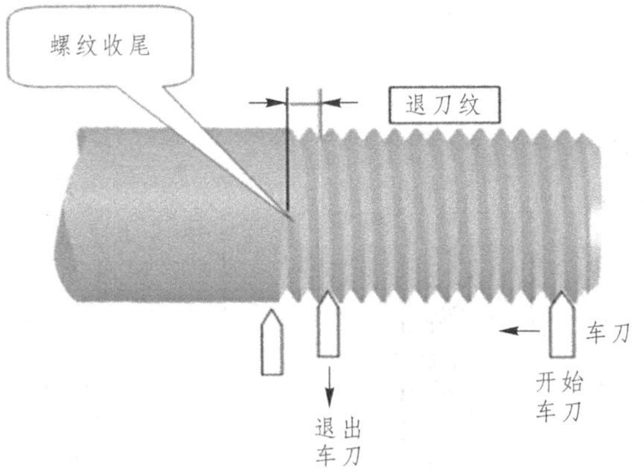

图 6-10　螺纹的收尾

二、螺纹的规定画法

(一)外螺纹的画法

(1)在平行于螺纹轴线的视图或剖视图中，其牙顶(大径线)用粗实线表示；牙底(小径线)用细实线表示，并将细实线画入螺杆的倒角或倒圆内；螺纹终止线，用粗实线表示，如图 6－11(a)所示;螺尾部分一般不画,如需要表示时,螺尾部分的牙底用与轴线成 30°的细实线绘制;螺纹长度是指不包括螺尾在内的有效螺纹的长度,即螺纹长度计算到螺纹终止线。

(2)在垂直于螺纹轴线(即投影为圆)的视图中,大径圆画成粗实线圆,表示小径的细实线圆画约 3/4 圈(位置不作规定),倒角圆省略不画,如图 6－11(a)所示。

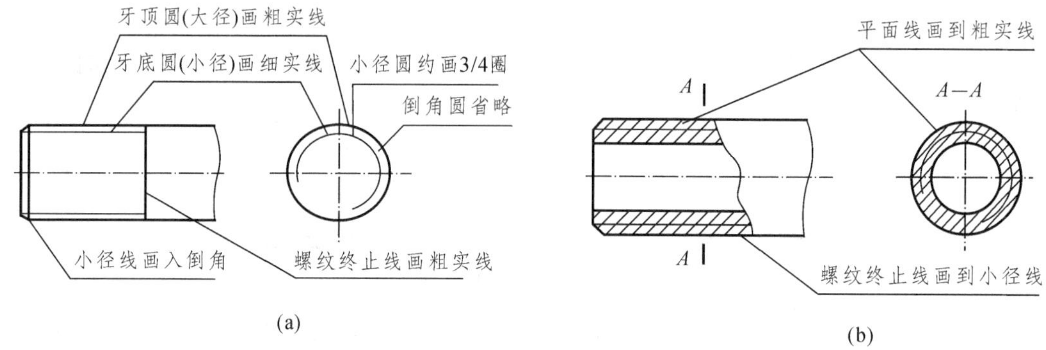

图 6－11　外螺纹的规定画法

(a)外螺纹的视图画法；(b)外螺纹的剖视画法

(二)内螺纹的画法

(1)在平行于螺纹轴线的剖视图中,其牙底(大径线)用细实线表示;牙顶(小径线)用粗实线表示,剖面线应画到粗实线为止,螺纹终止线也用粗实线表示;对不穿通螺孔,一般应将钻孔深度和螺孔深度分别画出,且钻孔深度比螺孔深度约大 0.5D(D 为螺纹的大径),其钻头顶角画成 120°锥角,如图 6－12(a)所示;对于不剖视图,上述线均画成虚线,如图 6－12(b)所示。

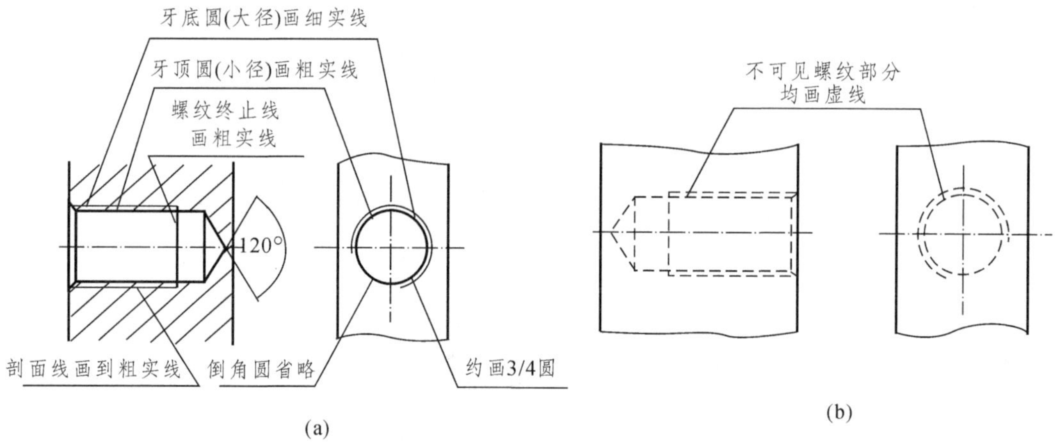

图 6－12　内螺纹的规定画法

(a)内螺纹的剖视画法；(b)不可见内螺纹的画法

(2)在垂直于螺纹轴线(即投影为圆)的视图中,大径圆画成约 3/4 圈细实线圆(位置不作规定),小径画成粗实线圆,倒角圆省略不画,如图 6－12(a)所示。

(三)内外螺纹连接的画法

一般用剖视图表示内、外螺纹的连接，其旋合部分按外螺纹画出，其余部分按各自的规定画法绘制。

画图时，表示外螺纹牙顶的粗实线(大径线)，必须与表示内螺纹牙底的细实线(大径线)在一条直线上，即对齐；表示外螺纹牙底的细实线(小径线)，必须与表示内螺纹牙顶的粗实线(小径线)在一条直线上，即对齐；剖面线画到粗实线，如图 6-13 所示。

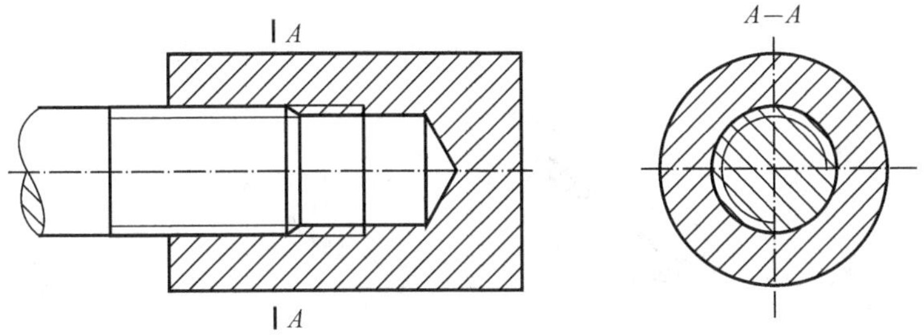

图 6-13　螺纹连接的画法

(四)螺孔相贯线的画法

螺孔与螺孔相贯或螺孔与光孔相贯时，其画法如图 6-14 所示。

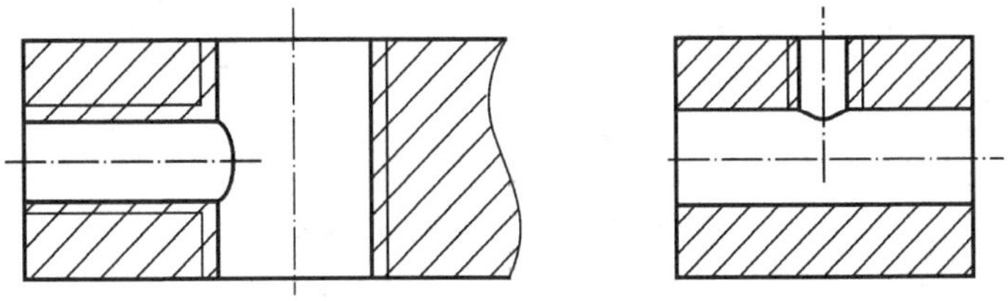

图 6-14　螺孔相贯线画法

(五)螺纹牙型的表示方法

当需要表示螺纹的牙型时，可用局部剖视图和局部放大图表示，如图 6-15 所示。

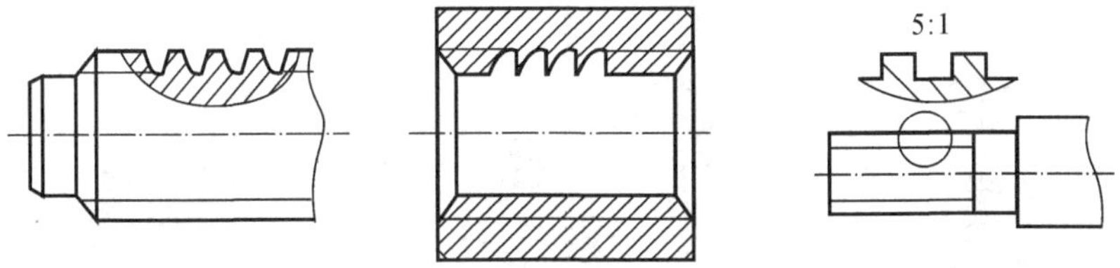

(a)　(b)　(c)

图 6-15　螺纹牙型画法

三、螺纹及螺纹紧固件画法

零件除了应根据设计要求确定其结构外，还要考虑加工和装配的合理性，否则就会给装配工作带来困难，甚至不能满足设计要求。下面介绍几种最常见的装配工艺结构。

(一)螺纹紧固件

常用的螺纹紧固件有螺栓、双头螺柱、螺钉、螺母和垫圈等,如图 6-16 所示。

图 6-16　常用的螺纹连接件

螺栓、双头螺柱和螺钉都是在圆柱上切削出螺纹,起连接作用,其长短决定于被连接零件的有关厚度。螺栓用于被连接件允许钻成通孔的情况,如图 6-17 所示。双头螺柱用于被连接零件之一较厚或不允许钻成通孔的情况,故两端都有螺纹,一端螺纹用于旋入被连接零件的螺孔内,如图 6-18 所示。螺钉则用于不经常拆开和受力较小的连接中,按其用途可分为连接螺钉(见图 6-19)和紧定螺钉(见图 6-20)。

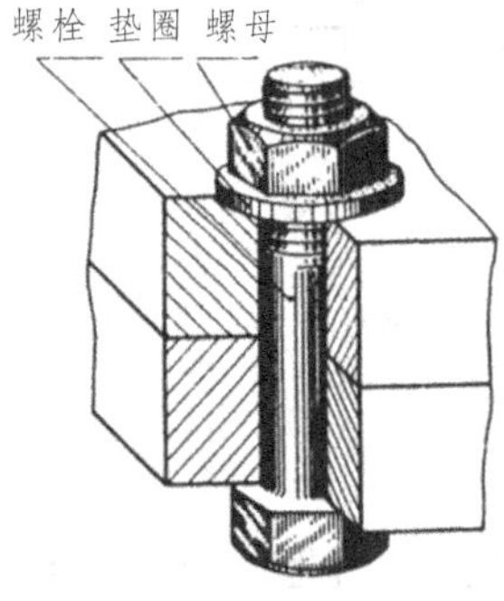

图 6-17　螺栓连接

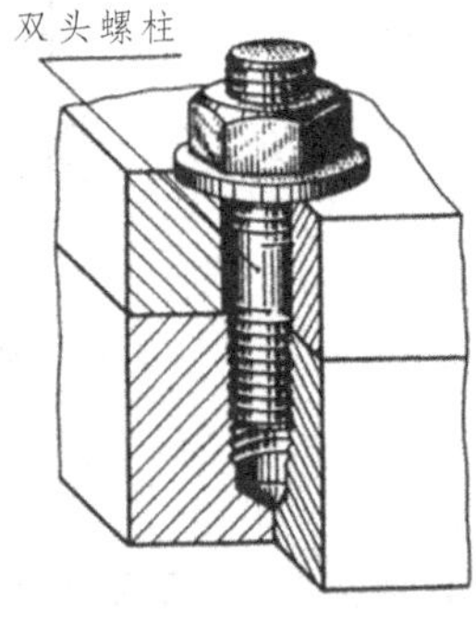

图 6-18　双头螺柱连接

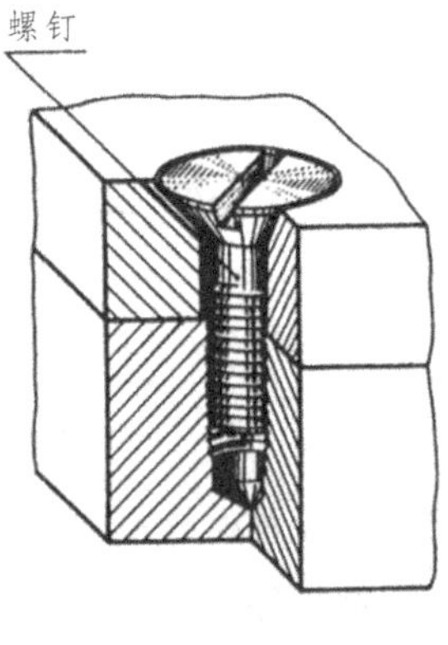

图 6-19　螺钉连接

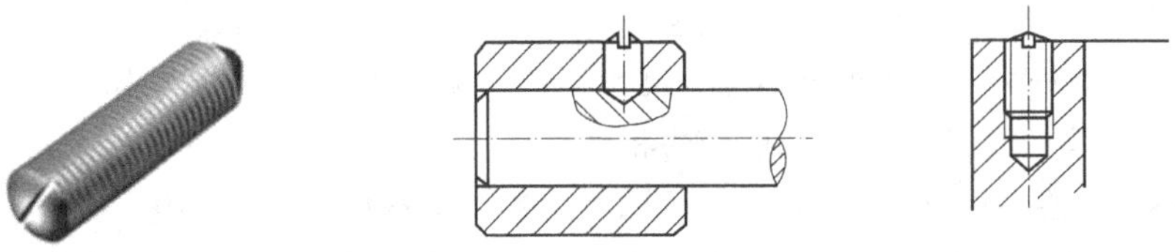

图 6－20　紧定螺钉连接

(二)螺纹紧固件的画法

1. 按标准数据画图

紧固件各部分可根据规定标记在国家标准中查出有关尺寸，并按此尺寸数据进行图形绘制的方法称为按标准数据画图。

2. 比例画法

设计机器时，经常会用到螺栓、螺母、垫圈等螺纹紧固件，它们的各部分尺寸可以从相应的国家标准中查出，由螺栓的螺纹规格 d、螺母的规格 D、垫圈的公称尺寸 d，按 d 或 D 进行比例折算，得出各部分尺寸后按近似画法绘制。

(1)六角头螺栓。六角头头部是由六棱柱经倒角 30°而形成，故每个棱面上均产生双曲线，这些曲线可由圆弧代替(见图 6－21)。

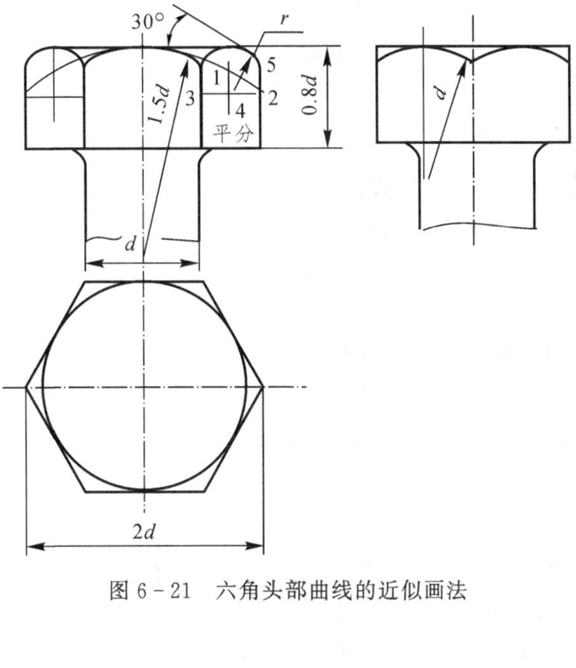

图 6－21　六角头部曲线的近似画法

画法步骤如下：

1)画出六棱柱的投影。

2)以 $R=1.5d$ 为半径画弧与顶面的投影相切，并与右边两棱线交于 1、2 两点。

3)由 2 点作水平线，与相邻的棱线交于 3 点，平分线段 2—3 得点 4。

4)以点 4 为圆心，4 点至 1 点长为半径画弧 1 点至 5 点，最后过点 5 作 30°的倒角线。左边一段曲线画法与此相同。

六角头螺栓的各部分尺寸与螺纹大径 d 的比例关系如图 6－22(a)所示。

(2)六角头螺母。六角头螺母各部分尺寸与螺纹大径 D 的比例关系如图 6－22(b)所示。表面交线的画法与六角头螺栓头部的画法相同。

(3)垫圈。垫圈各部分尺寸按与它相配的螺纹紧固件的大径 d 的比例关系画出图6－22(c)。

(4)双头螺柱。双头螺柱的外形可按图 6－22(d)的简化画法给制。各部分尺寸与大径 d 的比例关系如图中所示。

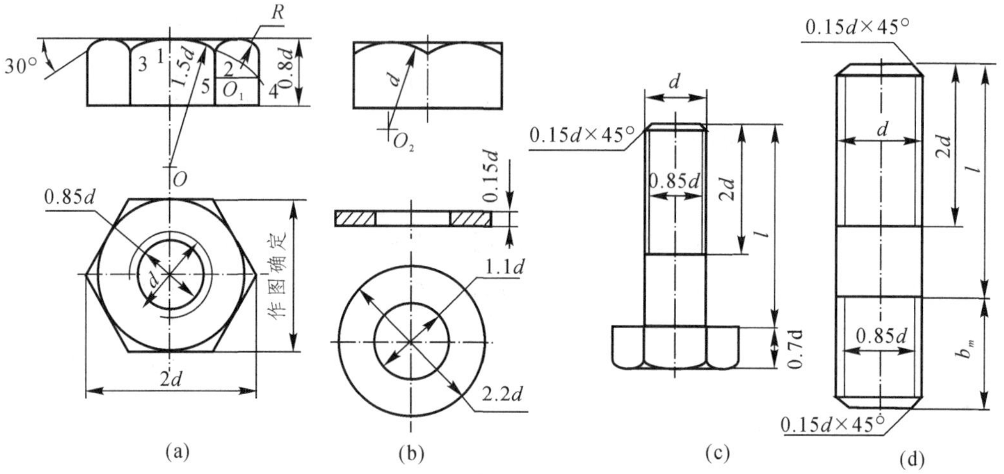

图 6－22　单个紧固件的比例画法

(三)螺纹紧固件连接的画法

螺纹紧固件有三种连接形式:螺栓连接、螺柱连接、螺钉连接。

画螺纹紧固件的连接装配图时应遵守以下规定:

(1)两零件的接触表面只画一条线;凡不接触的相邻表面,不论其间隙大小均需画成两条线(小间隙可夸大画出,一般不小于 0.7 mm)。

(2)在剖视图中,相邻两零件的剖面线方向要相反,或方向一致而间隔不等。同一零件各视图中剖面线的方向和间隔必须一致。

(3)当剖切平面通过螺纹紧固件的轴线时,对于螺栓、螺柱、螺钉、螺母及垫圈等按不剖处理,即仍画其外形。

1. 螺栓连接

螺栓连接是将螺栓杆身穿过 2 个零件的通孔,再用螺母旋紧而将两个零件固定在一起的一种连接方式(见图 6－23)。

(1)螺栓、螺母、垫圈按大径 d 的比例关系绘制,其余部分的比例关系如图中所示。

(2)螺栓的有效长度 l 应先按下式求出:

$$l=\delta_1+\delta_2+s+m+0.3d$$

然后再从附表中选出相近的标准长度 l。

(3)在装配图中,当剖切平面通过螺杆的轴线时,螺栓、螺柱、螺钉及螺母、垫圈等均按未剖切绘制。

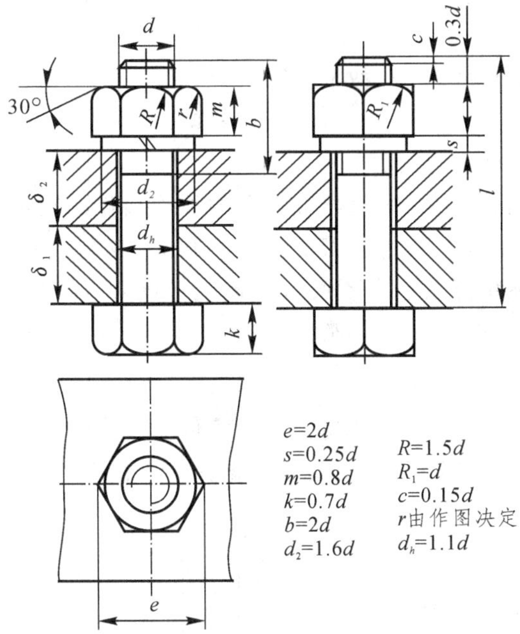

图 6 - 23　螺栓连接的画法图

2. 螺柱连接

用螺柱连接零件时，先将螺柱的旋入端旋入一个零件的螺孔中，再将另一个带孔的零件套入螺柱，然后放入垫圈、用螺母旋紧（见图 6 - 24）。

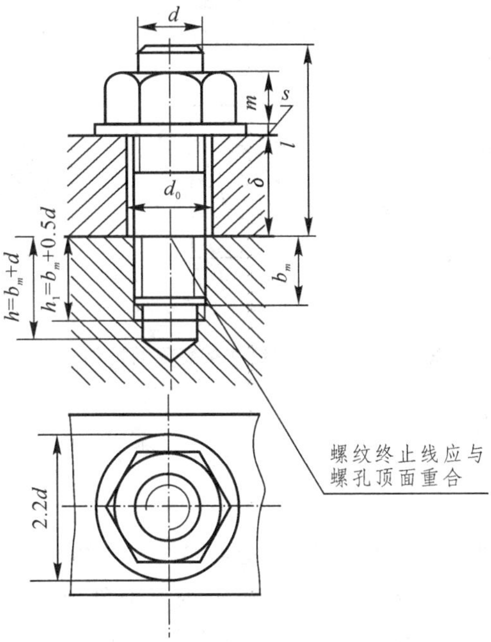

图 6 - 24　螺柱连接的画法绘制

(1)各部分画图尺寸的比例关系与螺栓连接相同。若采用平垫圈,其尺寸可按 $D=2d$、$S=0.15d$。

(2)双头螺柱的有效长度 l 可先按下式算出:

$$l=\delta+s+m+0.3d$$

然后查附表,选取相近的标准长度。

(3)双头螺柱旋入端长度 b_m 的值与带螺孔的被连接件的材料有关。材料为钢或青铜时取 $b_m=d$,材料为铸铁时,取 $b_m=1.25d$ 或 $b_m=1.5d$;材料为铝时,取 $b_m=2d$。

(4)机件上螺孔的螺纹深度应大于旋入端螺纹长度 b_m,画图时,螺孔的螺纹深度可按 $b_m+0.5d$ 画出,钻孔深度可按 b_m+d 画出。

3. 螺钉连接

用螺钉连接两个零件时,螺钉杆部穿过一个零件的通孔而旋入另一零件的螺孔,靠螺钉头部支承面压紧将两个零件固定一起。螺钉根据头部形状不同有许多型式。

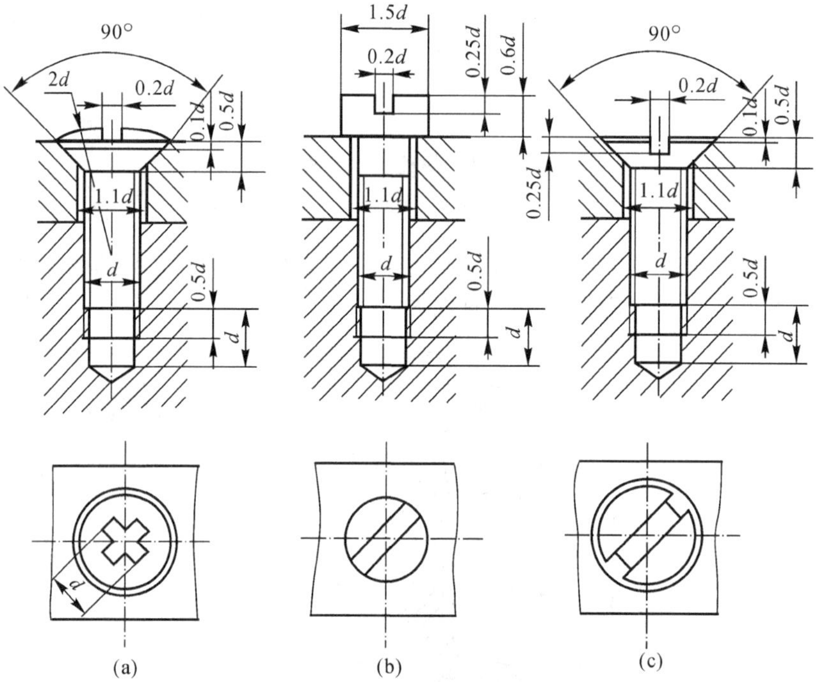

图 6-25　三种螺钉连接装配的比例画法

画图时应注意下列几点:

(1)螺钉的有效长度 l 先按下式估算

$$l=\delta+b_m$$

b_m 根据带螺孔的被连接零件的材料而定,取值可参考双头螺柱中所述。

(2)为了使螺钉头能压紧被连接零件,螺钉的螺纹终止线应高出螺孔的端面[见图 6-25(b)],或在螺杆的全长上都有螺纹[见图 6-25(a)(c)]。

(3)螺钉头部的一字槽和十字槽在俯视图上,画成与中心线成 45°(图 6-25),可以涂黑。

4. 简化画法

制图标准规定：螺纹紧固件的某些结构在装配图中可以采用简化画法。螺纹紧固件上的工艺结构如倒角、退刀槽等均可省略不画；螺栓、螺钉的头部可简化；在装配图中未钻通的螺孔，可以不画出钻孔深度，仅按螺纹部分的深度（不包括螺尾）画出等（见图 6-26）。

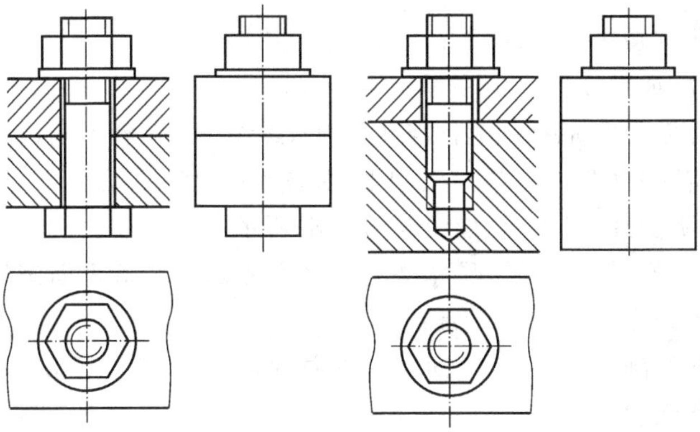

图 6-26　装配图中螺纹紧固件的简化画法

5. 画螺纹连接件连接的注意点

螺纹连接件连接的画法比较烦琐，容易出错。下面以双头螺柱连接图为例作正误对比（见图 6-27）。

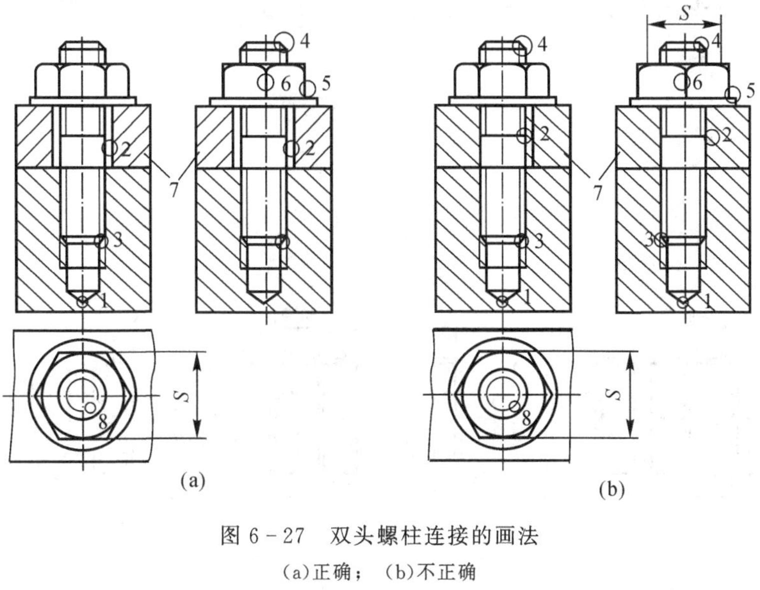

图 6-27　双头螺柱连接的画法

(a)正确；（b)不正确

(1)钻孔锥角应为 120°；

(2)被连接件的孔径为 1.1d，此处应画两条粗实线；

(3)内、外螺纹大、小径应对齐，小径与倒角无关；

(4)应有螺纹小径（细实线）；

(5)左、俯视图宽应相等；

(6)应有交线(粗实线)；

(7)同一零件在不同视图上剖面线方面,间隔都应相同；

(8)应有 3/4 圈细实线,倒角圆不画。

【任务实施】

具体画图(用比例画法)步骤如下；

(1)定出基准线,如图 6-28(a)所示；

(2)画出螺栓的两个视图(螺栓为标准件不剖),螺纹小径可暂不画,如图 6-28(b)所示；

(3)画出被连接两板(要剖,孔径为 1.1d),如图 6-28(c)所示；

(4)画出垫圈(不剖)的三视图,如图 6-28(d)所示；

(5)画出螺母(不剖)的三视图,具体画法可以参考知识准备里面螺母两视图的画法,在俯视图中应画螺栓,如图 6-28(e)所示；

(6)画出剖开处的剖面线(注意剖面线的方向、间隔),补全螺母的截交线,全面检查,描深,如图 6-28(f)所示。

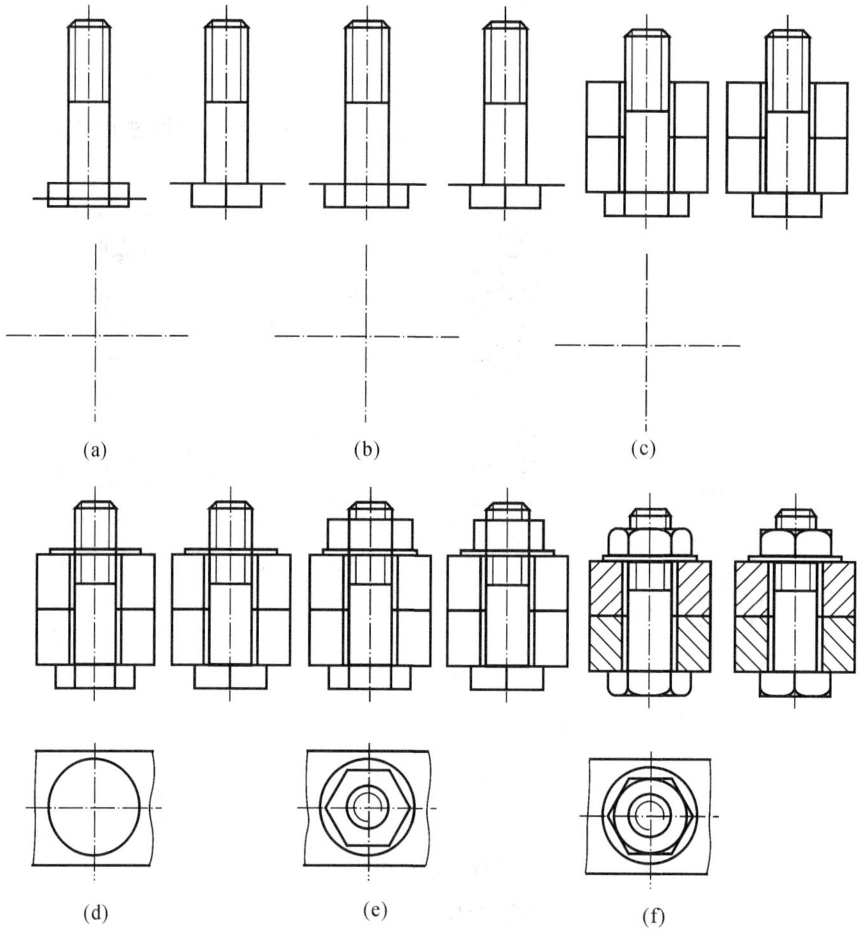

图 6-28　螺栓连接的画图步骤

【知识拓展】

螺纹的标注。

螺纹按用途分为连接螺纹和传动螺纹，普通螺纹和管螺纹为连接螺纹，梯形螺纹和锯齿形螺纹属于传动螺纹。

由于螺纹采用了规定画法，图上反映不出螺纹要素及加工精度等参数，所以需要在图样中螺纹大径的尺寸线或其引出线上标注出相应标准所规定的螺纹标记，各常用螺纹的标记和标注方法如下。

1. 普通螺纹

普通螺纹是最常用的螺纹，其牙型为三角形，牙型角为60°。根据螺距的大小，普通螺纹又有粗牙和细牙之分。

普通螺纹标记的格式可分为三部分，三者之间用短横"-"隔开：

[螺纹代号]-[公差带代号]-[旋合长度代号]

(1)螺纹代号。

[螺纹特征代号] [公称直径]×[螺距]-[旋向]

普通螺纹的螺纹特征代号为"M"，公称直径为螺纹的大径。粗牙普通螺纹不标注螺距，细牙单线螺纹标注螺距，多线螺纹用"导程/线数"表示。右旋螺纹不注旋向，左旋螺纹应注出旋向"LH"或"左"字。

例如，公称直径为24 mm、螺距为1.5 mm的左旋细牙普通螺纹的螺纹代号应标记为M24×1.5LH；同一公称直径的右旋粗牙普通螺纹应标记为：M24。

(2)公差带代号。螺纹的公差带代号是用来说明螺纹加工精度的，它用数字表示公差等级(公差带大小)，用拉丁字母表示基本偏差代号(公差带位置)，小写字母代表外螺纹，大写字母代表内螺纹。普通螺纹的公差带代号由两部分组成，即中径和顶径(即外螺纹大径或内螺纹小径)的公差带代号。当中径和顶径的公差带代号相同时，则只标注一个。

例如：M10-6H　　　　6H为中径和顶径公差带代号相同。

M16×1.5-5g 6g　　　　5g为中径公差带代号，6g为顶径公差带代号。

在内、外螺纹联接图上标注时，其公差带代号应用斜线分开，如6H/6g，6H/5g6g等。

(3)旋合长度代号。螺纹的旋合长度指两个相互旋合的内外螺纹沿轴线方向旋合部分的长度，是衡量螺纹质量的重要指标。普通螺纹的旋合长度分为短、中和长三种，其代号分别用S、N和L表示。其中，中等旋合长度应用较为广泛，在标记中代号N省略不注。标注时如遇特殊需要，也可注出旋合长度的具体数值。

2. 梯形螺纹

梯形螺纹标记的格式为[螺纹代号]-[公差带代号]-[旋合长度代号]

梯形螺纹与普通螺纹的标记格式类似，仅在第一项[螺纹代号]中稍有区别：

螺纹代号的项目及格式为[螺纹特征代号] [公称直径]×[螺距或导程]-[旋向]

(1)梯形螺纹的螺纹特征代号为"Tr"。

(2)由于标准规定的同一公称直径中对应有几个螺距供选用,所以必须标注螺距。

单线梯形螺纹的螺纹代号为 螺纹特征代号 公称直径 × 螺距 - 旋向

多线梯形螺纹的螺纹代号为 螺纹特征代号 公称直径 × 导程 (P 螺距) - 旋向

例如,公称直径为 24 mm、螺距为 3 mm 的单线左旋梯形螺纹的螺纹代号应标记为 Tr24×3LH;而同一公称直径且相同螺距的双线右旋梯形螺纹的代号应标记为 Tr24×6(P3)。

3. 管螺纹

管螺纹用于管接头、旋塞、阀门等,管螺纹有用螺纹密封管螺纹和非螺纹密封管螺纹两种。管螺纹的牙型为等腰三角形,牙型角为 55°,其公称尺寸为管子的孔径,单位为英寸,标记格式为:

螺纹特征代号 尺寸代号 - 公差等级代号 - 旋向

管螺纹的标记一律注在引线上,引线从大径处或由对称中心线处引出,见表 6-1。

(1)非螺纹密封的管螺纹。非密封管螺纹的螺纹特征代号为"G"。外螺纹的公差等级规定了 A 级和 B 级两种,A 级为精密级,B 级为粗糙级;而内、外螺纹的顶径和内螺纹的中径只规定了一种公差等级,故对外螺纹分 A、B 两级进行标记,对内螺纹不标记公差等级代号。右旋螺纹不标注旋向,左旋螺纹标注"LH"。

例如,非密封螺纹管螺纹为外螺纹,其尺寸代号为 1/2,公差等级为 B 级,右旋,则该螺纺的标记为 G1/2B。

(2)用螺纹密封的管螺纹。外螺纹为圆锥外螺纹,特征代号为"R_1"(与圆柱内螺纹相配合)、"R_2"(与圆椎内螺纹相配合);内螺纹有圆锥内螺纹和圆柱内螺纹两种,它们的特征代号分别为"Rc"和"Rp"。用螺纹密封的管螺纹只有一种公差等级,故标记中不标注。右旋螺纹不标注旋向,左旋螺纹标注"LH"。

例如,用螺纹密封的管螺纹为圆锥内螺纹,其尺寸代号为 $1\frac{1}{2}$,左旋,则该螺纹的标记为 $Rc1\frac{1}{2}$—LH。

任务二 齿 轮

【任务描述】

如图 6-29 所示的一对标准直齿圆柱齿轮,已知大齿轮 $m=4$、$z=40$,两轮中心距 $a=120$,对于齿轮轮体部分结构大小及位置可根据实体图示进行估计假设,试用 1∶2 的比例完成齿轮啮合图。

【任务分析】

通过对任务进行分析,得知任务目的是绘制圆柱齿轮啮合的外形视图。根据已知条件首先要求出两个大小齿轮各自齿根圆直径、齿顶圆直径、分度圆直径，并且对轮体部分结构尺寸进行相应假设；其次，根据国标规定的齿轮啮合画法对啮合齿轮进行具体绘制。

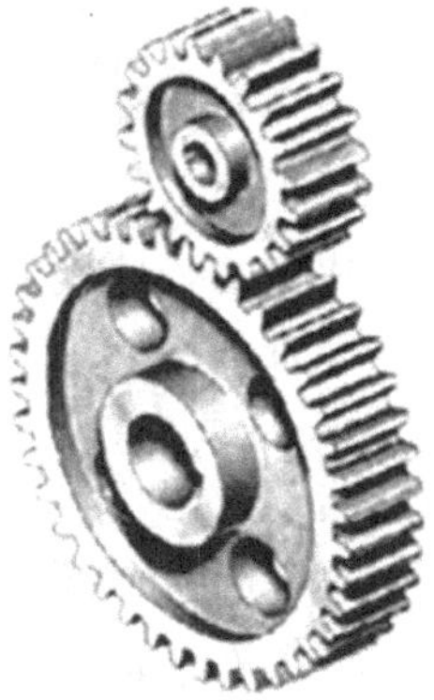

图 6－29　齿轮啮合实物图

【知识准备】

一、齿轮的基本知识

齿轮传动在机械中被广泛应用，常用它来传递动力、改变旋转速度与旋转方向。

齿轮的种类很多，常见的齿轮传动形式如下：

1)圆柱齿轮——用于平行两轴间的传动，如图 6－30(a)所示。

2)圆锥齿轮——用于相交两轴间的传动，如图 6－30(b)所示。

3)蜗杆与蜗轮——用于交叉两轴间的传动，如图 6－30(c)所示。

(a)　(b)　(c)

图 6－30　常见的齿轮传动形式

(a)圆柱齿轮；　(b))圆锥齿轮；　(c)蜗杆与蜗轮

齿轮一般由轮体和轮齿两部分组成。

轮体部分根据设计要求有平板式、轮辐式、辐板式等。

轮齿部分的齿廓曲线可以是渐开线、摆线、圆弧。目前最常用的是渐开线齿形。轮齿的方向有直齿、斜齿、人字齿等。轮齿有标准与变位之分，具有标准轮齿的齿轮称标准齿轮。这里主要介绍齿廓曲线为渐开线的标准齿轮的有关知识和规定画法

(一)直齿轮

直齿圆柱齿轮简称直齿轮。图 6－31(a)所示为互相啮合的两个齿轮的一部分。

1．齿轮的名词术语

(1)节圆直径 d'(分度圆直径 d)——连心线 O_1O_2 上两相切的圆称为节圆，其直径用 d'表示。加工齿轮时，作为齿轮轮齿分度的圆称为分度圆，其直径用 d 表示。在标准齿轮中，$d'=d$。

(2)节点 C——在一对啮合齿轮上,两节圆的切点。

(3)齿顶圆直径 d_a——轮齿顶部的圆称齿顶圆,其直径用 d_a 表示。

(4)齿根圆直径 d_f——齿槽根部的圆称齿根圆,其直径用 d_f 表示。

(5)齿距 p、齿厚 s、槽宽 e——在节圆或分度圆上,两个相邻的同侧齿面间的弧长称齿距,用 p 表示;一个轮齿齿廓间的弧长称齿厚,用 s 表示;一个齿槽齿廓间的弧长称槽宽,用 e 表示。在标准齿轮中,$s=e$,$p=e+s$。

(6)齿高 h、齿顶高 h_a、齿根高 h_f——齿顶圆与齿根圆的径向距离称齿高,用 h 表示;齿顶圆与分度圆的径向距离称齿顶高,用 h_a 表示;分度圆与齿根圆的径向距离称齿根高,用 h_f 表示。$h=h_a+h_f$。

(7)啮合角、压力角、齿形角——两相啮合轮齿齿廓在 C 点的公法线与两节圆的公切线所夹的锐角称啮合角,也称压力角;加工齿轮的原始基本齿条的法向压力角称齿形角,用 α 表示。啮合角=压力角=齿形角=α。

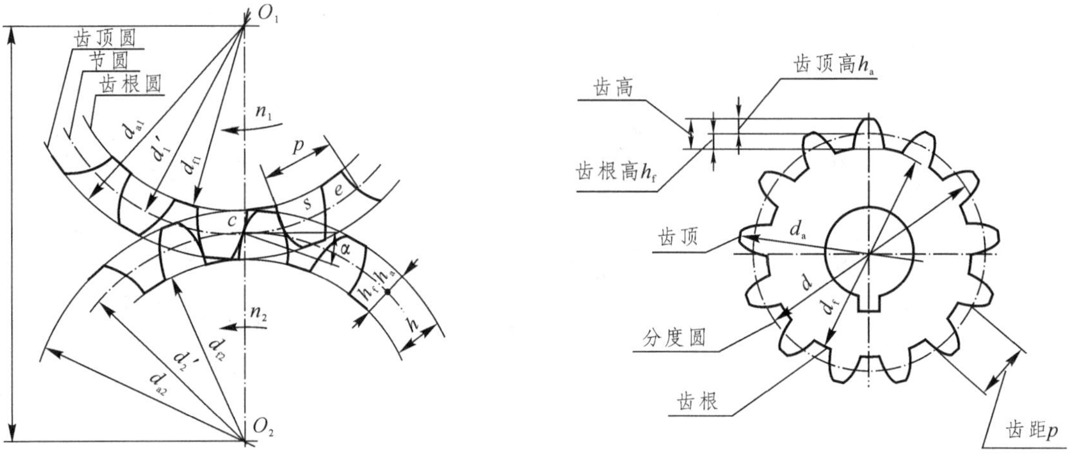

(a)　　　　(b)

图 6-31　直齿轮各部分名称及其代号

2. 齿轮的尺寸参数关系

由图 6-30(b)可知,若以 z 表示齿数,则齿轮分度圆圆周长为

$$\pi d - zp \tag{6-1}$$

因此,分度圆直径

$$d=\frac{p}{\pi}z \tag{6-2}$$

式中,$\frac{p}{\pi}$称为齿轮的模数,以 m 表示,即

$$m=\frac{p}{\pi} \tag{6-3}$$

由式(6-2)和式(6-3)得出:

$$d=mz \tag{6-4}$$

即

$$m=\frac{d}{z} \tag{6-5}$$

从式(6－3)可以看出，模数愈大，轮齿就愈大；模数愈小，轮齿就愈小。互相啮合的两齿轮，其齿距 p 应相等，因此它们的模数 m 亦应相等。为了减少加工齿轮刀具的数量，国家标准对齿轮的模数作了统一的规定，见表 6－1。

表 6－1　标准模数(GB/T 1357—1987)　　单位：mm

第一系列	0.1，0.12，0.15，0.2，0.25，0.3，0.4，0.5，0.6，0.8，1，1.25，1.5，2，2.5，3，4，5，6，8，10，12，16，20，25，32，40，50
第二系列	0.35，0.7，0.9，1.75，2.25，2.75，(3.25)，3.5，(3.75)，4.5，5.5，(6.5)，7，9，(11)，14，18，22，28，36，45

注：1. 在选用模数时，应优先采用第一系列，括号内的模数尽可能不用。
　　2. 圆锥齿轮模数见 GB/T 12368—1990。

齿轮的模数 m 确定后，按照与 m 的关系可算出轮齿的各基本尺寸，见表 6－2。

表 6－2　标准直齿轮各基本尺寸的计算公式及举例

基本参数：模数 m　齿数 z			已知：$m=2$ mm，$z=29$
名称	符号	计算公式	计算举例
齿距	p	$p=\pi m$	$p=6.28$ mm
齿顶高	h_a	$h_a=m$	$h_a=2$ mm
齿根高	h_f	$h_f=1.25m$	$h_f=2.5$ mm
齿高	h	$h=2.25m$	$h=4.5$ mm
分度圆直径	d	$d=mz$	$d=58$ mm
齿顶圆直径	d_a	$d_a=m(z+2)$	$d_a=62$ mm
齿根圆直径	d_f	$d_f=m(z-2.5)$	$d_f=53$ mm
中心距	a	$a=m(z_1+z_2)/2$	

(二)斜齿轮

斜齿圆柱齿轮简称斜齿轮。相啮合的一对斜齿轮，其轴线仍保持平行。如果假想把直齿轮切成很薄的无穷多片，相互错开后就成为一个斜齿轮。轮齿在分度圆柱面上与分度圆柱轴线的倾角称螺旋角，以 β 表示。因此，斜齿轮有法向齿距 p_n 与端面齿距 p_t，法向模数 m_n 与端面模数 m_t 之分。

二、圆柱齿轮的规定画法(GB 4459.2—1984)

(一)单个齿轮的画法

齿轮的轮齿部分按图 6－32 的规定绘制。

(1)齿顶圆和齿顶线用粗实线绘制。

(2)分度圆和分度线用细点画线绘制。

(3)齿根圆和齿根线用细实线绘制，也可以省略不画。在剖视图中齿根线用粗实线绘制。

(4)在剖视图中,当剖切平面通过齿轮的轴线时,轮齿一律按不剖处理,即轮齿部分不画剖面线。

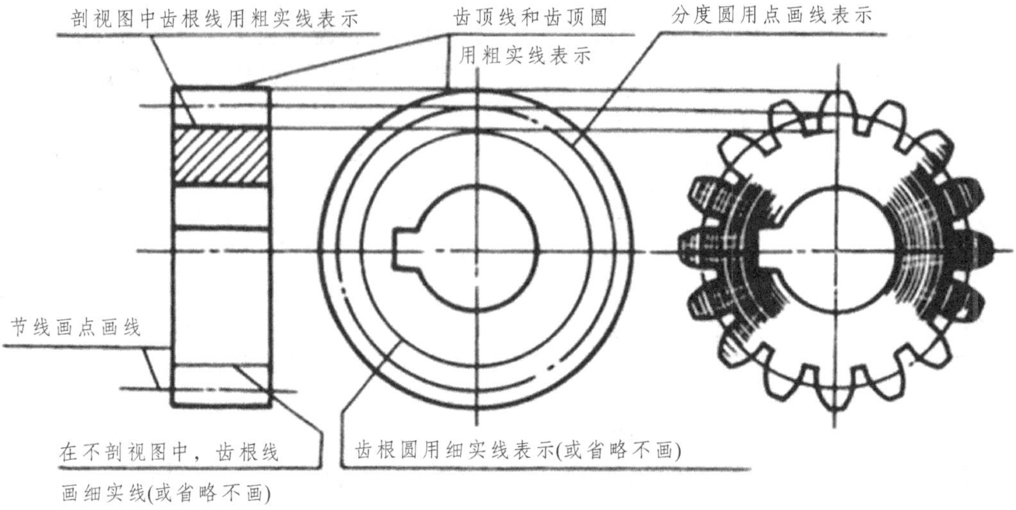

图 6－32　圆柱直齿轮的规定画法

图 6－33 是圆柱齿轮的零件图,图中除标注尺寸和技术要求外,还在图样的右上角列出一个参数表,注明模数、齿数、齿形角、精度等级等。

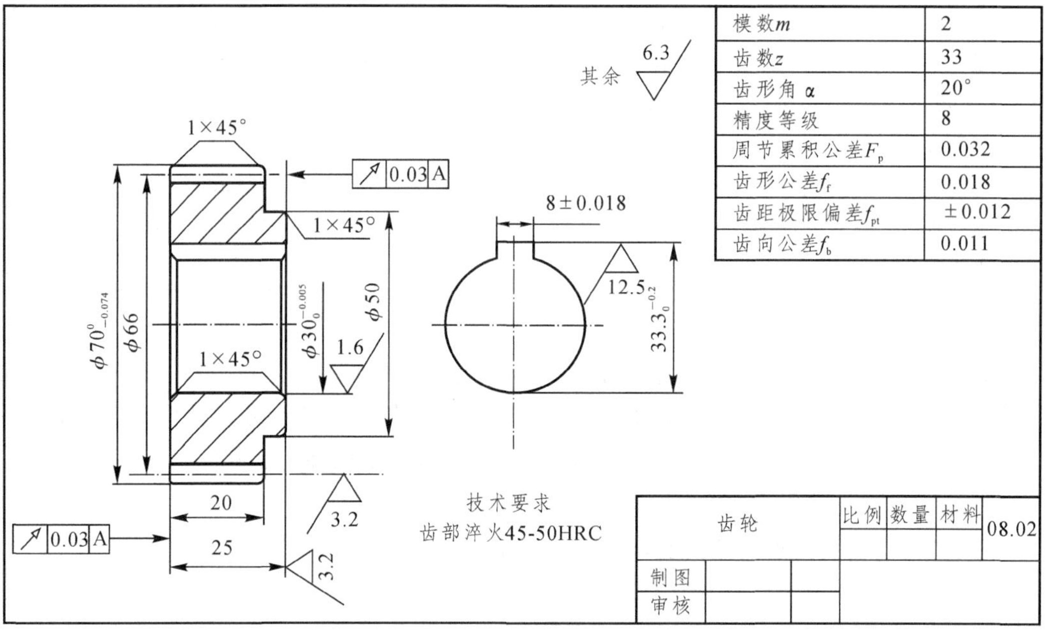

图 6－33　圆柱齿轮零件图

(二)齿轮啮合画法

绘制一对啮合齿轮时,应注意其啮合部分画法(见图 6－34):

(1)在垂直于齿轮轴线的投影面的视图,2个齿轮的分度圆是相切的,啮合区的齿顶圆均用粗实线绘制,也可以省略不画。

(2)在平行于齿轮轴线的投影面的视图上,当剖切平面通过两啮合齿轮的轴线时,在啮合区内将一个齿轮的轮齿用粗实线画出,而另一个齿轮的轮齿被遮住的部分用虚线绘制,或省略不画。

(3)不剖画法,啮合区的齿顶线不需画出,节线用粗实线绘制。

(4)在剖视图中,当剖切平面通过啮合齿轮的轴线时,则轮齿一律按不剖绘制。

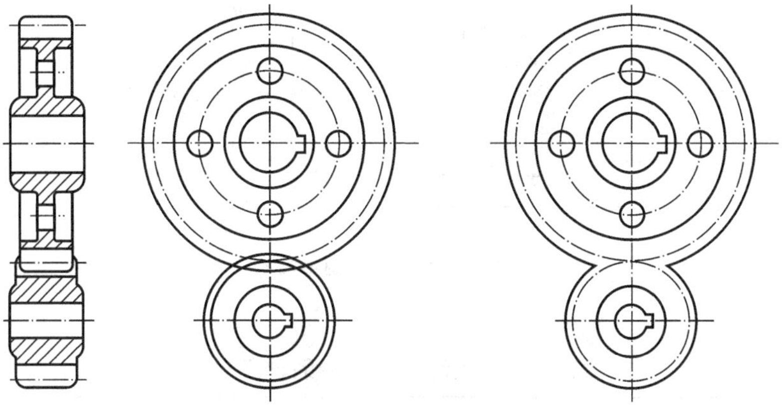

图6-34　直齿圆柱齿轮啮合的画法

三、圆锥齿轮的简介

由于圆锥齿轮的轮齿分布在圆锥面上,所以轮齿沿圆锥素线方向的大小不同,模数、齿数、齿高、齿厚也随之变化,通常规定以大端参数为准。

直齿圆锥齿轮的齿坯如图6-35(a)所示,其基本形体结构由前锥、顶锥、背锥等组成。由于圆锥齿轮的轮齿在锥面上,所以齿形和模数轴向是变化的。大端的法向模数为标准模数,法向齿形为标准渐开线。在轴剖面内,大端背锥素线与分度锥素线垂直,轴线与分度锥素线的夹角 δ 称为分度圆锥角,如图6-35(b)所示。直齿圆锥齿轮的计算公式见表6-3。

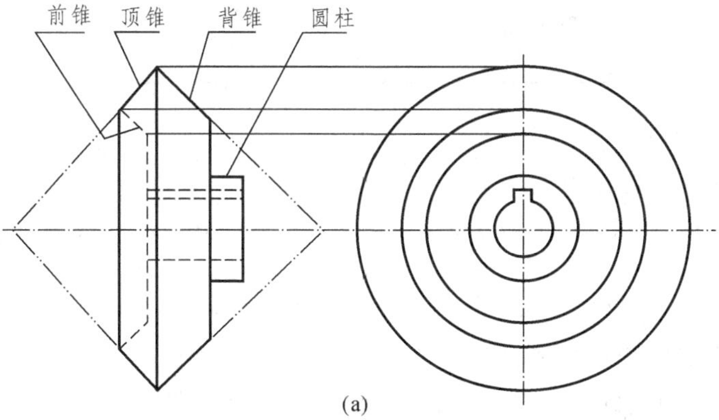

(a)

图6-35　直齿圆锥齿轮

(a)圆锥齿轮坯

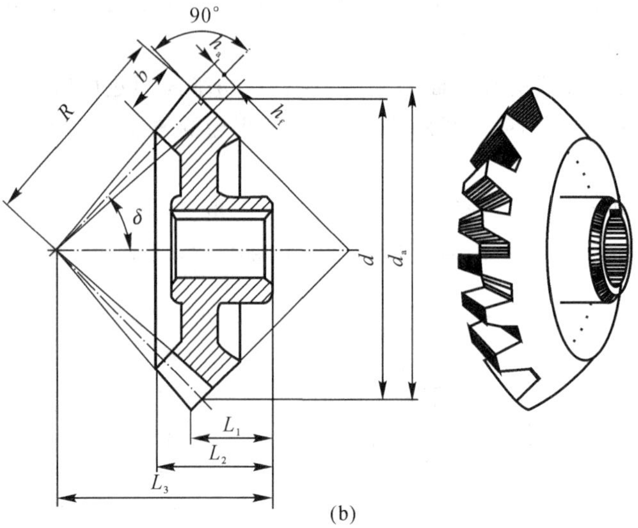

(b)

续图 6-35　直齿圆锥齿轮

(b)圆锥齿轮参数

表 6-3　直齿圆锥齿轮的计算公式

名称	代号	计算公式
齿顶高	h_a	$h_a=m$
齿根高	h_f	$h_f=1.2m$
齿　高	h	$h=h_a+h_f=2.2m$
分度圆直径	d	$d=mz$
齿顶圆直径	d_a	$d_a=m(z+2\cos\delta)$
齿根圆直径	d_f	$d_f=m(z-2.4\cos\delta)$
外锥距	R	$R=mz/(2\sin\delta)$
分度圆锥角	δ_1	$\tan\delta_1=z_1/z_2$

【任务实施】

(1)根据已知计算齿轮相关尺寸:

大齿轮:$d_1=mz_1=160$ mm,$d_{a1}=m(z_1+2)=168$ mm,$d_{f1}=m(z_1-2.5)=150$ mm

小齿轮:由 $a=(d_1+d_2)/2$ 得知 $d_2=80$ mm,$z_2=20$,$d_{a2}=88$ mm,$d_{f2}=70$ mm

轮体上小圆以及孔部分结构尺寸绘图时根据实体形状自行假设。

(2)按照啮合齿轮规定的画法以一定比例画出啮合齿轮的外形视图。对于非圆投影视图采取全剖方式绘制的一组视图如图 6-36 所示,对于非圆视图未剖,圆投影视图采用省略画法的一组视图如 6-37 所示。具体绘制过程可参考学习情景五及学习情景六相关内容。

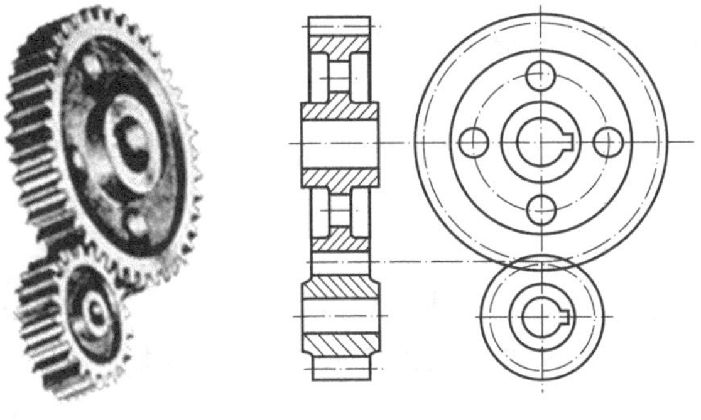

图 6－36　啮合齿轮视图全剖画法

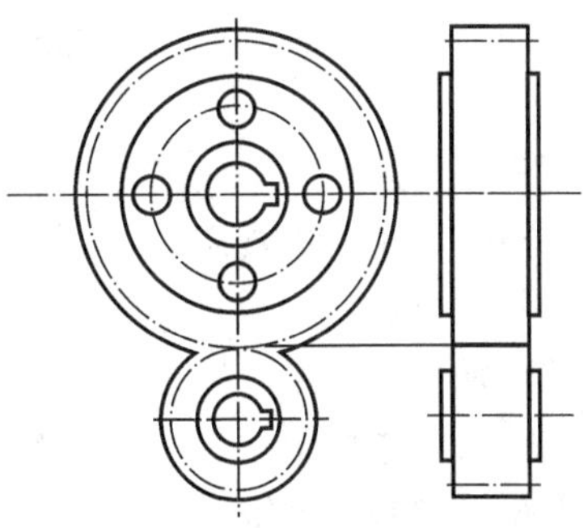

图 6－37　未剖视图的省略画法

【知识拓展】

1. 单个斜齿轮的画法

对于单个斜齿轮的画法和单个直齿轮画法规定相比，只是多出一条规定：在齿轮的非圆外形图上画出与齿轮方向一致的三条平行的细实线，用以表示齿向线和倾角，其视图可以画为半剖视图或局部剖视图，如图 6－38(c)所示。

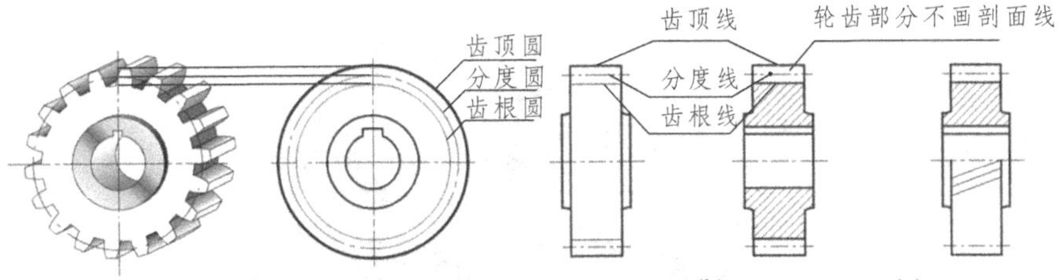

图 6－38　单个圆柱齿轮的画法

2. 两斜齿轮啮合的画法

两斜齿轮啮合的画法规定和两直齿轮啮合的画法规定基本相同，只是多出一条规定：在两斜齿轮齿轮的非圆外形图上画出与齿轮方向一致的三条平行的细实线，用以表示齿向线和倾角，如图 6－39(d)所示。

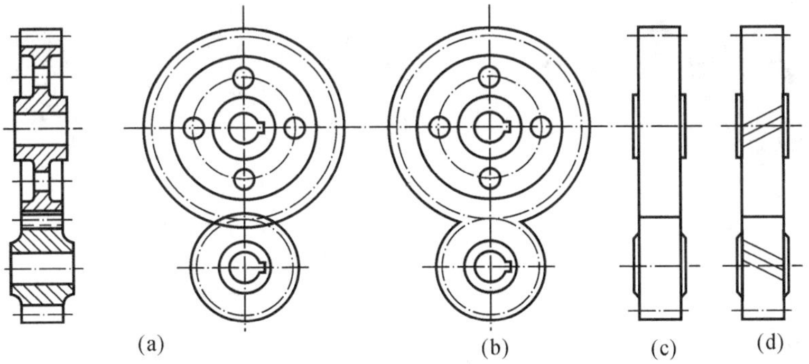

图 6－39　圆柱齿轮的啮合画法

任务三 键 和 销

【任务描述】

绘制键、销的连接图。

【任务分析】

键的作用:键用于连接轴和轴上的传动件(如齿轮、皮带轮等),使轴和传动件不发生相对转动,以传递扭矩。键的种类较多,通常用于零件间的连接或定位。常用的键有普通平键、半圆键和钩头楔键。

常用的销有圆柱销、圆锥销和开口销。开口销常与槽型螺母配合使用,起防松作用。

【知识准备】

一、键连接

(一)键的功用

为了把轮和轴装在一起而使其同时转动,通常在轮和轴的表面分别加工出键槽,然后把键放入轴的键槽内,再将带键的轴装入轮孔中,这种连接称键联接,如图 6-40 所示。

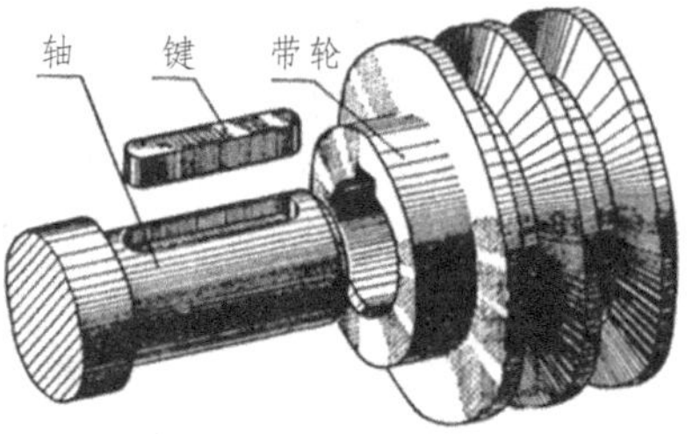

图 6-40 键连接

(二)键的种类

键是标准件,种类多,常用的键有普通平键、半圆键和钩头楔键等,如图 6-41 所示。其中,普通平键最常用。

(a) (b) (c)

图 6-41 键的种类

(a)普通平键; (b)半圆键; (c)钩头楔键

(三)键槽的规定画法

键和键槽的尺寸可根据轴(或轮毂)的直径从相应的标准中查得。键的长度 L 应小于或等于轮毂的长度并取标准值。键槽的画法与尺寸标注如图 6－42 所示。

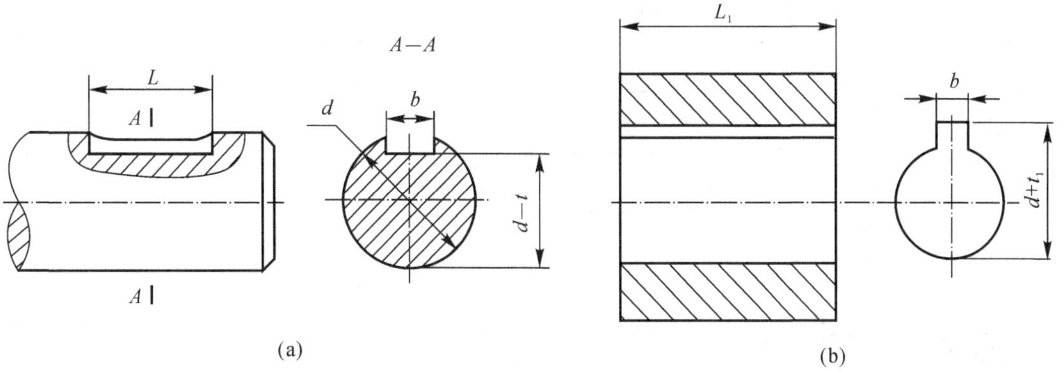

图 6－42　键槽的画法与尺寸标注

(a)轴上键槽的画法；（b)轮毂上键槽的画法

(四)键连接的规定画法

(1)普通平键连接的画法。普通平键的工作表面是两侧面，这两个侧面与键槽的两侧面相接触，键的底面与轴上键槽的底平面相接触，所以画一条粗实线，键的顶面与键槽顶面不接触，有一定的间隙量，故画两条线。

(2)半圆键连接的画法。半圆键的连接与普通平键相似。半圆键具有自动调位的优点，常用于轻载和锥形轴连接。

(3)钩头楔键连接的画法。钩头楔键的上底面有 1∶100 的斜度，连接时沿轴向将键打入槽内，直至打紧为止，故其上下两面为工作面，两侧面为非工作面。画图时，上下两面与键槽接触，两侧面有间隙。

二、销连接

(一)销的功用、类型

销主要用于零件之间的定位，也可用于零件之间的连接，但只能传递不大的扭矩。销也是标准件，类型亦很多，常用的有普通圆柱销和圆锥销等如图 6－43 所示。

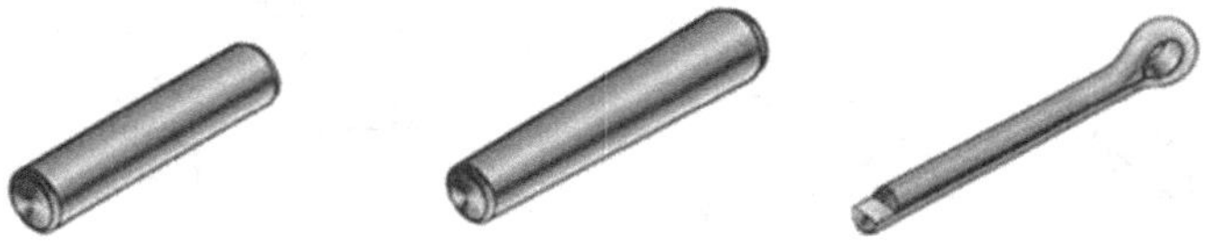

(a)　　(b)　　(b)

图 6－43　常见的销

(a)圆柱销；（b)圆锥销；（c)开口销

(二)销的画法

销是标准件，其结构型式、尺寸和标记都可以在相应的国家标准中查得，常用销的型式、简图、规定标记见表 6－4。

表 6-4　销的形式、标准画法及标记

名称	标准号	图例	标记示例
圆柱销	GB 119—1986	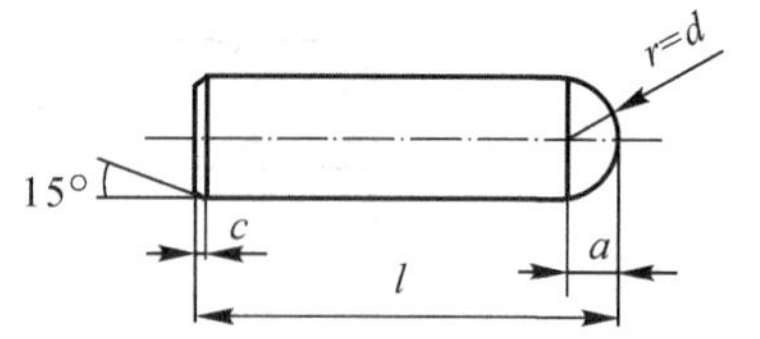	公称直径 $d=8$ mm、长度 $L=18$ mm、材料35钢、热处理28～38HRC、表面氧化处理的A型圆柱销：销 GB 119—1986 A8×18
圆锥销	GB 117—1986	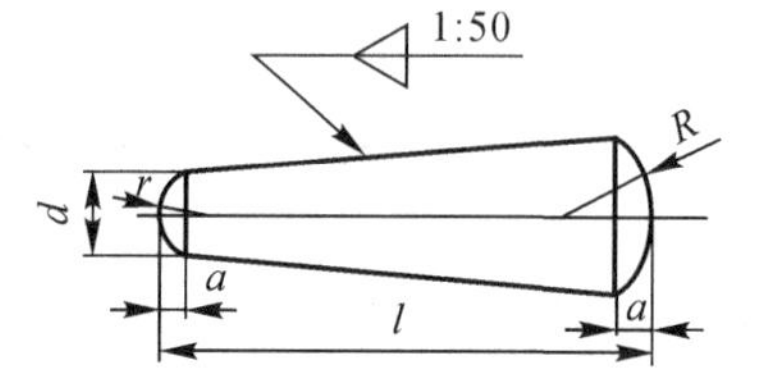	公称直径 $d=10$ mm、长度 $L=60$ mm、材料35钢、热处理28～38HRC、表面氧化处理的A型圆锥销：销 GB 117—1986 A10×60
开口销	GB 91—1986	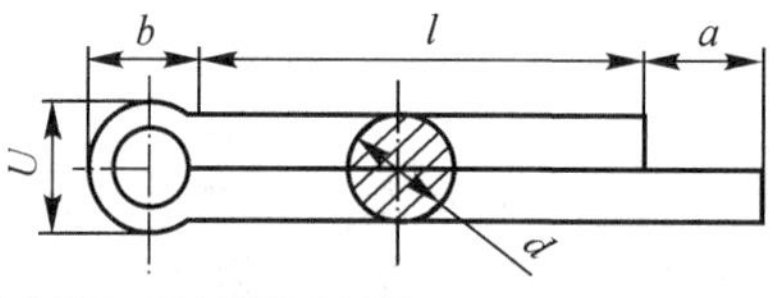	公称直径 $d=5$ mm、长度 $L=50$ mm、材料为低碳钢，不经表面处理的开口销：销 GB 91—1986 5×50

(三)销连接的画法

圆柱销和圆锥销的画法如图 6-44 所示。销的装配要求较高，销孔一般要在被连接零件装配完时加工。这一要求需要在相应的零件图上注明。

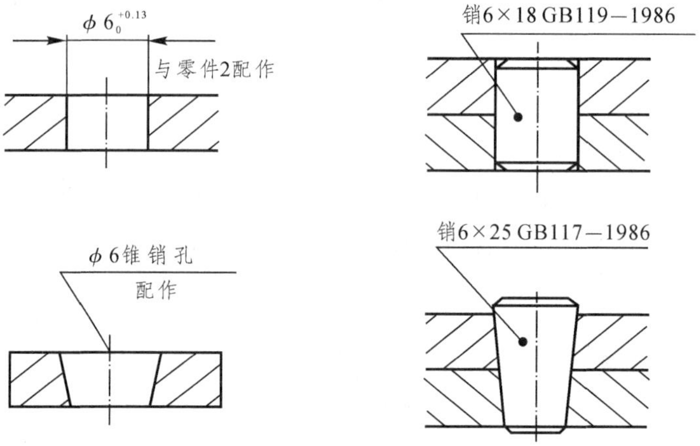

图 6-44　销连接画法

销连接的画法如图所示，加工销孔时必须两件一起配做，以保证相互位置的准确性。

注意：用销连接(或定位)的两零件上的孔，一般是在装配时一起配钻的。因此，在零件图上标注销孔尺寸时，应注明“配作”字样。

滚动轴承是一种支承转动轴的组件，它具有摩擦小、结构紧凑的优点，已被广泛使用在机器中，滚动轴承是标准件。

滚动轴承用来支承旋转轴，由于它结构紧凑，具有较小的启动磨擦力矩和运转时的较小磨擦力矩，能在较大的载荷、转速及较高精度范围内工作，并容易满足不同的要求，所以它是现代机器中广泛采用的标准件。

【任务实施】

1. 键连接的绘制（以普通平键绘制过程为例）

(1)绘制轴及其键槽视图。

(2)绘制轮毂及其键槽视图。

(3)绘制键，完成键连接绘制，如图 6-45 所示。

2. 销连接的绘制（以圆锥销为例说明）

(1)绘制被连接件及其销孔的视图。

(2)绘制销的视图，完成销连接绘制，如图 6-46 所示。

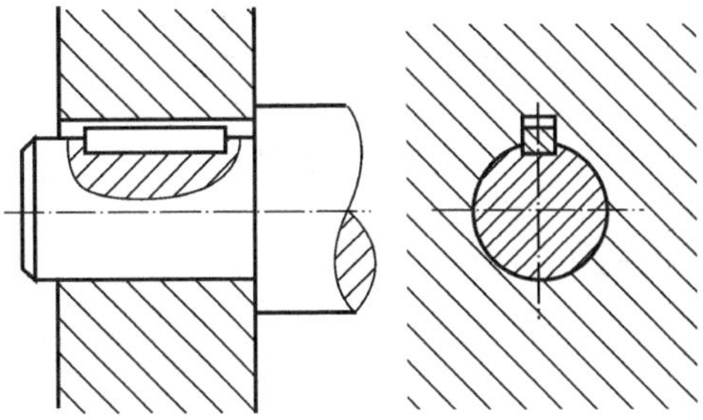

图 6-45　普通平键连接

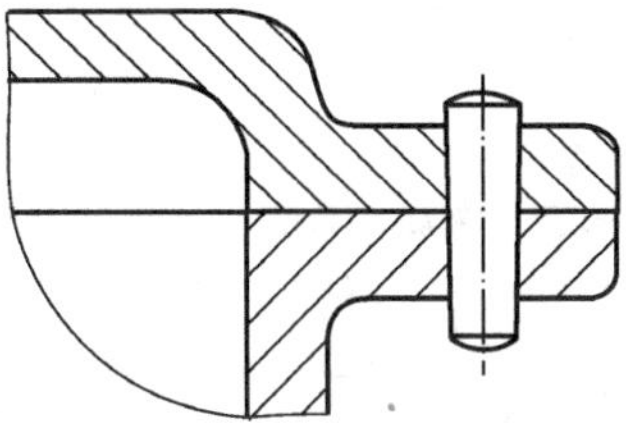

图 6-46　圆锥销连接

【知识拓展】

1. 键的标记

键是标准件，在图样中应按国家标准规定做出标记。

(1)普通平键的标记。普通平键分为 A、B 和 C 型，如图 6-47 所示，三种普通平键的标记方法类似，均为

键　型式　$b\times L$　GB/T1096—2003

其中：A 型不标型式；b 为键宽；L 为键的长度。如图 6-48 所示，A 型普通平键，即标记为

键　8×25　GB/T1096—2003

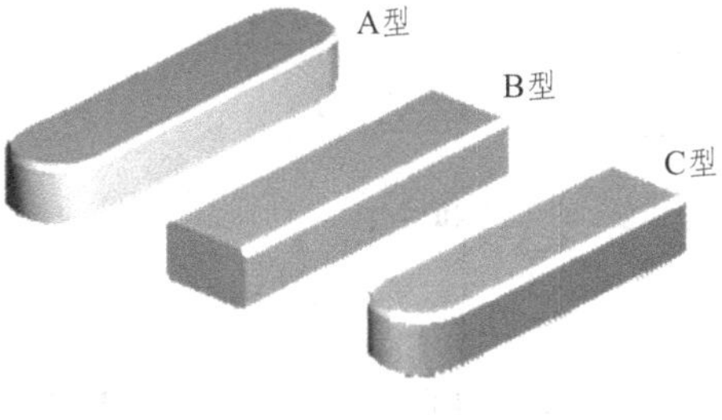

图 6-47　普通平键类型

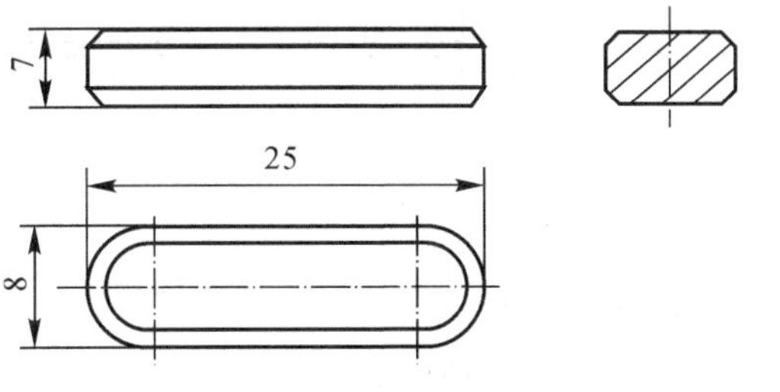

图 6-48　键　8×25　GB/T1096—2003 的形状和尺寸

(2)半圆键的标记。

半圆键如图 6-49 所示。

半圆键的标记形式为

键 $b \times L$　GB/T1099—2003

其中:b 为键宽　L 为键长。如图 6-50 所示,A 型半圆键即标记为

键　6×24.5　GB/T 1099—2003

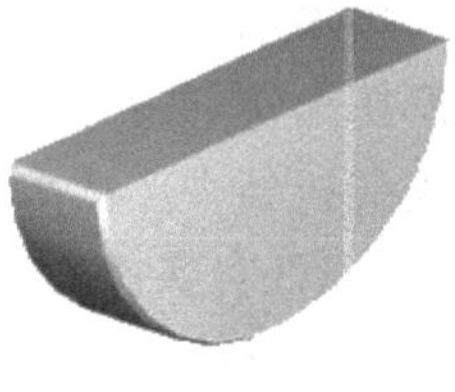

图 6-49　半圆键

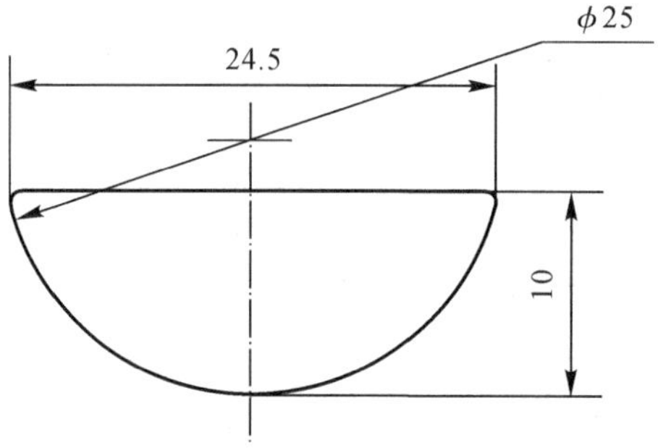

图 6-50　键　6×24.5　GB/T 1099—2003 的形状和尺寸

(3)钩头楔键(见图 6-51)的标记。钩头楔键的标记形式为

键　$b \times L$　GB/T1565—2003

如图 6-52 所示的钩头键标记为

键　18×100　GB/T 1565—2003

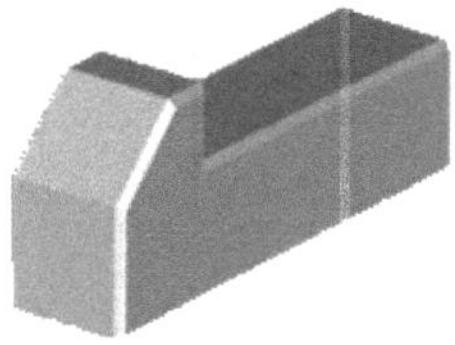

图 6-51　钩头键

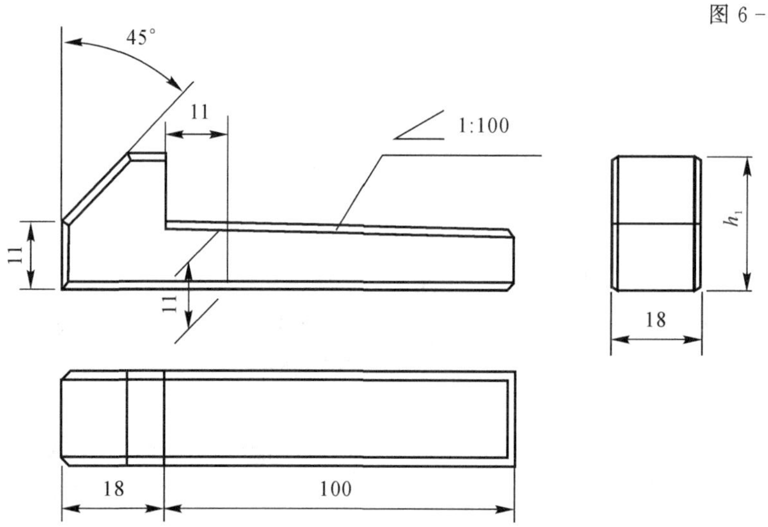

图 6-52　键　18×100　GB/T 1565—2003 的形状和尺寸

2. 销的标记

(1)普通圆柱销(GB 119—1986)。圆柱销主要用于定位,也可用于连接。有 A、B、C、D 四种型式,用于不经常拆卸的地方。

例:公称直径 10 mm,长 50 mm 的 B 型圆柱销标记为

销　GB 119—1986　B10×50

(2)圆锥销(GB 117—1986)。圆锥销有 1∶50 的斜度,定位精度比圆柱销高,多用于经常拆卸的地方。

例:公称直径 10 mm,长 60 mm 的 A 型圆锥销标记为

销　GB117-86　A10×60

任务四　滚动轴承和弹簧

【任务描述】

绘制滚动轴承和圆柱螺旋弹簧。

【任务分析】

滚动轴承是一种支撑转动轴的组件,它具有摩擦小,结构紧凑的特点。滚动轴承是标准件,通过轴承的型号,从附录中查出相应的尺寸,按照规定画法中的比例进行绘制。

弹簧的用途很广,它主要用于减震、夹紧、测力、储存能量等方面。其特点是外力去除后能立即恢复原状。

圆柱螺旋弹簧的绘制,以自由高度和中径尺寸做出矩形,画出支撑圈,根据节距绘制弹簧剖面,再根据弹簧的旋向绘制簧丝。

【知识准备】

一、滚动轴承的结构及类型

滚动轴承的种类很多,但它们的结构大致相似,一般由外圈、内圈(或上圈、下圈)滚动体和保持架所组成(见图 6-53)。

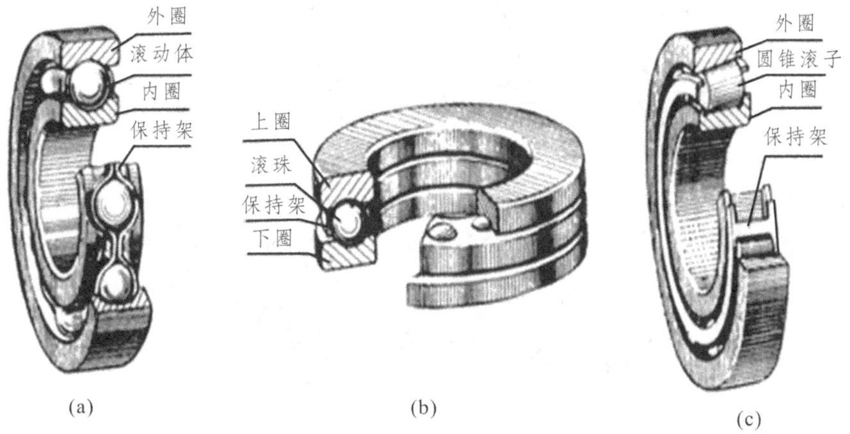

图 6-53　滚动轴承结构

常用的滚动轴承有:

(1)深沟球轴承:适用于承受径向载荷[见图 6-53(a)(根据 GB/T276—1994)]。

(2)推力球轴承:适用于承受轴向载荷[见图 6-53(b)(根据 GB/T301—1995)]。

(3)圆锥滚子轴承:适用于同时承受径向载荷和轴向载荷(见图 6-53(c)(根据 GB/T297—1994)]。

二、滚动轴承的画法规定

滚动轴承的画法分为简化画法和规定画法,一般在画图前,根据轴承代号从相应的标准中查出滚动轴承的外径 D、内径 d、宽度 B、T 后,按比例关系绘制。

国家标准规定了滚动轴承的简化画法(通用画法与特征画法)和规定画法。绘制滚动轴承时应遵守以下规则:

(1)各种符号、矩形线框和轮廓线均画粗实线。

(2)矩形线框或外形轮廓的大小应与滚动轴承的外形尺寸一致。

(3)用简化画法绘制滚动轴承时,应采用通用画法或特征画法。但在同一图样中一般只采用一种画法。

通用画法,可用矩形线框及位于线框中央正立的十字形符号来表示。十字形符号不应与矩形线框接触。

特征画法,可采用在矩形线框内画出其结构要素符号表示结构特征。

(4)在滚动轴承的产品样图、产品样本及说明书等图样中,可采用规定画法绘制。规定画法一般采用剖视图绘制在轴的一侧,此时,滚动体不画剖面线,其内外圈剖面线应画成同方向、同间隔;在轴的另一侧按通用画法绘制。

三、弹簧的种类

弹簧的种类很多,常见的弹簧有螺旋弹簧、平面蜗卷弹簧、板弹簧、片弹簧(见图 6-54)。

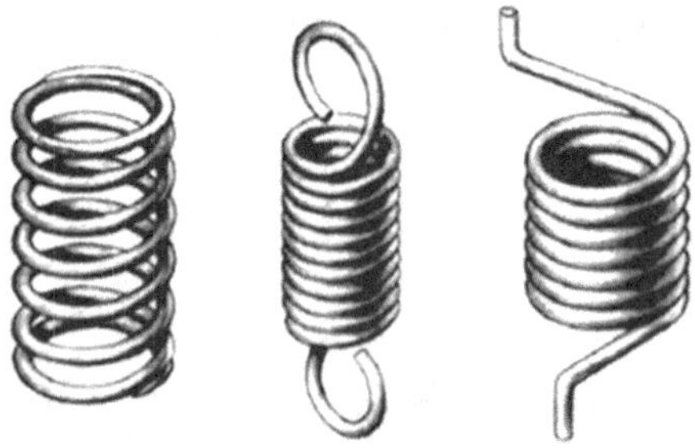

(a)

(b)

(c)

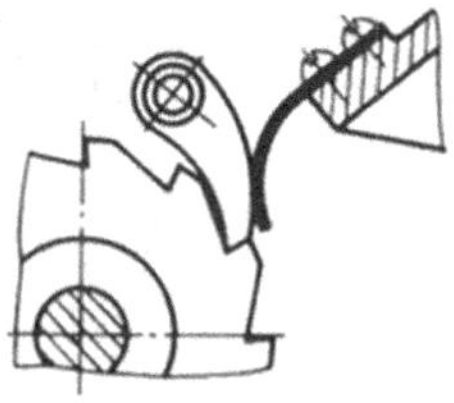

(d)

图 6-54 弹簧种类

(a)螺旋弹簧; (b)平面蜗卷弹簧; (c)板弹簧; (d)片弹簧

螺旋弹簧根据外形不同,分为圆柱螺旋弹簧和圆锥螺旋弹簧,而根据工作时承受外力的不同,还可分为压缩弹簧、拉伸弹簧和扭转弹簧。

弹簧虽不是标准件，但它的某些内容也有标准，如螺旋压缩弹簧的端部结构及代号、号、尺寸系列，技术要求以及画法和图样示例等均有标准。本节重点介绍应用员广的圆柱螺旋压缩弹簧的画法。

四、圆柱螺旋压缩弹簧的参数及尺寸关系

图 6－55 为圆柱螺旋压缩弹簧各部分尺寸及画法。

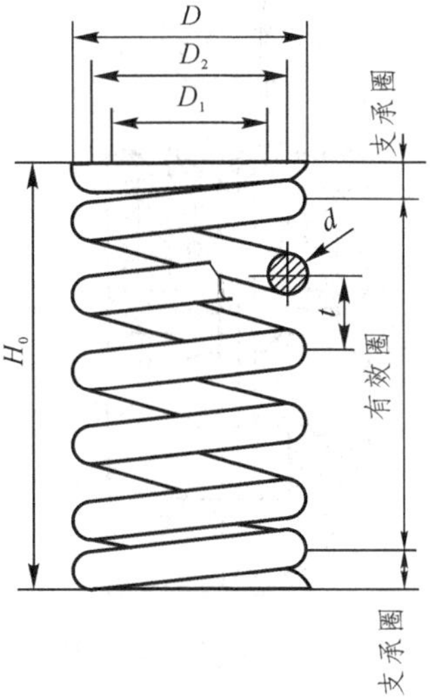

图 6－55　弹簧参数

图中：d——簧丝直径；

D——弹簧外径，弹簧的最大直径；

D_1——弹簧内径，弹簧的最小直径；

D_2——弹簧中径，弹簧的平均直径，$D_2=(D+D_1)/2$；

t——节距，指除弹簧支承圈外，相邻两圈的轴向距离；

n_0——支承圈数，弹簧两端起支承作用，不起弹力作用的圈数，一般为 1.5、2、2.5 圈三种，常用 2.5 圈；

n——有效圈数，除支承圈外，保持节距相等的圈数；

n_1——总圈数，支承圈与有效圈之和，即 $n_1=n_0+n$；

H_0——自由高度，弹簧在没有负荷时的高度，即 $H_0=nt+(n_0-0.5)d$；

L——簧丝长度，弹簧钢丝展直后的长度，$L=n_1\sqrt{(nD_2)^2+t^2}$。

螺旋弹簧分为左旋和右旋两类。

五、圆柱螺旋压缩弹簧画法的基本规定

(1)平行于轴线视图中，各圈的轮廓用直线来代替螺旋线的投影[见图 6－56(a)]。

(2)左旋弹簧可以画成左旋或右旋，但要加注“左”字。

(3)有效圈数为四圈以上的螺旋弹簧，可以只画两端的一两圈，中间各圈可省略[见图 6－56(b)]。

(2)装配图中画螺旋弹簧时,在剖视图中弹簧后面的零件按不可见处理,如图 6-56(a)所示;当簧丝直径小于 2 mm 时,簧丝剖面全部涂黑,如图 6-56(b)所示;小于 1 mm 时,可用示意画法表示,如图 6-56(c)所示。

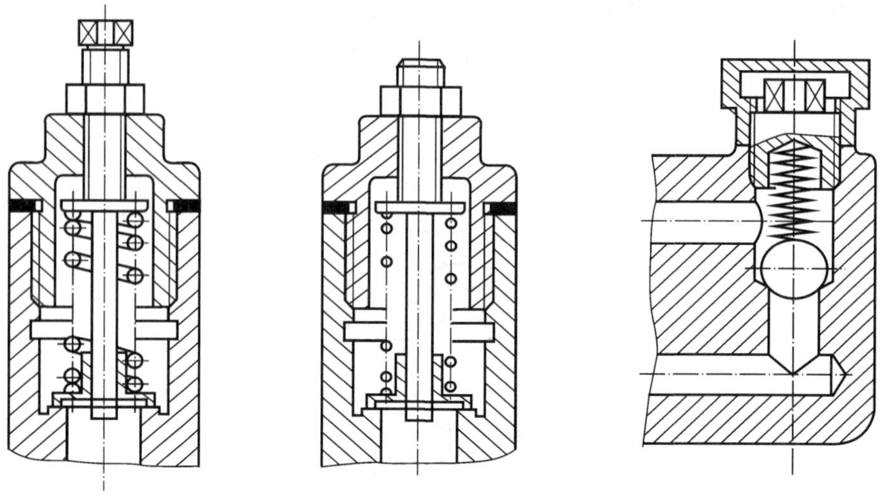

(a) (b) (c)

图 6-56 装配中弹簧画法

【任务实施】

滚动轴承与圆柱螺旋弹簧的绘制。

(一)滚动轴承简化画法绘制

1. 通用画法绘制

通用画法是最简便的一种画法,如图 6-57 所示。在装配图的剖视图中,当不需要表示其外形轮廓、载荷特性和结构特征时,采用图 6-57(a)的画法;当需要确切表示其外形时,采用图 6-57(b)的画法,图 6-57(c)给出了通用画法的尺寸比例。

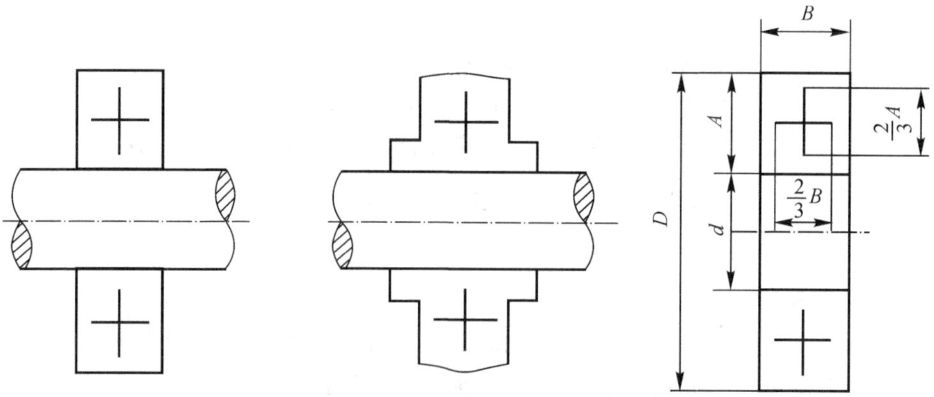

(a) (b) (c)

图 6-57 滚动轴承的通用画法

2. 滚动轴承特征画法 绘制

特征画法即可形象地表示滚动轴承的结构特征，又可给出装配指示，比规定画法简便，见表 6-5。

表 6-5　滚动轴承的简化画法和规定画法的尺寸比例

轴承名称及代号	规定画法/通用画法	特征画法
深沟球轴承 6000 型	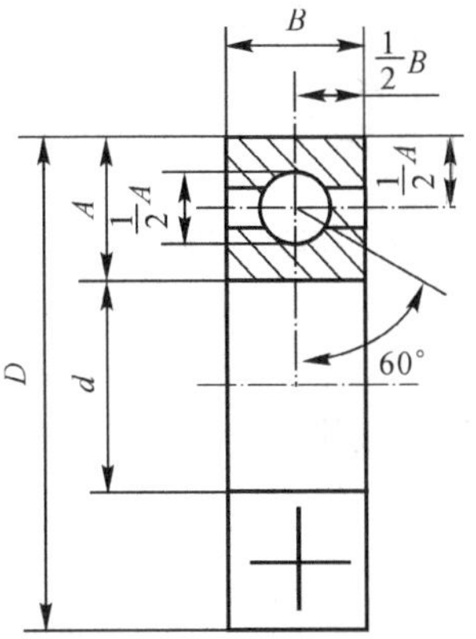	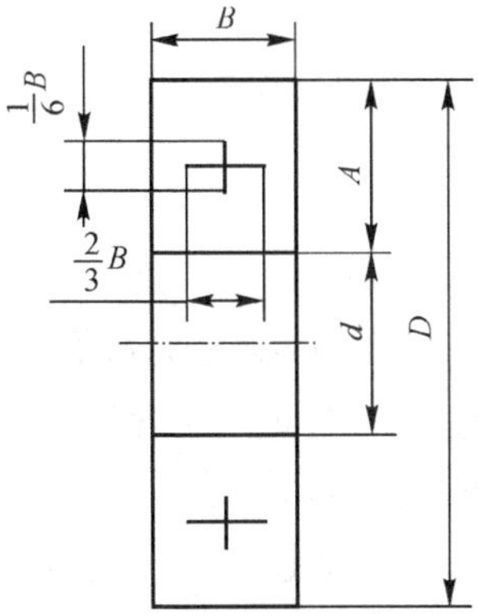
推力球轴承 50000 型	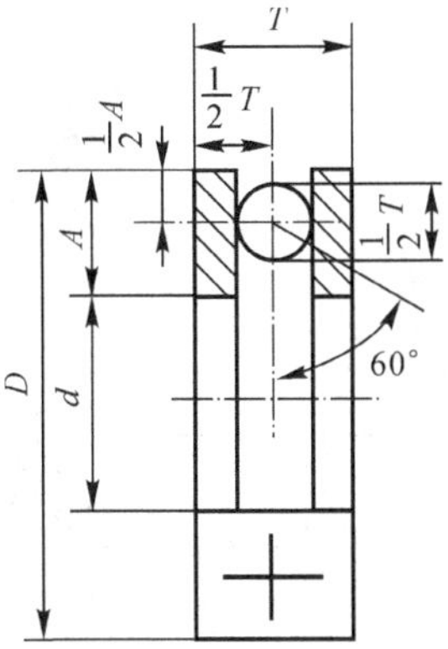	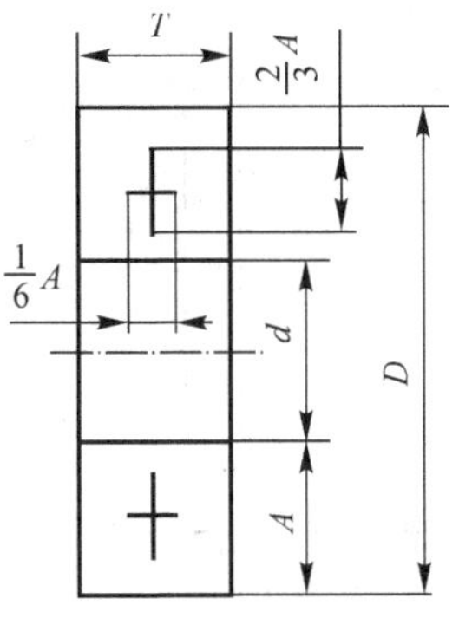
圆锥滚子轴承 30000 型	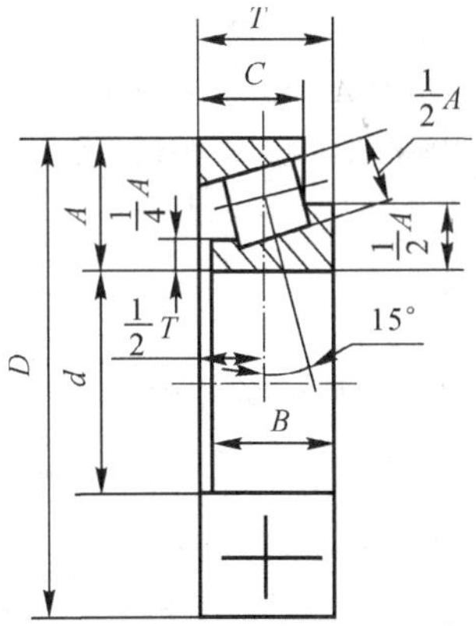	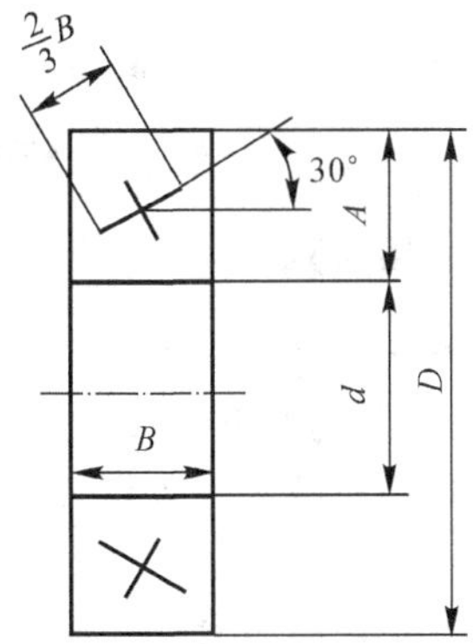

注：规定画法/通用画法一列中，图样以轴线为界，上半部分为规定画法，下半部分为通用画法。

在垂直于轴线的投影面的视图中,无论滚动体的形状及尺寸如何,均只画出内、外两个圆和一个滚动体,如图 6-58 所示。

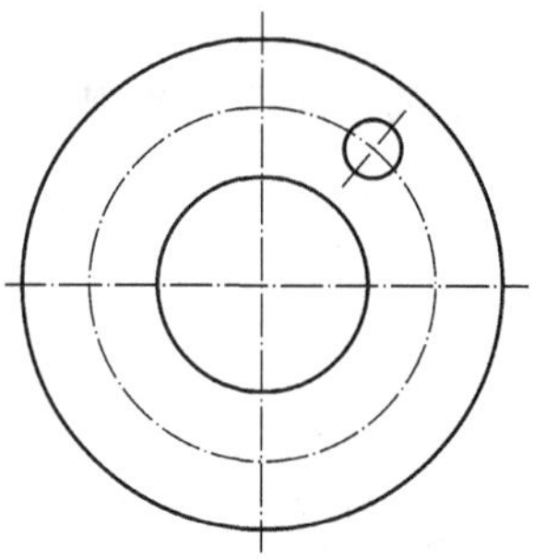

图 6-58　滚动轴承端视图的特征画法

(二)滚动轴承规定画法绘制

规定画法接近于真实投影,但不完全是真实投影,规定画法一般画在轴的一侧,另一侧按通用画法绘制,见表 6-4 的上半部分。

(三)单个弹簧的画法的绘制

弹簧的作图步骤如图 6-59 所示。

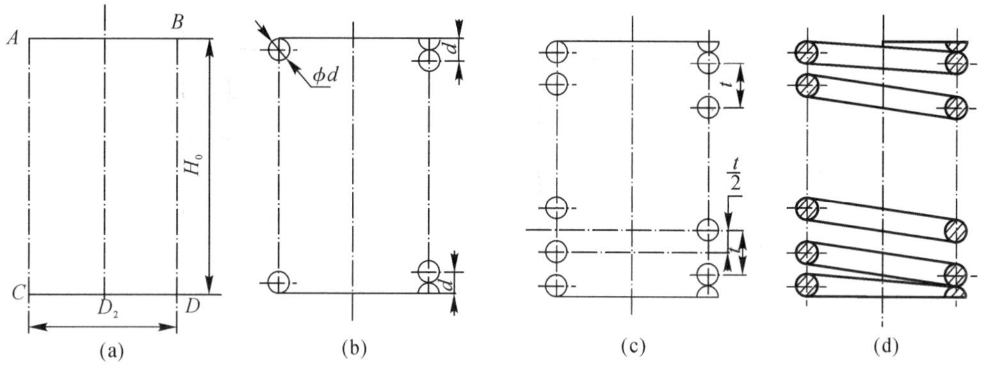

图 6-59　弹簧的画图步骤

(a)以自由高度 H_0 和中径 D_2 作矩形 $ABDC$；(b)画出支承圈；(c)根据节距 t 作簧丝剖面；(d)按右旋方向作簧丝剖面的切线、校对、加深、画剖面线

【知识拓展】

1. 滚动轴承的代号

滚动轴承的类型和尺寸很多,为了便于设计、生产和选用,我国在 GB/T 272—1993 中规定,一般用途的滚动轴承代号由基本代号、前置代号和后置代号构成,其排列顺序为

前置代号　基本代号　后置代号

(1)基本代号。基本代号表示轴承的基本类型、结构和尺寸,是轴承代号的基础。除滚动轴承外,基本代号由轴承类型、尺寸系列代号及内径代号构成。

1)类型代号。滚动轴承的类型代号用数字或大写拉丁字母表示,见表 6-6。

表 6－6　滚动轴承类型代号

代　号	轴承类型	代　号	轴承类型
0	双列角接触球轴承	N	圆柱滚子轴承
1	调心球轴承		双列或多列用字母 NN 表示
2	调心滚子轴承和推力调心滚子轴承	U	外球面球轴承
3	圆锥滚子轴承	QJ	四点接触球轴承
4	双列深沟球轴承		
5	推力球轴承		
6	深沟球轴承		
7	角接触球轴承		
8	推力圆柱滚子轴承		

注：在表中代号后或前加字母或数字表示该类轴承的不同结构。

2)尺寸系列代号。轴承的尺寸系列代号由轴承宽(高)度系列代号和直径系列代号组合而成。组合排列时，宽度系列在前，直径系列在后，见表 6－7。

表 6－7　尺寸系列代号

直径系列代号	向心轴承								推力轴承			
	宽度系列代号								高度系列代号			
	8	0	1	2	3	4	5	6	7	9	1	2
	尺寸系列代号											
7	—	—	17	—	37	—	—	—	—	—	—	—
8	—	08	18	28	38	48	58	68	—	—	—	—
9	—	09	19	29	39	49	59	69	—	—	—	—
0	—	00	10	20	30	40	50	60	70	90	10	—
1	—	01	11	21	31	41	51	61	71	91	11	—
2	82	02	12	22	32	42	52	62	72	92	12	22
3	83	03	13	23	33	—	—	—	73	93	13	23
4	—	04	—	24	—	—	—	—	74	94	14	24
5	—	—	—	—	—	—	—	—	—	95	—	—

3)内径代号。内径代号表示轴承公称内径的大小，其表示方法见表 6－8。

表 6－8　滚动轴承内径代号

轴承公称内径/mm		内径代号	示　例
10～17	10	00	深沟球轴承　62 00 d＝10 mm
	12	01	
	15	02	
	17	03	

续表

轴承公称内径/mm	内径代号	示　例
20～480(22,28,32 除外)	公称内径除以 5 的商数,商数为个位数,需在商数左边加“0”,如 08	调心滚子轴承 232 08 d=40 mm
大于和等于 500 以及 22,28,32	用公称内径毫米数直接表示,但与尺寸系列之间用“/”分开。	调心滚子轴承 230/500　d=500 mm; 深沟球轴承 62/22　d=22 mm

滚动轴承的基本代号一般由五个数字组成,如图 6-60 所示。

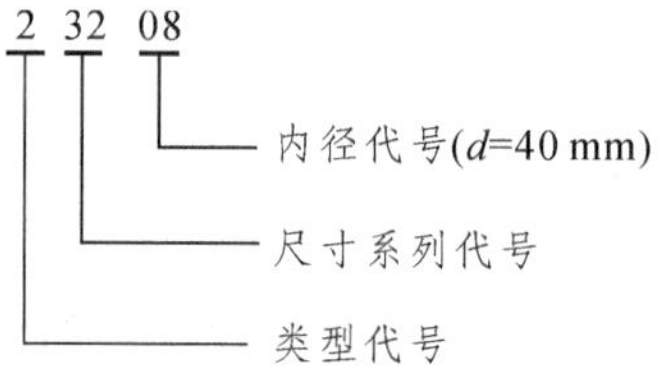

图 6-60　滚动轴承的基本代号

(2)前置、后置代号。前置、后置代号是轴承在结构形状、尺寸、公差、技术要求等有改变时,在其基本代号左右添加的补充代号,其排列见表 6-9。

表 6-9　前置、后置代号的排列

轴承代号									
前置代号	基本代号	后置代号(组)							
		1	2	3	4	5	6	7	8
成套轴承分部件		内部结构	密封与防尘套圈变型	保持架及其材料	轴承材料	公差等级	游隙	配置	其他

2. 圆柱螺旋压缩弹簧的标记

根据 GB/T 2089—1994 规定,圆柱螺旋压缩弹簧的标记由名称、型式、尺寸、精度及旋向、标准编号、材料牌号以及表面处理组成,其标记格式如下:

名称 型式 $d\times D_2\times H_0$—精度代号　旋向　标准编号—表面处理

标记示例:圆柱螺旋弹簧,A 型,型材直径为 3 mm,中径为 20 mm,自由高度为 80 mm,制造精度为 2 级,材料为碳素弹簧钢丝 B 级,表面镀锌处理,左旋。其标记为

Y A 3×20×80—2 左 GB/T2089—1994　B 级—DoZn

注:按 3 级精度制造时,3 级不标注。

【学习小结】

通过本情景的学习,学生应该理解、领悟、掌握以下知识点:

(1)标准件和常用件的功能、结构及基本参数。

(2)标准件和常用件国家标准规定的画法及标记。

(3)通过手册如何来选用相关标准件和常用件。

【自我评估】

(1)找出图 6-61 中的错误,并画出正确的图形。

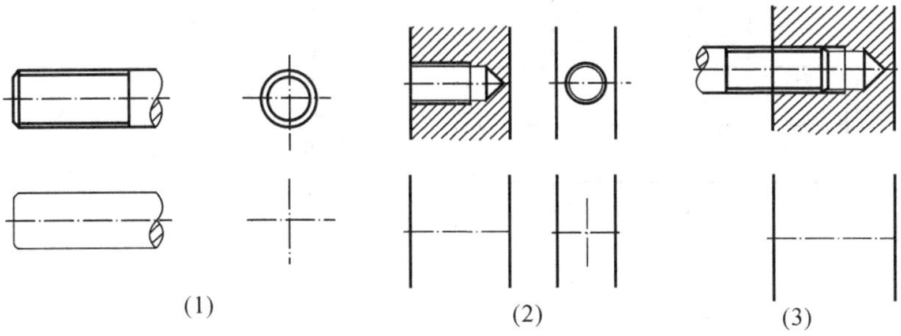

图　6-61

(2)按规定画法完成图 6-62 中螺栓的连接。

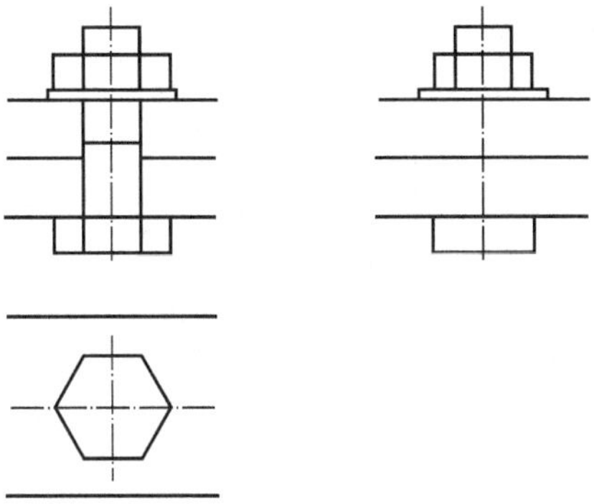

图　6-62

(3)已知大齿轮 $m=4$、$z=40$,两轮中心距 $a=120$,试计算大、小齿轮的基本尺寸,并用 1∶2 的比例完成啮合图(见图 6-63)。

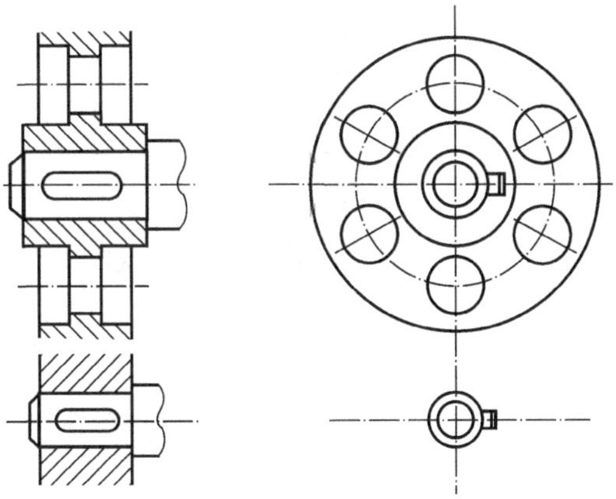

图　6-63

(4)完成键连接图(见图 6-64),已知轴直径 20 mm,键长 24 mm。

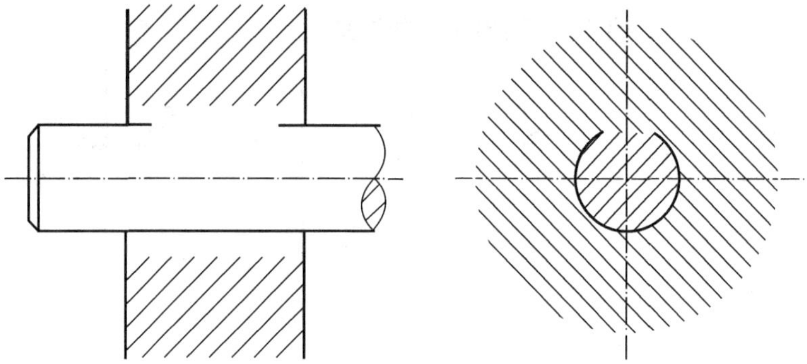

图 6-64

学习情境七　零件图与装配图

【学习目标】

(1)了解零件、零件上的常见结构、装配体及其关系。

(2)熟悉零件图视图选择的原则，装配图的规定画法、常见的特殊表达方法和简化画法。

(3)掌握零件图和装配图的作用、内容、技术要求。

(4)掌握阅读零件图和装配图的方法和步骤。

(5)编写装配图零部件序号及明细栏。

(6)能正确拆卸及装配减速器并制定测绘方案。

任务一　齿轮泵体的零件图

【任务描述】

能够读懂齿轮泵体的零件图并能够绘制出齿轮轴

【任务分析】

学习零件图的基本知识，了解零件图的视图选择，能够根据实体画出零件草图及零件图。掌握尺寸基准选择及尺寸标注的合理性、表面粗糙度、形位公差、尺寸测量和结构分析并读图。

【知识准备】

一、概述

(一)零件与装配体

要制造机器，首先应依据零件图制作零件。由零件装配成机器、设备时，往往根据不同的组合要求和工艺条件分成若干个装配单元，称为部件。为便于叙述，我们将机器、设备或其部件统称为装配体。

从结构和制造的角度分析，装配体由零件装配而成，制造装配体时，必须先制造出组成装配体的所有零件。从功用和设计角度来看，装配体的功用是由组成装配体的零件来体现的，即每一个零件在装配体中都担当一定的功用。图 7－1 所示的是安装在专用铣床上的一个部件，称为铣刀头，该装配体由座体、轴、带轮等十几种零件装配而成。铣刀头的功用是用于铣削端面，电机带动带轮转动时，通过轴则带动铣刀旋转，从而可铣削工件。

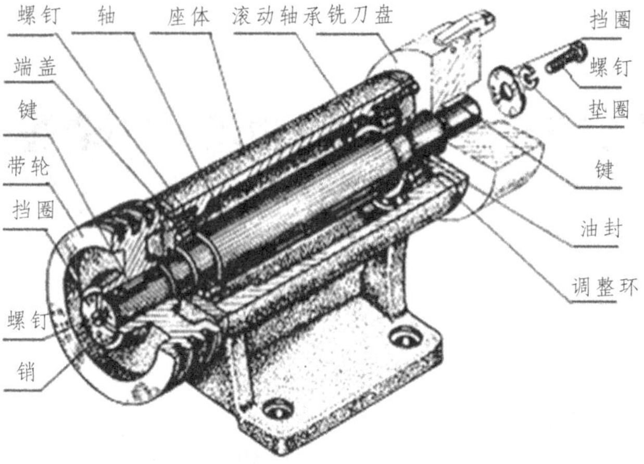

图 7-1　铣刀头轴测图

零件图是指导零件的加工制造、检验的技术文件。根据零件其功能和结构形状的特点，大致可分为4种类型：轴套类如图7-2(a)所示，叉架类如图7-2(b)所示，轮盘类如图7-2(c)所示，壳体类如图7-2(d)所示。

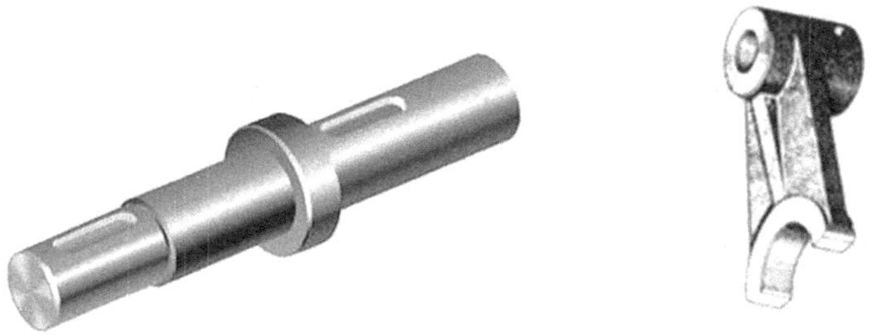

(a)　(b)

图 7-2　零件图的类型

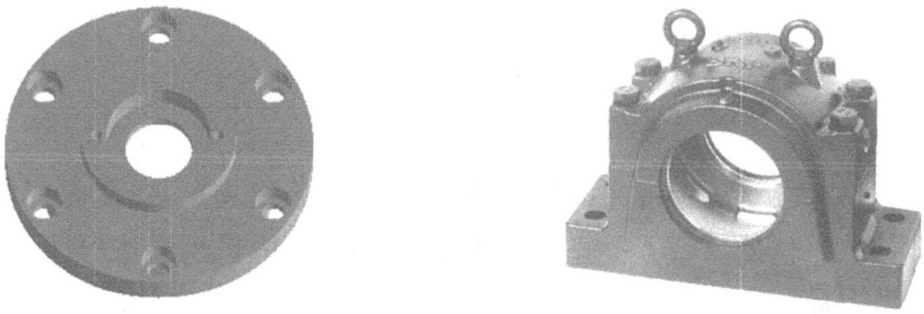

(c)　(d)

续图 7-2　零件图的类型

(二)零件图的作用

零件是组成机械或部件的基本单位。零件图是用来表示零件形状、结构、大小及技术要求的图样，是指导制造和及检验零件的重要技术文件。除标准件外，其余零件均应绘制零件图。

图 7－3 是轴承座体的零件图，它表示了座体的结构形状、大小和要达到的技术要求。制造该零件时要经过铸造、切削及热处理等加工过程，每道工序都要依据该零件图进行，最后还要依据零件图对零件进行质量检验。因此，零件图应反映零件在生产过程中的全部要求。

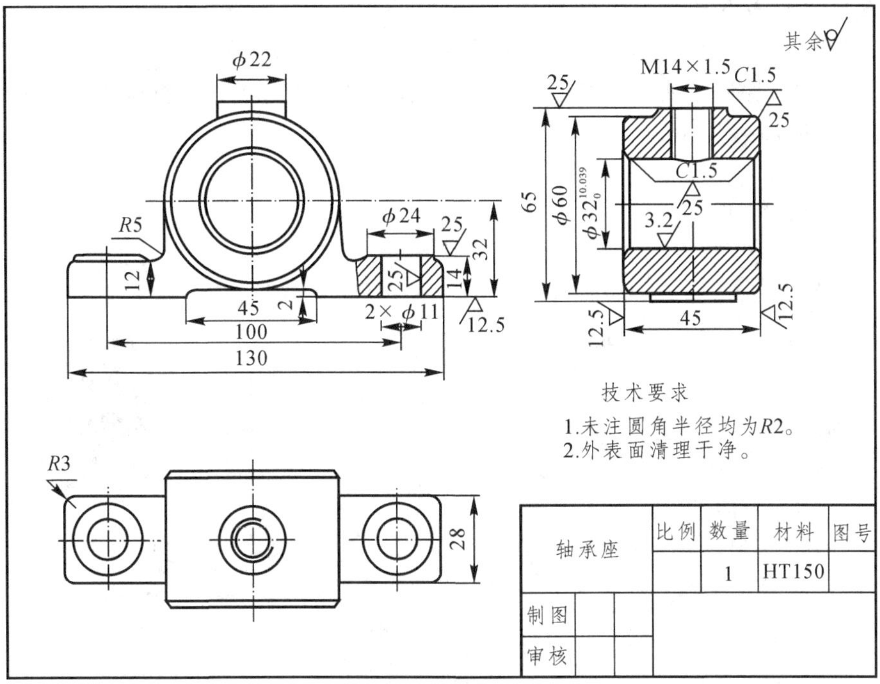

图 7－3　轴承座零件图

(三)零件图的内容

以图 7－3 轴承座零件图为例。零件图一般包括下列内容：

(1)一组视图。包括视图、剖视图、断面图等表达方式，用于正确、完整、清晰的表达零件的形状结构。

(2)完整的尺寸。正确、完整、清晰、合理的标注出制造、检验零件的全部尺寸。

(3)技术要求。用规定的符号、数字及文字说明零件在制造和检验过程中应达到的各项技术要求。如尺寸公差、形状和位置公差、表面粗糙度、材料的热处理与表面处理要求等。

(4)标题栏。用于填写出零件名称、材料、重量、数量、绘图比例、有关人员的签名及日期等。

二、零件图视图的选择

零件图的视图选择，应首先考虑看图方便。根据零件的结构特点，选用适当的表示方法。在完整、清晰的前提下，力求制图简便。确定表达方案时，首先应合理地选择主视图，然后根据零件的结构特点和复杂程度恰当地确定其他视图。

(一)主视图的选择

选择主视图包括选择主视图的投射方向和确定零件的安放位置，应遵循以下几个原则：

1. 选择主视图的的投射方向

形体特征原则：即将最反映零件形状特征的方向作为主视图的投影方向。

2. 选择主视图的位置

所谓主视图的位置，即是零间的摆放位置。应该考虑一下几个原则：

(1)工作位置原则。所选择的主视图的位置，应尽可能与零件在机械或部件中的工作位置相一致，如图 7－4 所示。

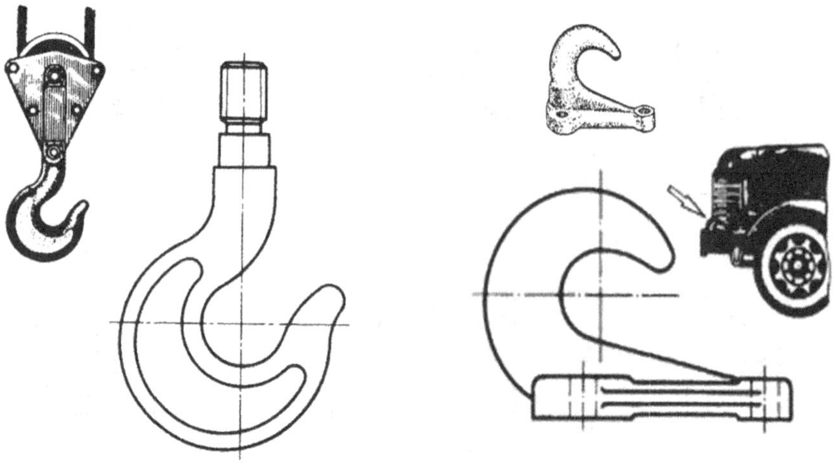

图 7－4　吊钩的工作位置

(2)加工位置原则。零件图的作用是用于指导制造零件，因此主视图所表示的零件位置应尽量和该零件的主要工序的装夹位置一致，以便读图，如图 7－5 所示。

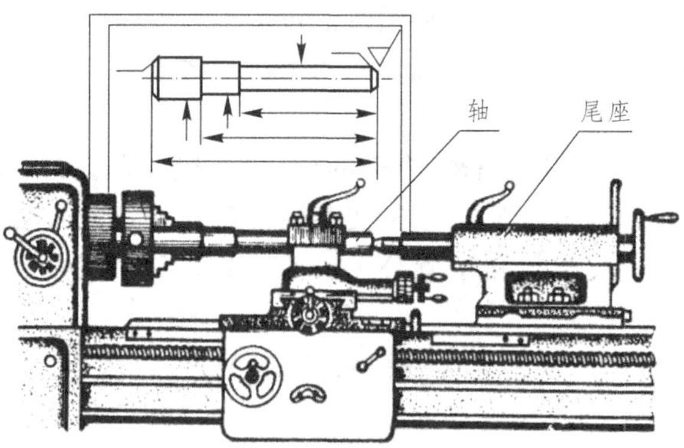

图 7－5　轴的加工位置

(3)自然摆放稳定原则。如果零件的工作位置不固定，或者零间的加工工序较多而且加工位置多变时，可以按照它的自然摆放平稳的位置为主视图的位置。

在选择主视图时，应当根据零件的具体结构加工、使用情况加以综合考虑。其中，以反映形状特征原则为主，并尽量做到符合加工位置和工作位置，如图 7－6 所示。

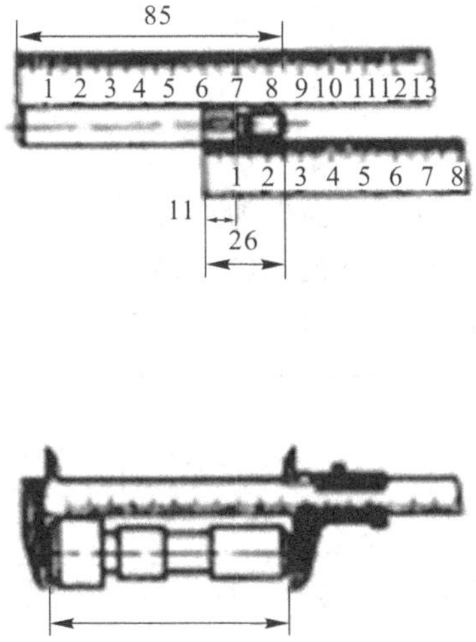

图 7－6　自然安放位置原则

(二)其他视图的选择

一个零件，仅有一个主视图而不附加任何说明是不可能确切表达其结构形状的。零件形状通常需要通过一组视图来表达。因此，主视图确定后，要分析该零件还有哪些形状结构没有表达完全，还需要增加哪些视图。对每一视图，还要根据其表达重点，确定是否采用剖视或其他表达方法。

(1)视图数量以及表达方法的选择：应根据零件的具体结构特点和复杂程度而定，是学习情境五所学习的各种表达方法的综合运用。

(2)表达零件的原则：完整、简洁、清晰。

所谓“完整”，就是要把零件的整体和每一结构的内外形状以及各结构的位置确切表达出来。一般来说，一个结构的形状至少需要两个投影才能表达完整。但有时结合带有特征内涵的符号(如“Φ”“$S\Phi$”“t”“C”“M”以及“↧”“⌴”“⌵”“□”“EQS”等)的尺寸标注，或采用简化表示法，可以减少视图的数量。

所谓“简洁”，就是在表达完整的前提下尽量简明扼要。视图数量尽量少，使所选的每个视图都有其存在的必要性；根据表达目的和零件结构特点“对症下药”，选择最恰当的表达方法；尽量避免不必要的重复表达，特别是要善于通过适当的表达方法避免复杂而不起作用的投影；提倡运用标准规定的简化画法，以简化作图。

所谓“清晰”，就是所选表达方案不但把零件表达完整，而且要最大限度地考虑便于读图，做到重点突出。“清晰”与“简洁”既是统一的，有时又是矛盾的。应处理好集中表达与分散表达，不应单纯追求少选视图而增加读图困难。应尽量避免使用虚线表达零件的轮廓，但在不会造成读图困难时，可用少量虚线表示尚未表达完整的局部结构，以减少一个视图。还应考虑为尺寸、粗糙度、形位公差等提供清晰地标注的空间。

零件的视图选择是一个具有灵活性的问题,同一零件可以有多种表达方案。每一方案可能各有其优缺点。在选择时应设想几种方案加以比较,力求用较好的方案将零件表达清楚。

(三)典型零件的表达方法

1. 轴套类零件的表达方法

一般将轴线水平放置,垂直轴线方向作为主视图的投射方向。主视图上应能看到键槽或孔的投影,并对其作断面图或局部剖视,也可以加上必要的局部视图或向视图。对于套类零件,主视图多采用水平放置的全剖视图,如图 7－7 所示。

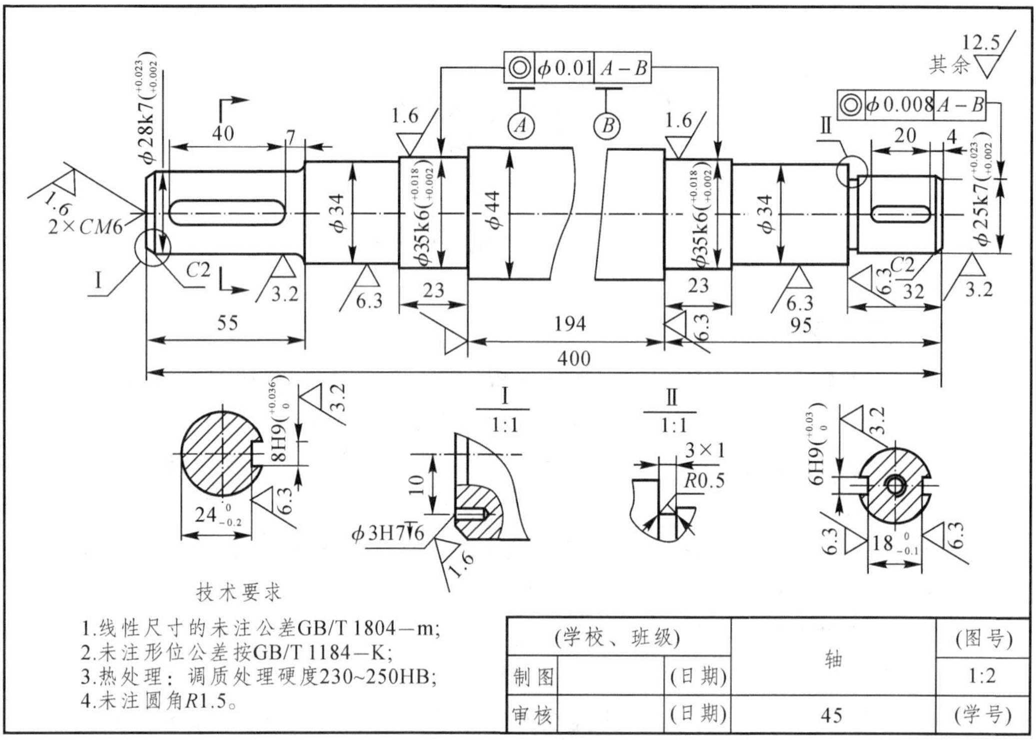

图 7－7　轴类零件

2. 轮盘类零件

其主视图按加工位置将轴线水平放置并画成全剖,为了表达端盖上的螺纹孔等结构的形状和分布情况,可采用左视图或右视图,有些局部结构还常用移出断面或局部放大图表示,如图 7－8 所示。

3. 叉架类零件

叉架类零件一般形状比较复杂,大多是铸件或锻件,扭拐部位较多,肋及凸块等也较多。主视图可按形状特征或主要加工位置来表达,但其主要轴线或平面应平行或垂直于投影面,视图往往不少于两个。局部视图或断面图较多,斜剖视图及局部视图也较多,如图 7－9 所示。

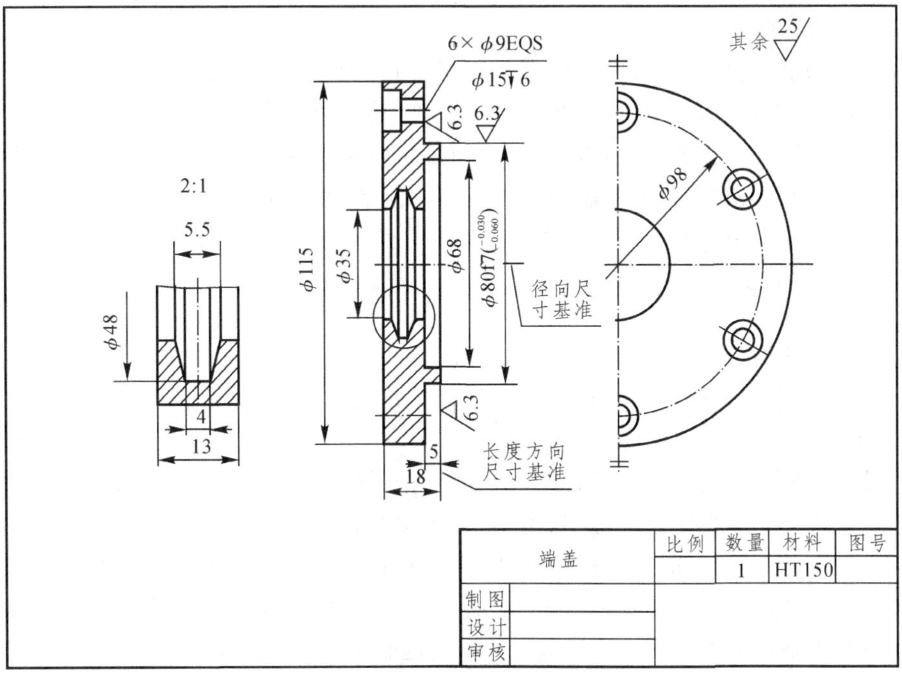

图 7－8　盘类零件

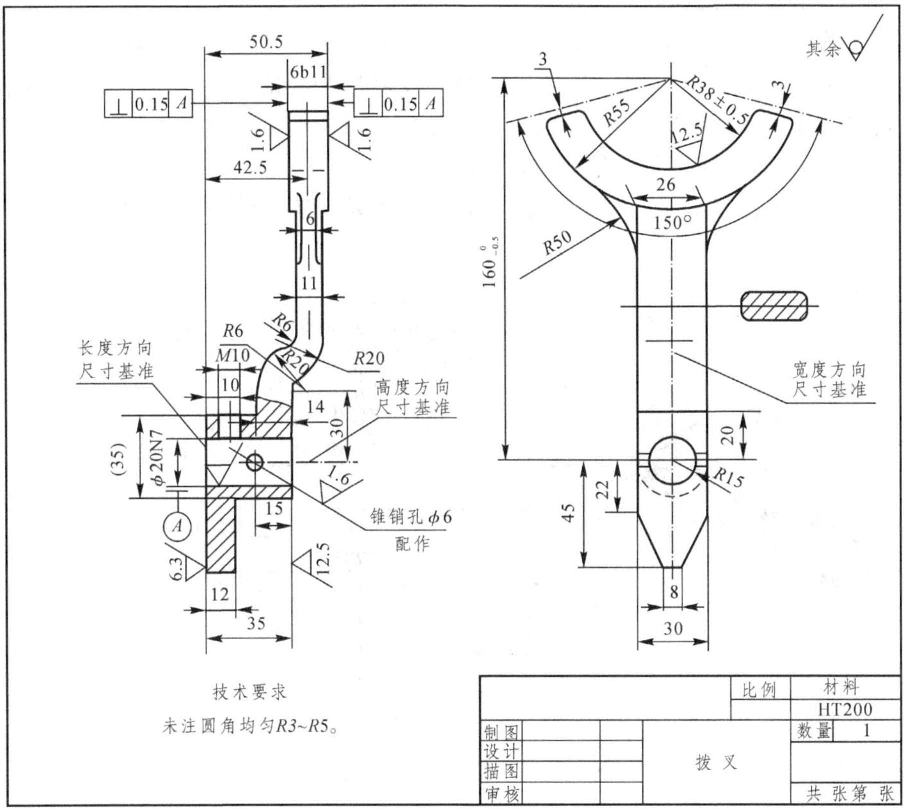

图 7－9　叉架类零件

4. 箱体类零件

主视图常常按工作位置及形状特征来选择,同时为了表达内部形状,常采用剖视图。一般需三个以上基本视图或向视图。当零件的外部、内部结构都较复杂,其投影并不重叠时,常采用局部剖视;投影重叠时,外部、内部结构形状应采用视图和剖视分别表达;对细小结构可采用局部视图、局部剖视图和断面图来表达,如图 7-3 所示。

三、零件图上的尺寸标注

(一)零件图尺寸标注的基本步骤

1. 尺寸基准的确定

零件的尺寸基准是指零件在设计、加工、测量和装配时,用来确定尺寸起始点的一些面、线或点。

(1)设计基准和工艺基准。设计基准是指根据零件的结构和设计要求而选定的尺寸起始点;工艺基准是指根据零件在加工、测量、安装时的要求而选定的尺寸起始点。

(2)主要基准和辅助基准。任何一个零件都有长、宽、高三个方向(或轴向、径向两个方向)的尺寸,每个方向的尺寸至少有一个基准,这三个基准就是主要基准。必要时还可以增加一些基准,即辅助基准。要注意的是:主要基准和辅助基准之间一定要有尺寸联系,主要基准应尽量为设计基准同时也为工艺基准,辅助基准可为设计基准或工艺基准。

选择尺寸基准,应把握以下几点:

1)零件的长、宽、高三个方向,每一方向至少应有一个尺寸基准。若有几个尺寸基准,其中必有一个主要基准,其余为辅助基准。注意主要基准和辅助基准之间要有一个联系尺寸。

2)决定零件在装配体中的理论位置,且首先加工或画线确定的对称面、装配面(底面、端面)以及主要回转面的轴线等常作为主要基准。

3)应尽量使设计基准与工艺基准重合,以减少因基准不一致而产生的误差。

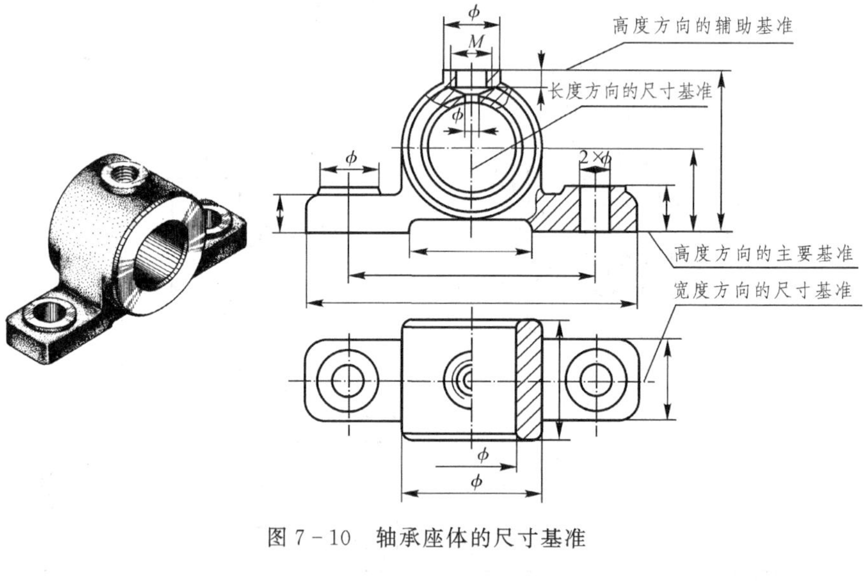

图 7-10　轴承座体的尺寸基准

如图 7-10 所示的轴承座,其底面决定着轴承孔的中心高,而中心高是影响工作性能的主要尺寸。由于轴一般是由两个轴承座来支承，为使轴线水平，两个轴承座的支承孔必须等高。同时轴承座底面是首先加工出来的，因此在标注轴承座的高度方向尺寸时，应以底面作为主要基准。而轴承座上部螺孔的深度是以上端面为基准标注的。这样标注便于加工时测量，因此是工艺基准。长度方向和宽度方向以对称面为基准，对称面通常既是设计基准又是工艺基准。

2. 标注定位、定形尺寸

从基准出发，标注定位、定性尺寸有以下几种形式。

(1)链状式。零件同一方向的几个尺寸依次首尾相连，称为链状式。链状式可保证各端尺寸的精度要求，但由于基准依次推移，使各端尺寸的位置误差受到影响，如图 7－11 所示

(2)坐标式。零件同一方向的几个尺寸由同一基准出发，称为坐标式。坐标式能保证所注尺寸误差的精度要求，各段尺寸精度互不影响，不产生位置误差积累，如图 7－12 所示。

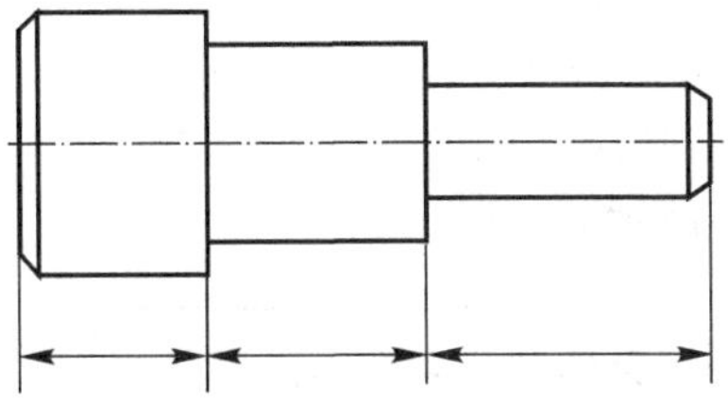

图 7－11　链状尺寸注法

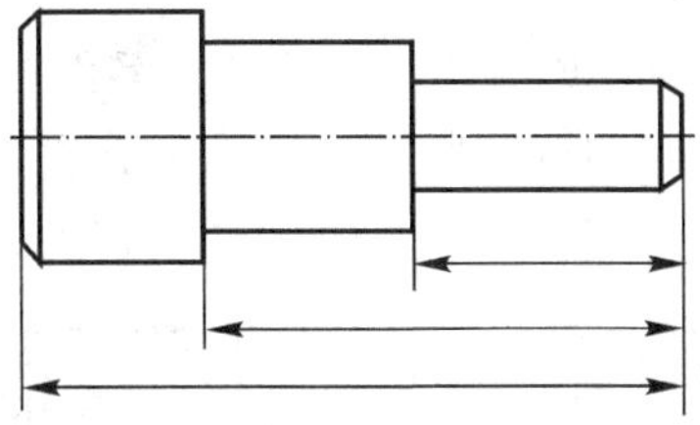

图 7－12　坐标式尺寸注法

(3)综合式。零件同方向尺寸标注既有链状式又有坐标式标注的，称为综合式，如图 7－13 所示。此种形式既能保证零件一些部位的尺寸精度，又能减少各部位的尺寸位置误差积累，在尺寸标注中应用最广泛。

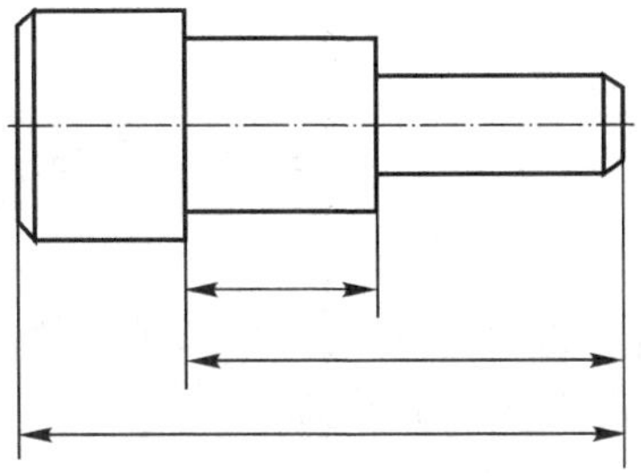

图 7－13　综合式尺寸注法

(二)合理标注尺寸应满足的要求

1. 满足设计要求

(1)主要尺寸(所谓主要尺寸是指零件的性能尺寸和影响零件在机器中工作精度、装配精度等的尺寸)应从基准出发直接注出，以保证加工时达到设计要求，避免尺寸之间的换算。例如图 7－14 中轴承孔的高度 a 是影响轴承座工作性能的主要尺寸，加工时必须保证其加工精度，所以应直接以底面为基准标注出来，而不能将其代之为 b 和 c。因为在加工零件过程中，尺寸总会有误差，如果注写 b 和 c，由于每个尺寸都会有误差，两个尺寸加在一起就会有积累误

差,不能保证设计要求。同理轴承座底板上二螺栓孔的中心距 l 应直接注出,而不应注 e。

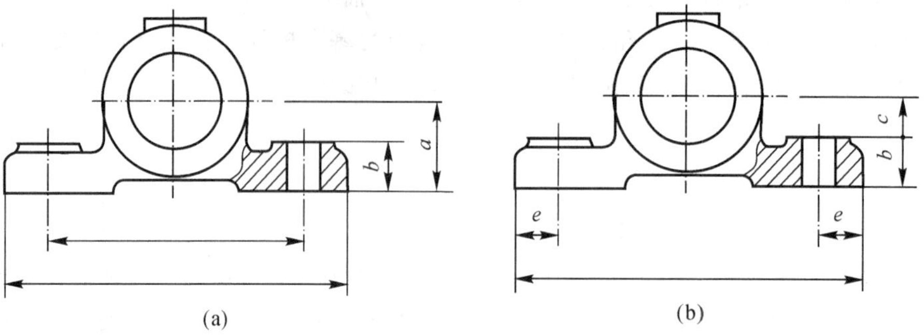

图 7-14 主要尺寸直接注出
(a)正确; (b)错误

(2)避免注成封闭的尺寸链。零件在加工时必然出现尺寸误差,因此不能标注成封闭尺寸链,如图 7-15(a)所示。为了保证重要尺寸,常将尺寸链中的一个最不重要的尺寸不注,使尺寸误差都累积到这个尺寸上,如图 7-15(b)所示。

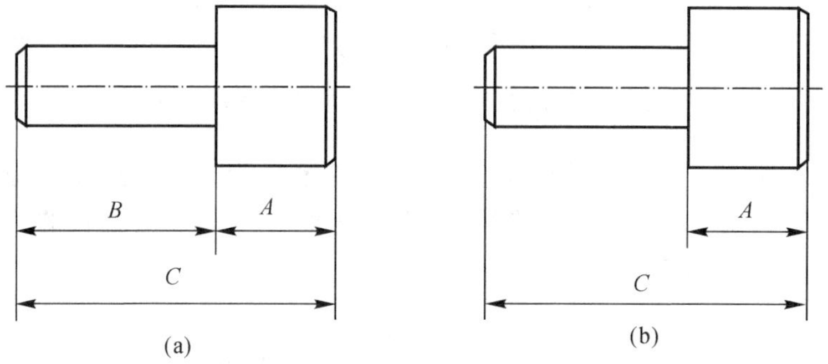

图 7-15 不能注成封闭尺寸链

2. 满足工艺要求

(1)按加工顺序标注尺寸,既便于看图,又便于加工测量,从而保证工艺要求。图 7-16(a)所示为一端加工,图 7-16(b)所示为两端加工。

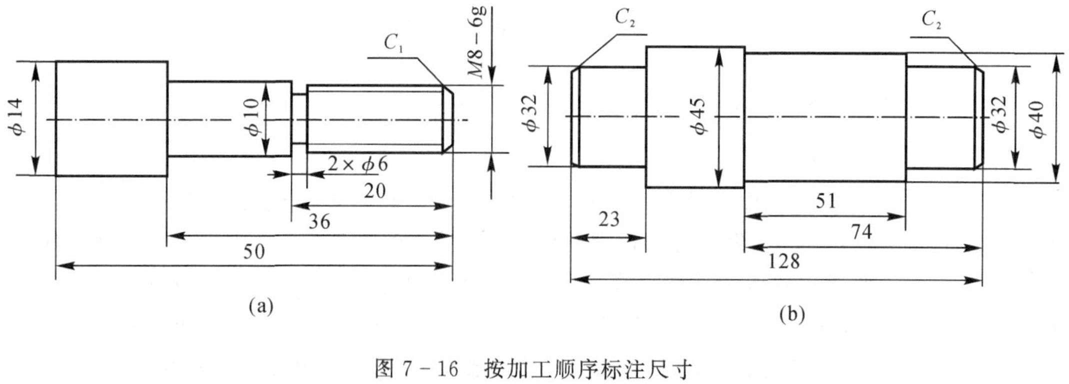

图 7-16 按加工顺序标注尺寸

(2)考虑加工方法,用不同工种加工的尺寸应尽量分开标注,这样配置的尺寸清晰,便于加工时看图,如图 7-17(a)所示。轴上的退刀槽应直接注出槽宽,以便选择车刀,如图 7-17(b)所示,图 7-17(c)为错误注法。

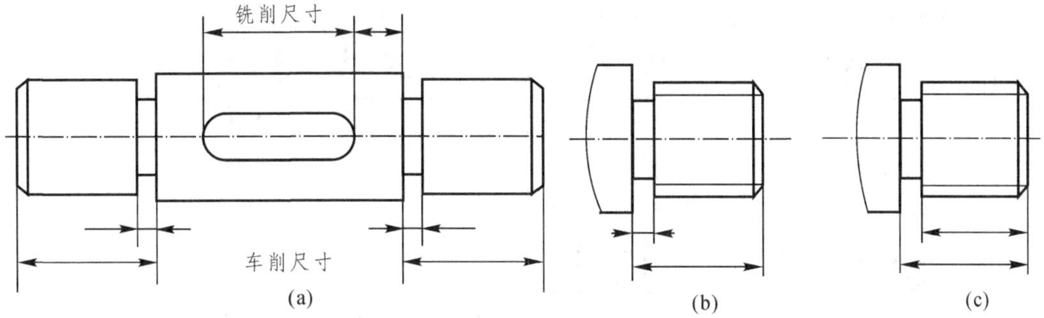

图 7-17　按不同的加工方法分开标注尺寸

(3)尺寸标注应考虑测量的方便与可能。图 7-18 所示套筒中,尺寸 a 测量不方便,应改注图中的尺寸 b。又如图中所示轴上键槽,为表示其深度,注 a 无法测量,而注 b 则便于测量。

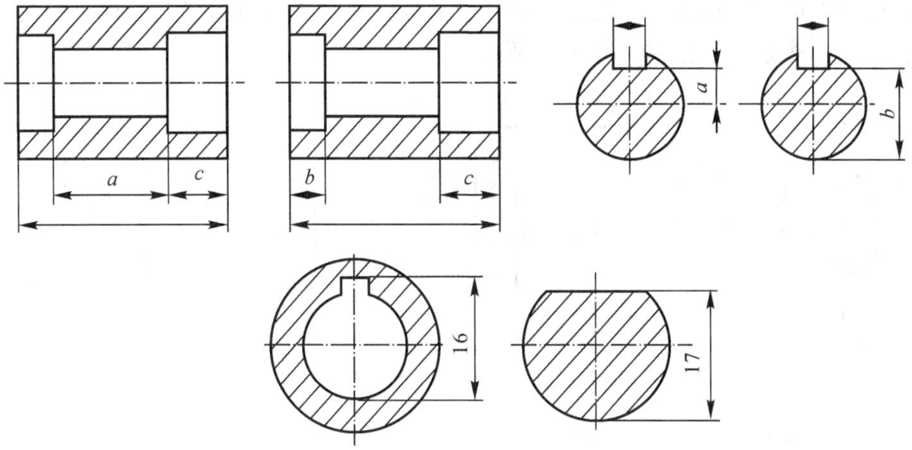

图 7-18　套筒尺寸标注

(三)零件上的常见结构及其尺寸注法

1. 倒角和倒圆

为了便于装配和操作安全,在轴端或孔口常常加工出倒角。倒角通常为 45°,必要时可采用 30°或 60°。45°倒角采用“宽度× 角度”的形式标注在宽度尺寸线上或从 45°角度线引出标注,但非 45°倒角必须分别直接注出角度和宽度,如图 7-19(a)～(d)所示。

45°倒角可用符号“C”表示,并允许省略不画。如图 7-19(e)、(f)所示,其中“C1”表示 1×45°倒角,“2×C1”表示左右两端均为 1×45°倒角。

在阶梯轴或阶梯孔的大小直径变换处,常加工成圆角环面过渡,称为倒圆,如图 7-19

(g)所示。倒圆结构可以减小转折处的应力集中,增加强度。倒角宽度和倒圆半径通常较小,一般在 0.5～3 mm 之间,其尺寸系列及数值选择可查阅有关手册。

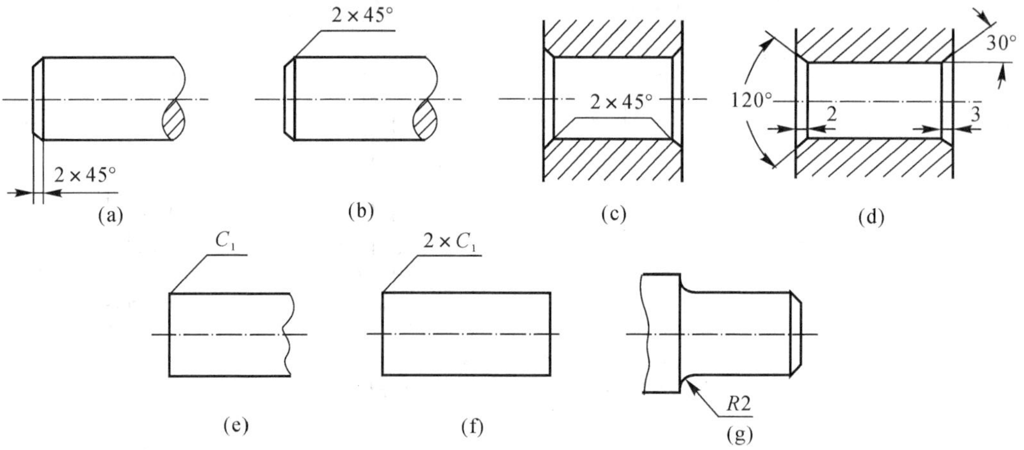

图 7-19　倒角和倒圆

2. 退刀槽

在进行切削加工时,常在待加工表面的台肩处预先加工出退刀槽。一般可按“槽宽×直径”或“槽宽×槽深”标注,如图 7-20 所示。

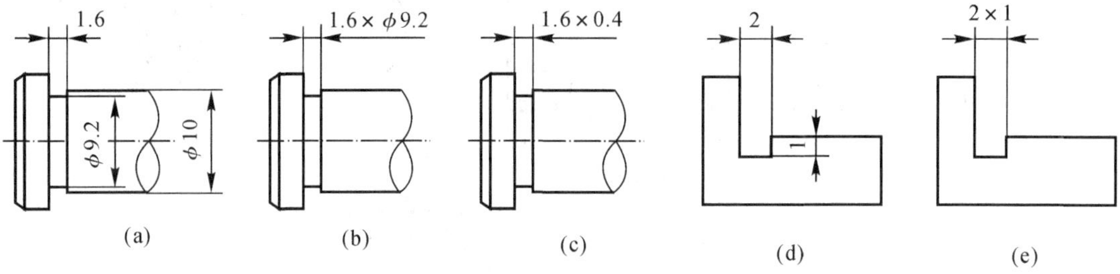

图 7-20　退刀槽

3. 光孔和沉孔

光孔和沉孔在零件图上的尺寸标注分为直接注法和旁注法两种。孔深、沉孔、锪平孔及埋头孔用规定的符号来表示,见表 7-1。

表 7-1　光孔、沉孔的尺寸注法

类型	普通注法	旁注法	说明
光孔	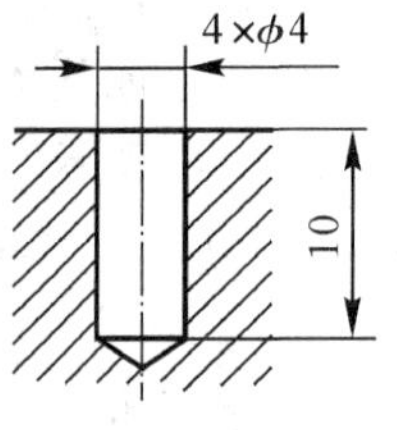	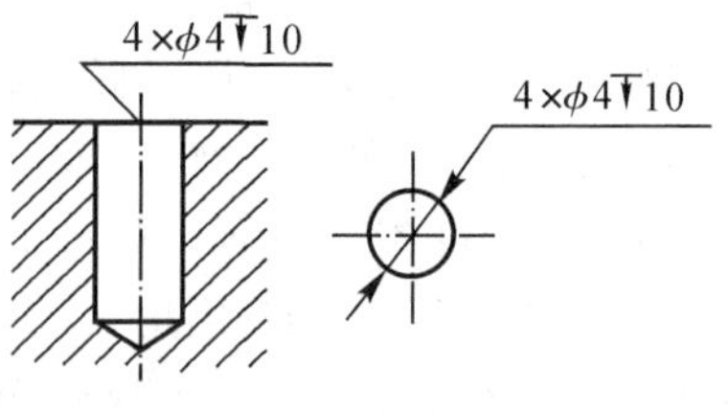	孔底部圆锥角不用注出; “4×Φ4”表示 4 个相同的孔均匀分布(下同); “↧”为孔深符号

续表

类型		普通注法	旁注法	说明
沉孔	埋头孔	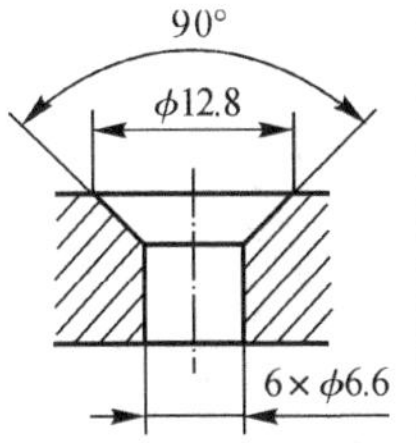	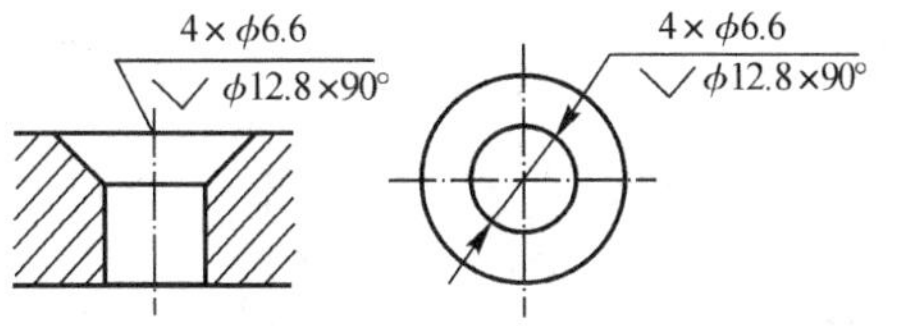	“⌵”为埋头孔符号
	沉孔	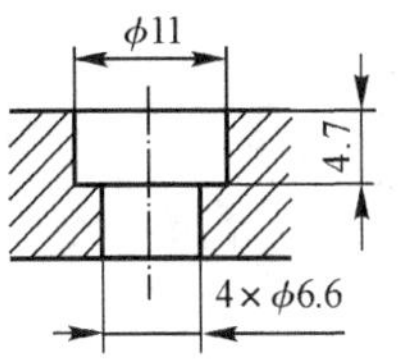	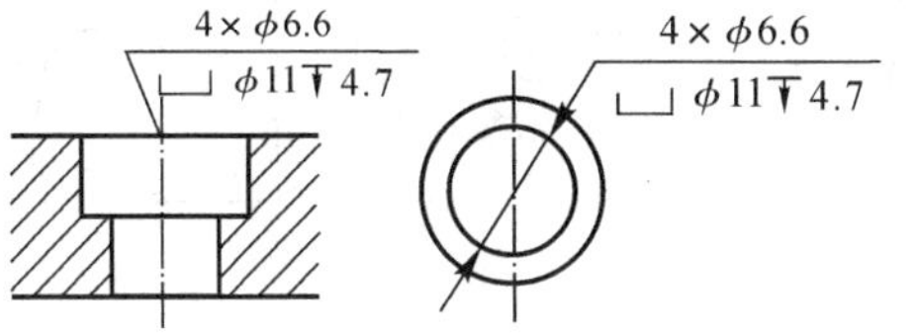	“⌴”为沉孔或锪平符号
	锪平孔	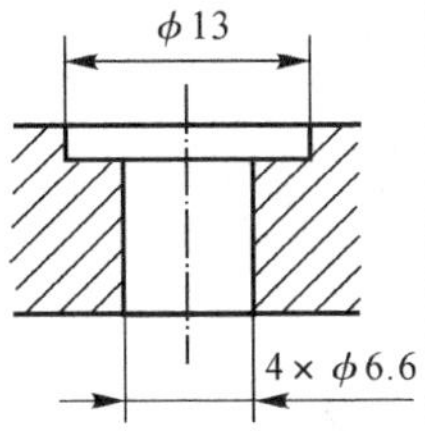	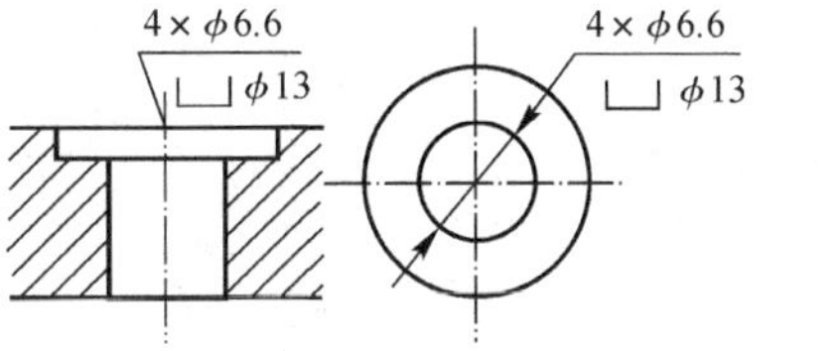	锪平深度不需注出，加工时锪平到不存在毛面即可

4．铸造圆角和过渡线

为了满足铸造工艺的要求，在铸件表面转角处应做成圆角过渡，称为铸造圆角，如图7－21所示。铸造圆角用以防止转角处型砂脱落，以及铸件在冷却收缩时产生缩孔或因应力集中而产生裂纹，同时还可增加零件的强度。

圆角尺寸通常较小，一般为$R2\sim5$ mm，尺规作图时可徒手勾画，也可省略不画。圆角尺寸常在技术要求中统一说明，如“全部圆角$R3$”或“未注圆角$R4$”等，而不必一一注出。

铸造圆角的存在，使零件上两表面的交线不太明显了。规定在相交处用细实线画出理论上的交线，且两端不与轮廓线接触，此线称为过渡线。

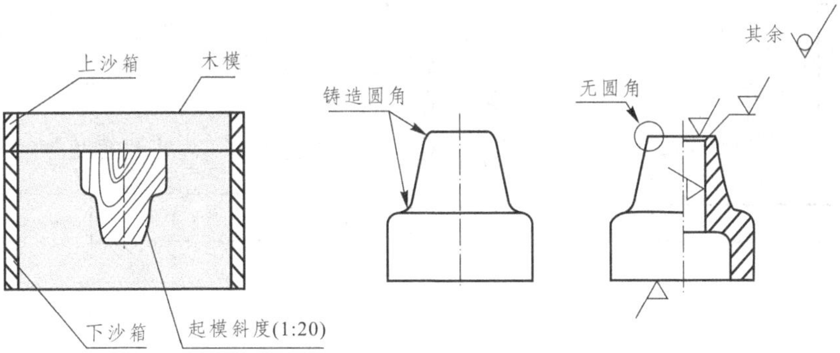

图7－21　铸造圆角与起模斜度

图 7－22(a)为二圆柱面相交的过渡线画法。图 7－22(b)为二等径圆柱相切时过渡线的画法。图 7－22(c)中包括了平面与曲面、平面与平面相交以及平面与曲面相切时过渡线的画法。

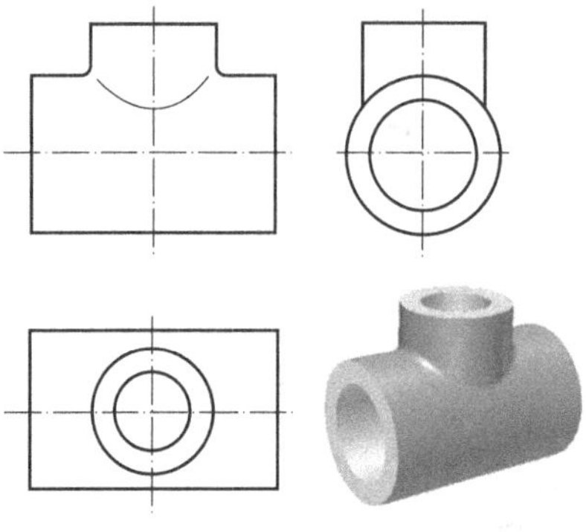

(a)

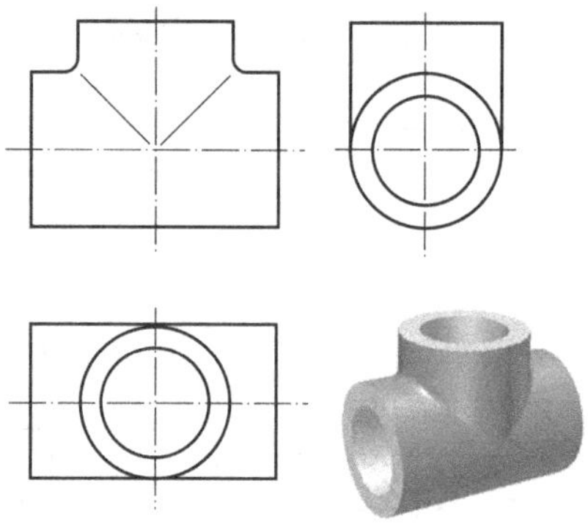

(b)

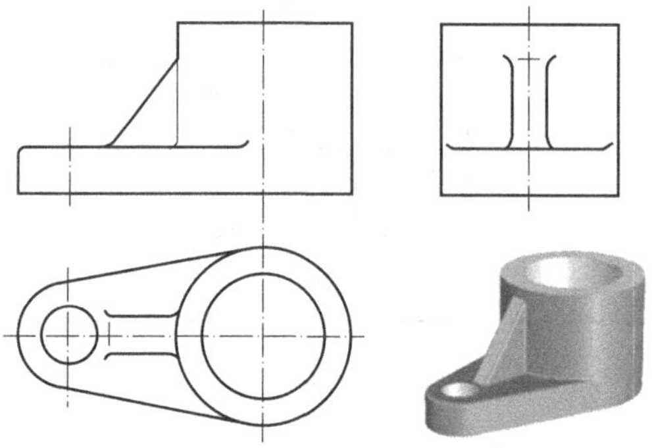

(c)

图 7－22　过渡线

5. 斜度和锥度

斜度在图样上的标注形式为"∠1∶n",如图 7－23(a)。符号"∠ "的指向应与实际倾斜方向一致,其画法如图 7－23(b)所示。图 7－23(c)为斜度 1∶5 的画图方法。

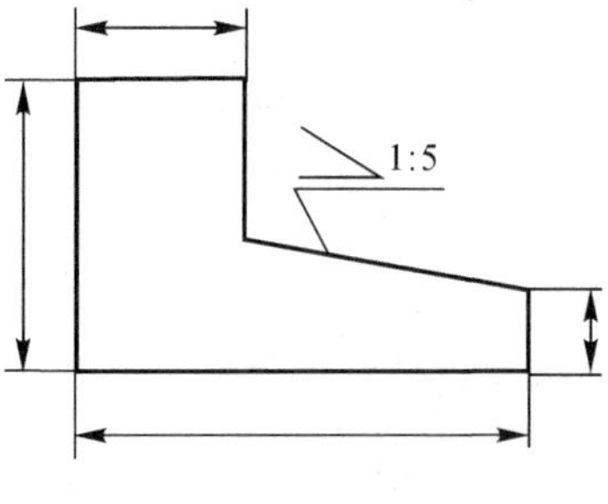

(a)

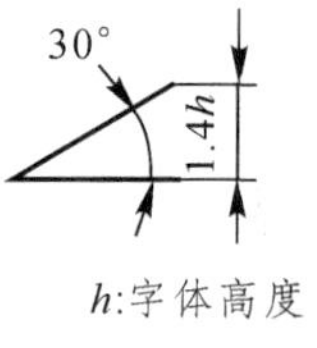

(b)

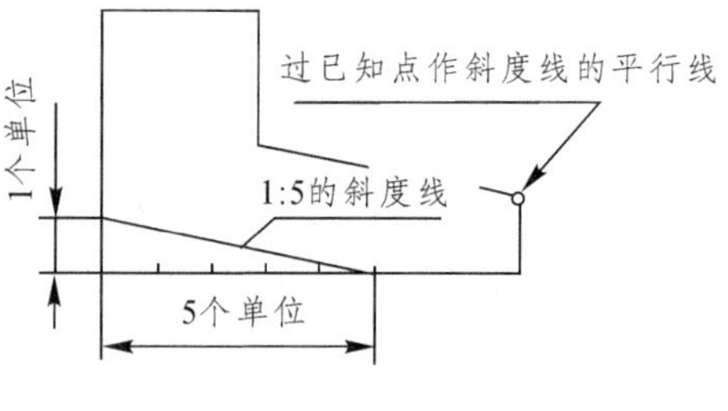

(c)

图 7－23　斜度的标注

(a)标注示例；(b)斜度符号；(c)斜度的画法

锥度的标注形式为“◁∶n”，符号方向与所标注图形的锥度方向应一致，如图 7－24(a)所示。锥度符号的画法如图 7－24(b)所示。图 7－24(c)说明了 1∶4 锥度的画图方法。

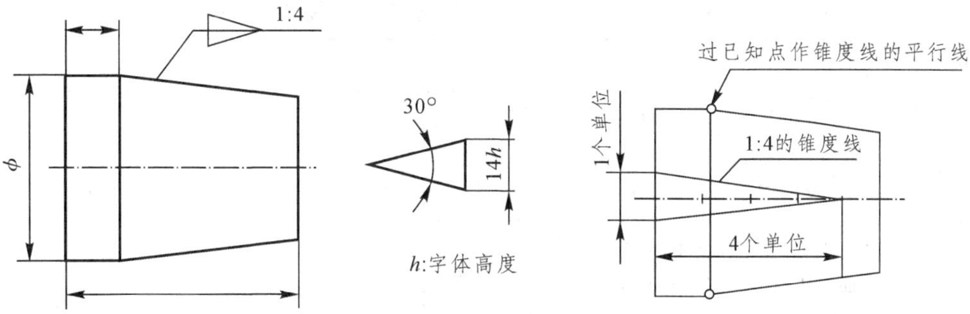

(a)　　(b)　　(c)

图 7－24　锥度标注

(a)标注示例；(b)锥度符号；(c)锥度的画法

四、零件图上的技术要求

零件图和装配图除了有表达零件结构形状与大小的一组视图和尺寸外，还应该表示出该零件或装配体在制造和检验中的技术要求。它们有的用符号、代号标注在图中，有的用文字加以说明。主要包括表面粗糙度、极限与配合、形状和位置公差等。

(一)表面粗糙度

1. 表面粗糙度

表面粗糙度指零件表面的微观不平度，是表示零件表面质量的重要技术指标，直接影响着机器的使用性能和寿命(见图 7－25)。

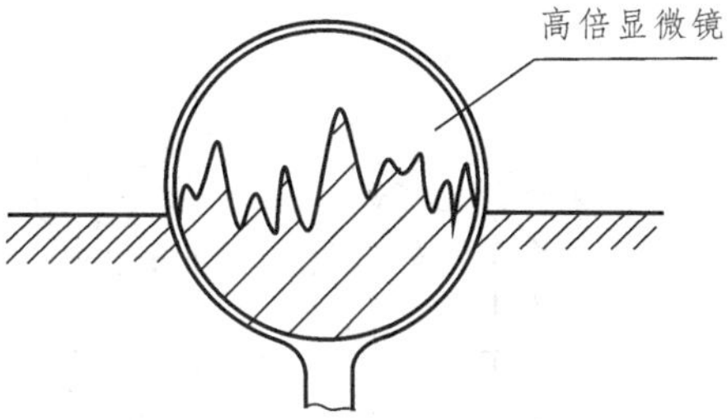

图 7－25　表面粗糙度

2. 表面粗糙度代号

表面粗糙度以代号形式在零件图上标注。其代号由符号和在符号上标注的参数及说明组成。表面粗糙度符号的意义和画法见表 7－2。

在符号中标注表面粗糙度数值及其有关的规定，组成表面粗糙度代号。通常，表面粗糙度代号只将轮廓算术平均偏差 Ra 的上限值，以 μm 为单位，注在符号上方。例如：

轮廓算术平均偏差 Ra 反映了对零件表面的质量要求,其数值越小,零件表面越光滑,但加工工艺越复杂,成本越高。

表 7－2　表面粗糙度符号的意义和画法

符　号	意义及说明	符　号　画　法
	基本符号。表示表面可用任何方法获得。当不加注粗糙度参数值或有关说明时,仅适用于简化代号标注	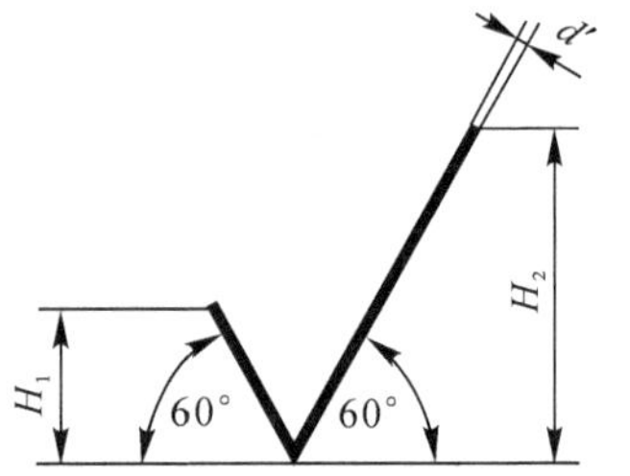 $H1\approx1.4h$；$H2\approx3h$；$d'\approx h/10$ （h 为字体高度）
	加工符号。基本符号加一短划,表示表面用去除材料的方法获得。例如:车、铣、钻、磨、剪切、抛光、腐蚀、电火花加工、气割等	
	毛坯符号。基本符号加一小圆,表示表面用不去除材料的方法获得。例如:铸、锻、冲压变形、热轧、冷轧、粉末冶金等,或者是用于保持原供应状况的表面(包括保持上道工序的状况)	

3．表面粗糙度的标注方法

表面粗糙度代号一般注在可见轮廓线、尺寸界线、引出线或它们的延长线上。符号的尖端必须从材料外指向零件表面如图 7－26(a)所示,代号中符号和数字的方向须按图标注,如图 7－26(b)所示。

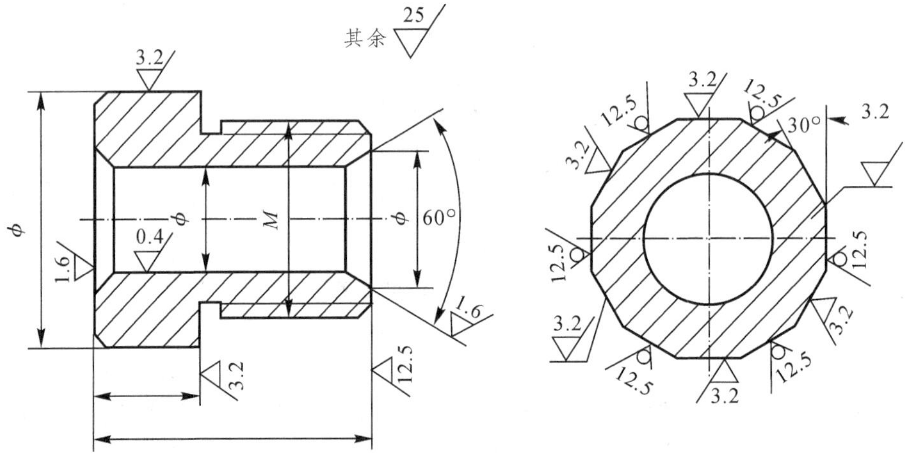

(a)　　(b)

图 7－26　表面粗糙度基本注法

零件的所有表面都应有确定的表面粗糙度要求,但可采用统一说明的方法简化标注。统一标注的代号和文字大小应为图中代号和文字的 1.4 倍。

可以将使用较多的一种代号统一注在图样右上角，并加注“其余”两字，如图 7－26(a)所示。不便直接标注的较小结构的表面粗糙度代号，允许简化标注在尺寸线或引出线上，如图 7－26(a)所示。

对于 Ra、Rz、Ry 三种粗糙度参数，一般是根据设计要求选用其中的一种或两种，尤以选用 Ra 数值的为最多。标注 Ra 数值时省略 Ra 字样，见表 7－3。

表 7－3　表面粗糙度代号及意义

代　号	意　义	代　号	意　义
	Ra 的上限值为 3.2 μm，可采用任何方法达到所给的表面粗糙度要求	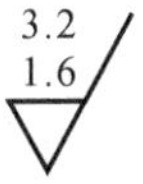	Ra 的上限值为 3.2 μm，下限值为 1.6 μm，必须采用去除材料的方法达到所给的表面粗糙度要求
	Rz 的上限值为 200 μm，只许采用不去除材料的方法达到所给的表面粗糙度要求	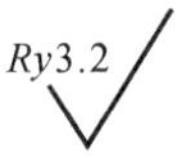	Ry 的上限值为 3.2 μm，可采用任何方法达到所给的表面粗糙度要求
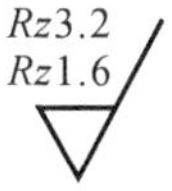	Rz 的上限值为 3.2 μm，下限值为 1.6 μm，必须采用去除材料的方法达到所给的表面粗糙度要求	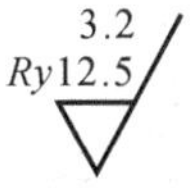	Ra 的上限值为 3.2 μm，Ry 的上限值为 12.5 μm，必须采用去除材料的方法达到所给的表面粗糙度要求
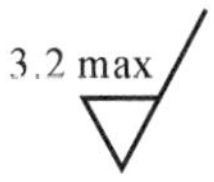	Ra 的最大值为 3.2 μm，必须采用去除材料的方法达到所给的表面粗糙度要求	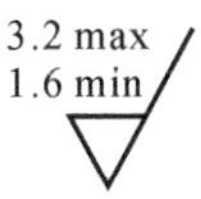	Ra 的最大值为 3.2 μm，Ra 的最小值为 1.6 μm，必须采用去除材料的方法达到所给的表面粗糙度要求

表面粗糙度是评价零件质量的一项重要指标。零件表面粗糙度参数 Ra 的数值越大，表面越粗糙，加工成本越低。因此，在满足零件使用要求的前提下，应尽可能选用数值较大的表面粗糙度。

(二)极限与配合

1. 零件的互换性

从一批规格大小相同的零件中任取一件，不经加工与修配就能顺利地将其装配到机器上，并能够保证机器的使用要求，就称这批零件具有互换性。随着社会化生产分工越来越细，互换性既能满足各生产部门的广泛协作，又能进行高效率的专业化、集团化生产。

2. 尺寸公差

制造零件时，为了使零件具有互换性，就必须对零件的尺寸规定一个允许的变动范围。为此，国家制定了极限尺寸制度，将零件制成后的实际尺寸限制在最大极限尺寸和最小极限尺寸的范围内。这种允许尺寸的变动量，称为尺寸公差。

下面简要介绍关于尺寸公差中的一些名词，如图 7－27 所示。

(1)基本尺寸：设计给定的尺寸，如 $\phi 50$。

(2)极限尺寸：允许尺寸变动的两个界限值。如最大极限尺寸为 $\phi 50.007$，最小极限尺寸为 $\phi 49.982$。

(3)尺寸偏差(简称偏差):极限尺寸与基本尺寸的代数差,分别为上偏差和下偏差。孔的上偏差用 ES 表示,下偏差用 EI 表示;轴的上偏差用 es 表示,下偏差用 ei 表示。在图 7-27 中,有

$$ES=50.007-50=+0.007$$

$$EI=49.982-50=-0.018$$

(4)尺寸公差(简称公差):尺寸允许的变动量。它等于最大极限尺寸与最小极限尺寸之代数差的绝对值,也等于上偏差与下偏差之代数差的绝对值,即

$$公差=50.007-49.982=0.025$$

$$公差=0.007-(-0.018)=0.025$$

(5)零线:在公差带图中确定偏差值的基准线,也称零偏差线。

(6)尺寸公差带(简称公差带):在公差带图中,代表上下偏差的两条直线所限定的区域。

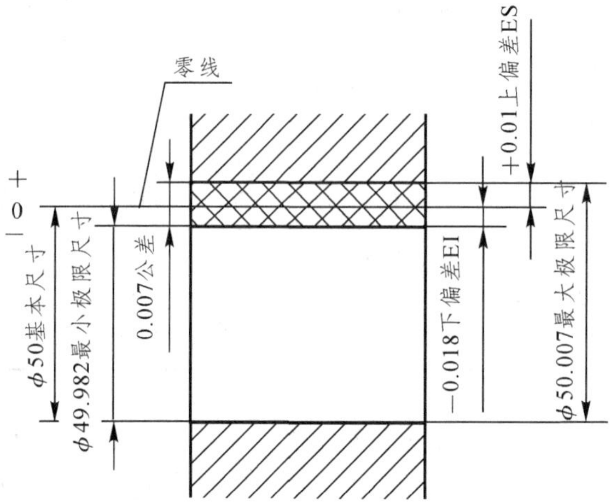

图 7-27　尺寸公差

为了简化起见,在实用中常不画出孔或轴,而只画出表示基本尺寸的零线和上下偏差,称为公差带图解,如图 7-28 所示。公差带包含两个要素:公差带大小和公差带位置。

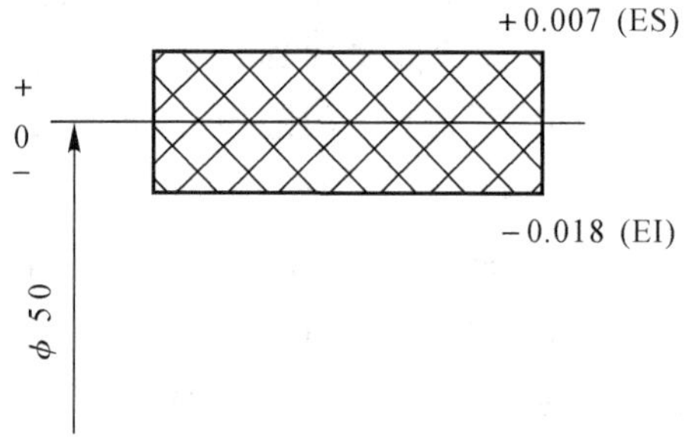

图 7-28　公差带图

例如图 7-29 画出了四个公差带,它们的公差带大小相同,但公差带相对零线的位置不同,所以上下偏差不同。

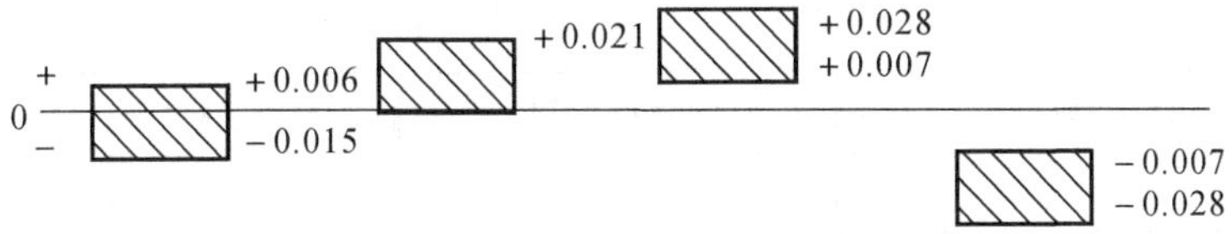

图 7－29　公差带示例

3. 配合

基本尺寸相同并相互结合的孔和轴的公差带之间的关系，称为配合。配合有紧有松，国家标准将其分为三类：

(1)间隙配合：具有间隙的配合，此时，孔的公差带在轴的公差带之上，孔比轴大，如图 7－30(a)所示。

(2)过盈配合：具有过盈的配合，此时，孔的公差带在轴的公差带之下，孔比轴小，如图 7－30(c)所示。

(3)过渡配合：可能具有间隙也可能具有过盈的配合，此时，孔的公差带与轴的公差带互相交叠，孔可能比轴大，也可能比轴小，如图 7－30(b)所示。

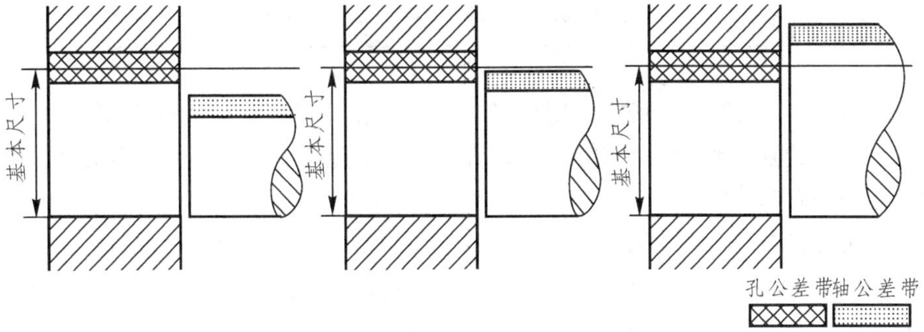

(a)　(b)　(c)

图 7－30　配合

4. 标准公差和基本偏差

公差带是由标准公差和基本偏差组成的。标准公差确定了公差带的大小，基本偏差确定了公差带的位置。

(1)标准公差：国家标准所列的，用以确定公差带大小的任一公差。标准公差分 20 个等级，即 IT01、IT0、IT1～IT18。IT 表示标准公差，数字表示公差等级。IT01 公差值最小，精度最高，IT18 公差值最大，精度最低，见表 7－4。

表 7－4　标准公差数值(摘自 GB/T 1800.3—1998)

基本尺寸 mm		标准公差等级																	
		IT1	IT2	IT3	IT4	IT5	IT6	IT7	IT8	IT9	IT10	IT11	IT12	IT13	IT14	IT15	IT16	IT17	IT18
大于	至	μm											mm						
—	3	0.8	1.2	2	3	4	6	10	14	25	40	60	0.1	0.14	0.25	0.4	0.6	1	1.4

基本尺寸 mm		标准公差等级																	
		IT1	IT2	IT3	IT4	IT5	IT6	IT7	IT8	IT9	IT10	IT11	IT12	IT13	IT14	IT15	IT16	IT17	IT18
3	6	1	1.5	2.5	4	5	8	12	18	30	48	75	0.12	0.18	0.3	0.45	0.75	1.2	1.8
6	10	1	1.5	2.5	4	6	9	15	22	36	58	90	0.15	0.22	0.36	0.58	0.9	1.5	2.2
10	18	1.2	2	3	5	8	11	18	27	43	70	110	0.18	0.27	0.43	0.7	1.1	1.8	2.7
18	30	1.5	2.5	4	6	9	13	21	33	52	84	130	0.21	0.33	0.52	0.84	1.3	2.1	3.3
30	50	1.5	2.5	4	7	11	16	25	49	62	100	160	0.25	0.39	0.62	1	1.6	2.5	3.9
50	80	2	3	5	8	13	19	30	46	74	120	190	0.3	0.46	0.74	1.2	1.9	3	4.6
80	120	2.5	4	6	10	15	22	35	54	87	140	220	0.35	0.54	0.87	1.4	2.2	3.5	5.4
120	180	3.5	5	8	12	18	25	40	63	100	160	250	0.4	0.63	1	1.6	2.5	4	6.3
180	250	4.5	7	10	14	20	29	46	72	115	185	290	0.46	0.72	1.15	1.85	2.6	4.6	7.2
250	315	6	8	12	16	23	32	52	81	130	210	320	0.52	0.81	1.3	2.1	3.2	5.2	8.1
315	400	7	9	13	18	25	36	57	89	140	230	360	0.57	0.89	1.4	2.3	3.6	5.7	8.9
400	500	8	10	15	20	27	40	63	97	155	250	400	0.63	0.97	1.55	2.5	4	6.3	9.7

(2)基本偏差：国家标准所列的，用以确定公差带相对于零线位置的上偏差或下偏差，一般是指靠近零线的那个偏差。孔和轴各有28个基本偏差，它的代号用拉丁字母表示，大写字母表示孔，小写字母表示轴。

孔的基本偏差代号有A、B、C、CD、D、E、EF、F、FG、G、H、J、JS、K、M、N、P、R、S、T、U、V、X、Y、Z、ZA、ZB、ZC。其中，代号为“H”的孔以下偏差为基本偏差且等于零，称为基准孔。

轴的基本偏差代号有a、b、c、cd、d、e、ef、f、fg、g、h、j、js、k、m、n、p、r、s、t、u、v、x、y、z、za、zb、zc。其中，代号为“h”的轴以上偏差为基本偏差且等于零，称为基准轴。

5. 配合制度

国家标准规定了基孔制和基轴制两种基准制度。

(1)基孔制：基本偏差为一定的孔的公差带，与不同基本偏差的轴的公差带形成各种配合的一种制度，如图7-31所示。基孔制的孔为基准孔，代号为H，其下偏差为零。一般情况下应优先选用基孔制。

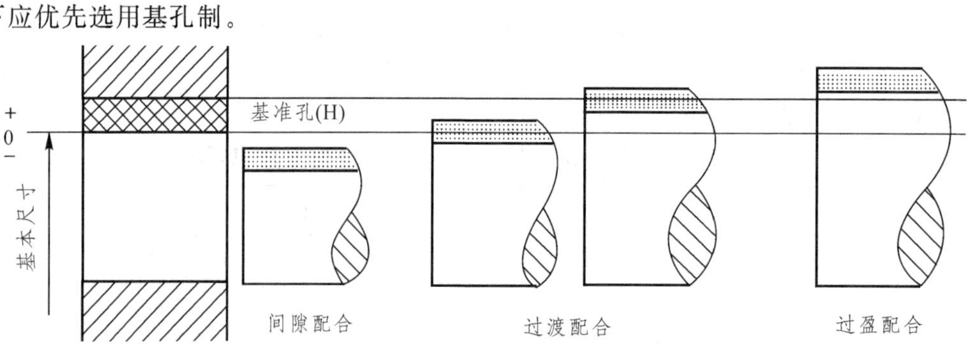

图7-31 基孔制

(2)基轴制:基本偏差为一定的轴的公差带,与不同基本偏差的孔的公差带形成各种配合的一种制度,如图 7-32 所示。基轴制的轴为基准轴,代号为 h,其上偏差为零。

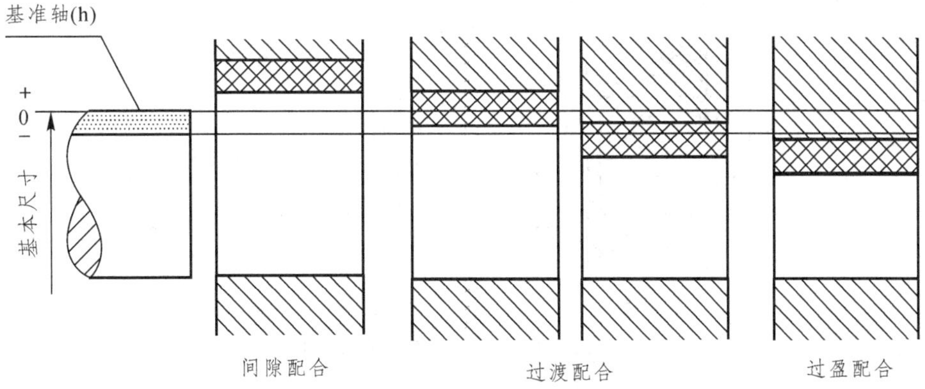

图 7-32　基轴制

国家标准《极限与配合　公差带和配合的选择(GB1801—1999)》中规定了优先配合和常用配合。

6. 极限与配合的标注

(1)在零件图上的标注。在零件图上标注公差有三种形式:在孔或轴的基本尺寸后面,一是标注公差带代号,二是标注极限偏差值,三是同时标注公差带代号和极限偏差值,如图 7-33 所示。

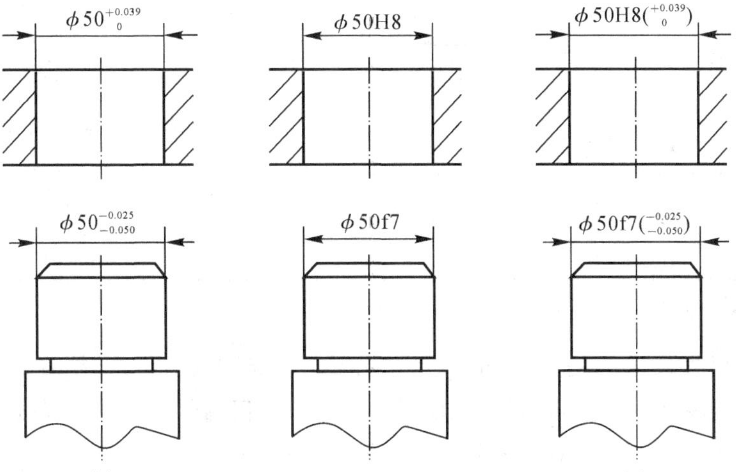

图 7-33　零件图上尺寸公差的标注

(2)在装配图上的标注。在装配图上标注公差与配合,是在基本尺寸的后面用分式注出,分子为孔的公差带代号,分母为轴的公差带代号,如图 7-34 所示。

(3)配合代号及其识读。配合代号用分数形式表示,分子为孔的公差带代号,分母为轴的公差带代号。标注时,将配合代号注在基本尺寸之后,如:

$$\Phi 20\,\frac{H8}{f7}、\Phi 20\,\frac{H7}{s6}、\Phi 20\,\frac{K7}{h6}$$

也可以写作 Φ20H8/f7、Φ20H7/s6、Φ20K7/h6。

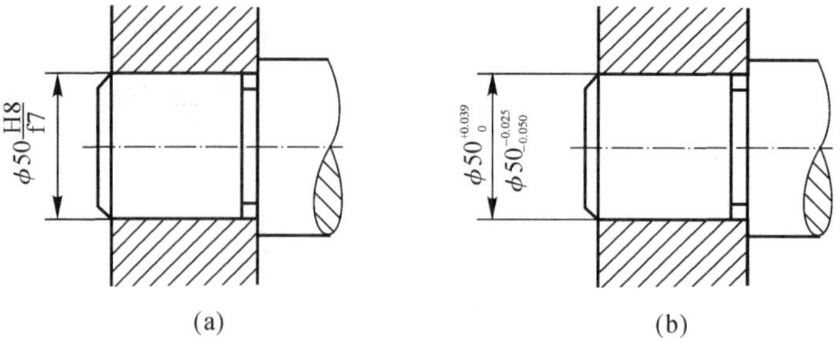

图 7-34　装配图上公差与配合的标注

(三)形状公差和位置公差

形状公差是指零件表面的实际形状对其理想形状所允许的变动全量;位置公差是指零件表面的实际位置对其理想位置所允许的变动全量。形状公差和位置公差简称为形位公差,见表 7-5。

表 7-5　形位公差的特征项目和符号

公差		特征项目	符号	公差		特征项目	符号
形状公差	形状	直线度	—	位置公差	定向	平行度	//
		平面度	▱			垂直度	⊥
		圆度	○			倾斜度	∠
		圆柱度	⌭		定位	位置度	⌖
形状公差或位置公差	轮廓	线轮廓度	⌒			同轴(同心)度	◎
		面轮廓度	⌓			对称度	⌯
					跳动	圆跳动	↗
						全跳动	⌰

1. 形位公差代号

形位公差代号包括:形位公差符号、形位公差框及指引线、形位公差值和基准代号等,如图 7-35 所示。注意,无论基准代号在图样上的方向如何,圆圈内的字母均应水平书写。

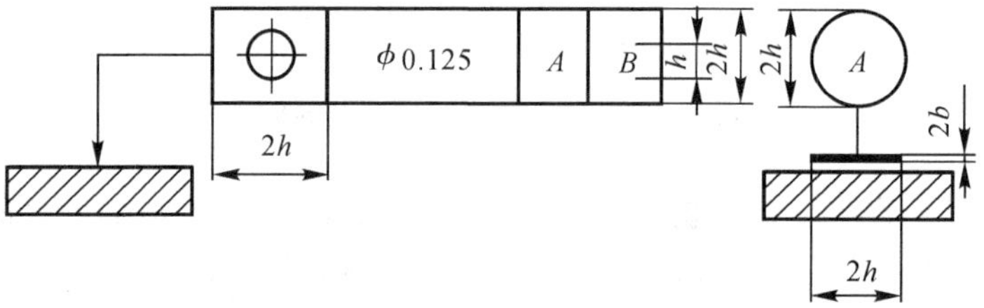

图 7-35　框格、符号、数字、基准的画法

注:图中,b—粗实线宽度;h—字体高度

2. 标注示例

(1)当被测要素(基准要素)为线或表面时,指引线箭头(基准符号)应指在(靠近)该要素的轮廓线或其引出线,并应明显地与尺寸线错开[见图 7-36(a)]。

(2)当被测要素(基准要素)为轴线、球心或中心平面时,指引线箭头(基准符号)应与该要素的尺寸箭头对齐[见图 7-36(b)]。

(3)当被测要素(基准要素)为整体轴线或公共中心平面时,指引线箭头(基准符号)可直接指在(靠近)轴线或中心线[见图 7-36(c)]。

(4)如有可能时,应尽量将基准和公差框格相连[见图 7-36(d)]。

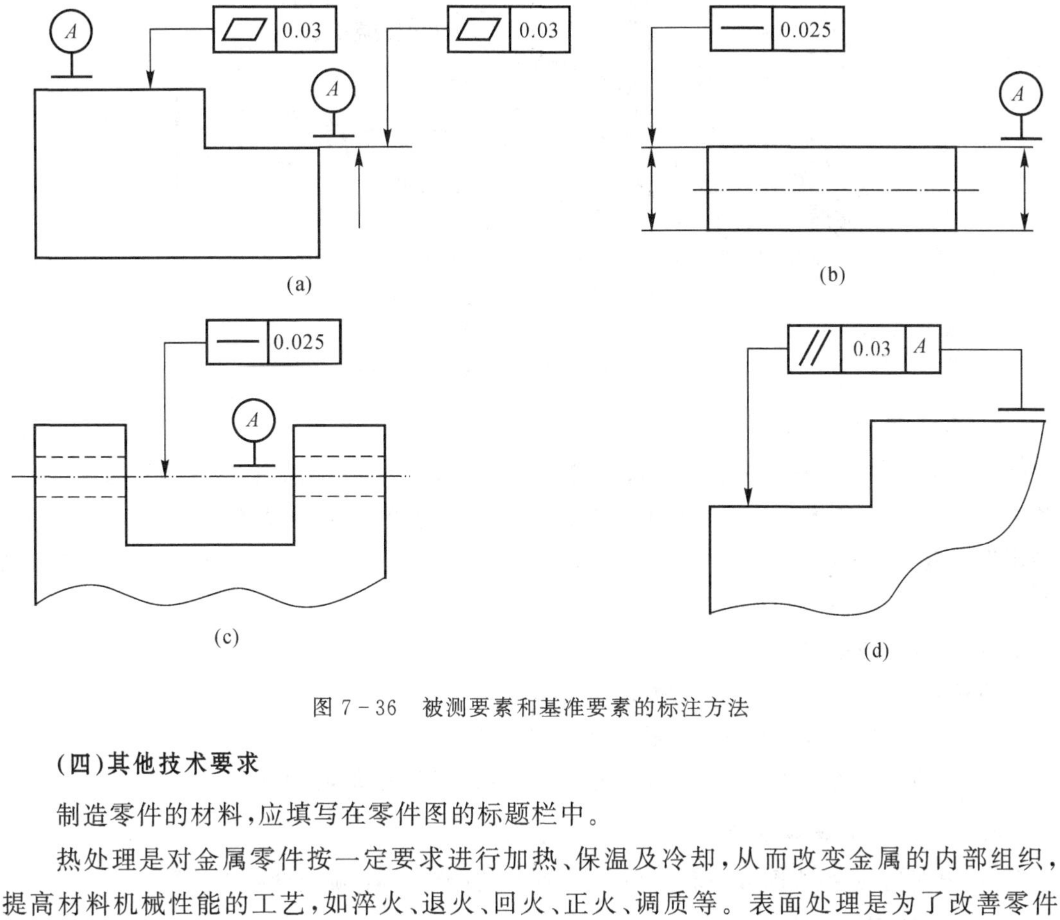

图 7-36　被测要素和基准要素的标注方法

(四)其他技术要求

制造零件的材料,应填写在零件图的标题栏中。

热处理是对金属零件按一定要求进行加热、保温及冷却,从而改变金属的内部组织,提高材料机械性能的工艺,如淬火、退火、回火、正火、调质等。表面处理是为了改善零件表面材料性能,提高零件表面硬度、耐磨性、抗蚀性等而采用的加工工艺,如渗碳、表面淬火、表面涂层等。对零件的热处理及表面处理的方法和要求一般用文字注写在技术要求中。

【任务实施】

1. 齿轮减速器轴零件的形体与结构分析

轴套类零件大多数由位于同一轴线上数段直径不同的回转体组成,其轴向尺寸一般比径向尺寸大。这类零件上常有键槽、销孔、螺纹、退刀槽、顶尖孔、油槽、倒角、圆角、锥度等结构。图 7-37 为一级圆柱齿轮减速器轴结构图,由于轴上零件的固定及定位要求,其形状为阶梯形,并有键槽。

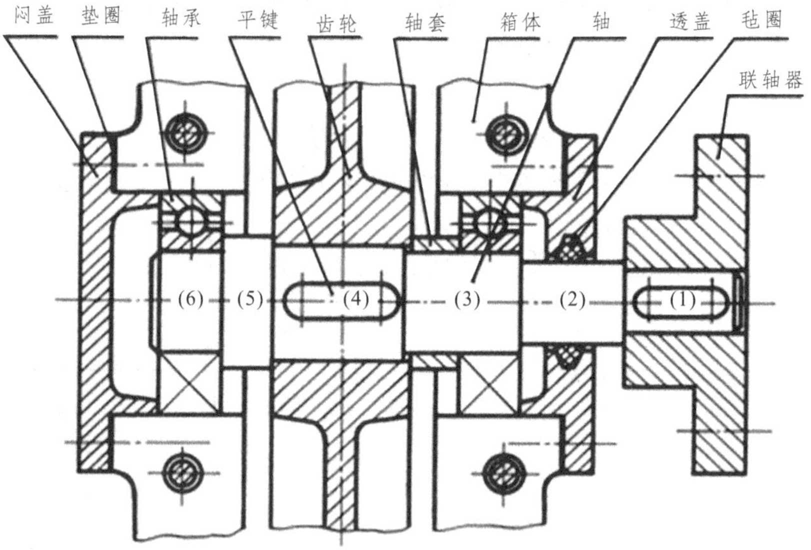

图 7-37　一级圆柱齿轮减速器轴结构图

2. 表达方案的选择

这类零件主要在车床上加工,所以主视图按加工位置选择。画图时,将零件的轴线水平放置,便于加工时读图看尺寸。根据轴套类零件的结构特点,配合尺寸标注,一般只用一个基本视图表示。零件上的一些细部结构,通常采用断面、局部剖视、局部放大等表达方法表示。

(1)主视图的选择。

1)安放位置:加工位置,水平横放。

2)投射方向:选择反映键槽形状最清楚的方向。

(2)其他视图的选择。用断面图表达键槽结构,用向视图表达顶尖孔。

3. 齿轮减速器主轴零件图的绘制

(1)定图幅:根据视图数量和大小,选择适当的绘图比例,确定图幅大小。

(2)画出图框和标题栏。

(3)布置视图:根据各视图的轮廓尺寸,画出确定各视图位置的基线。

(4)画底稿:按投影关系,逐个画出各个形体。先画主要形体,后画次要形体;先定位置,后定形状;先画主要轮廓,后画细节。

(5)检查加深:检查无误后,加深并画剖面线。

(6)完成零件图如图 7-38 主轴零件图:标注尺寸、表面粗糙度、尺寸公差等,填写技术要求和标题栏。

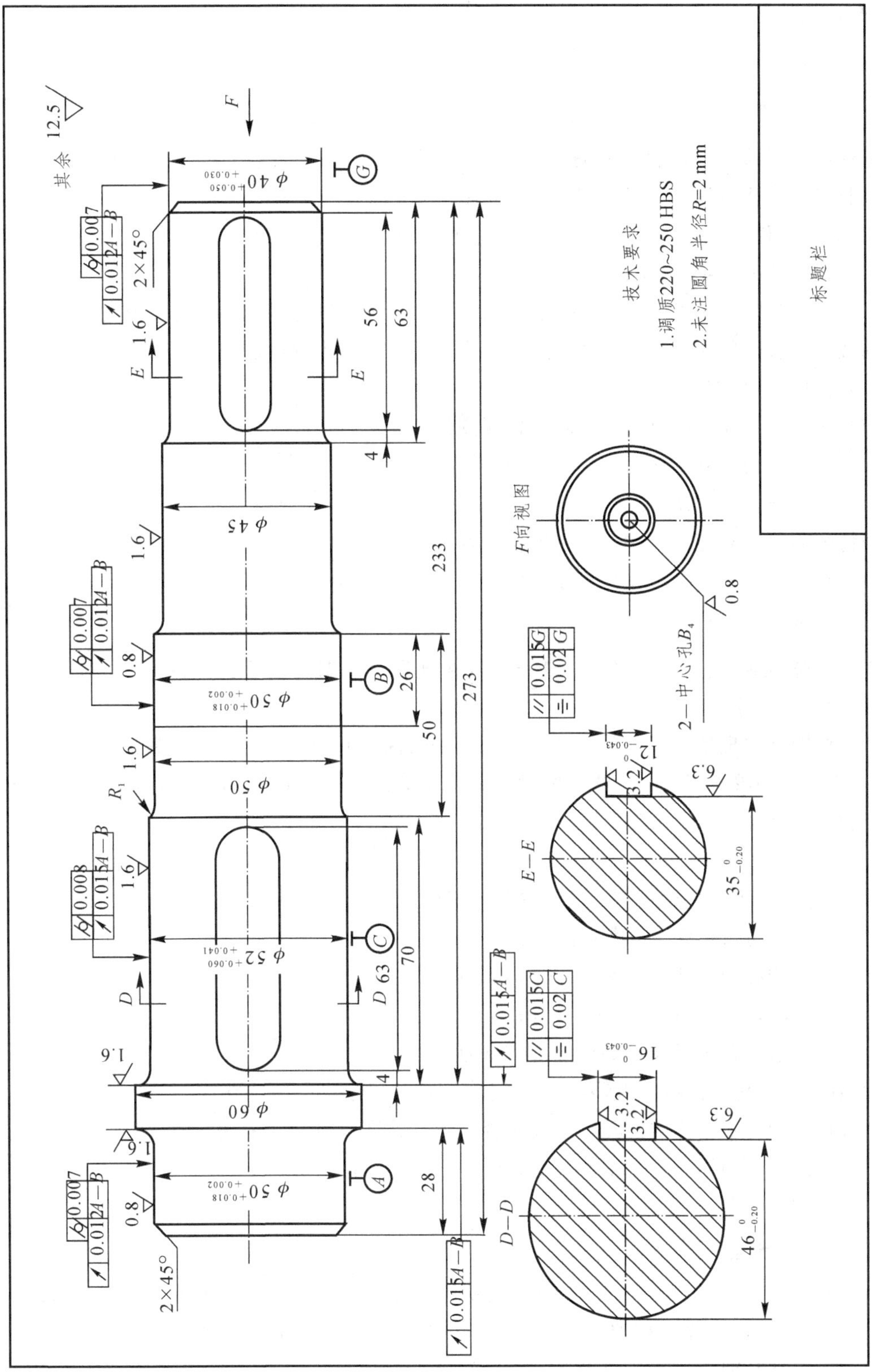

图 7－38　轴零件图

【知识拓展】

一、零件测绘

(一)零件草图绘制

零件草图是绘制零件图的依据,它必须具备零件图的全部内容。应做到内容完整、表达正确、图线清晰、比例均匀。其步骤如下:

(1)分析零件:了解零件的名称、作用、用途,了解零件的材料和大致的加工方法,认真分析零件的结构形状特点,酝酿合理的表达方案。

(2)确定表达方案:通过对零件结构形状的分析,确定主视图的位置、投射方向及其他视图的数量,选择合适的表达方案,将零件的内外结构形状清楚地表达出来。

(3)绘制零件草图:

1)画出各主要视图的基准线,确定各视图的位置。

2)画出零件的内外结构形状。

3)画剖面线,标注表面粗糙度符号,引出尺寸线,并检查加深图形。

4)将测绘的尺寸记入图中,并定出技术要求。

5)检查、填写标题栏,完成草图。

(二)零件测绘

测绘步骤:零件图上全部尺寸的测绘,应在画完草图图形之后集中进行,以便提高工作效率,避免尺寸错误和遗漏。

零件草图是在现场(车间)测绘的。受测绘的时间限制,有些问题只要表达清楚就可以了,不一定要最完善。因此,在整理零件工作图时,需要对零件草图再进行审查校核。经过复查、补充、修改后,才能开始画零件工作图。

其步骤如下:

(1)对零件徒手图进行审查校核,主要内容包括:

1)表达方案是否完整、清晰和简便;

2)零件上的结构形状是否有多、少、损坏等情况;

3)尺寸标注得是否清晰、完整、合理;

4)技术要求是否满足零件的性能要求并且经济。

(2)画零件工作图的方法及步骤:

1)选择比例。根据零件的复杂程度选择比例,尽量采用 1∶1;

2)选择图幅。根据表达方案及比例,选择标准图幅;

3)画零件工作图。

(三)零件的测量方法

测量时,应根据对尺寸精度的不同要求选用不同的测量工具。常用的量具有钢板尺,内、外卡钳等。精密的量具有游标卡尺、千分尺等,还有专用量具,如螺纹规、圆角规等。常用的测量工具及测量方法见表 7-6。

表 7－6　常用的测量工具及测量方法

项　目	图例与说明	项　目	图例与说明
直线尺寸	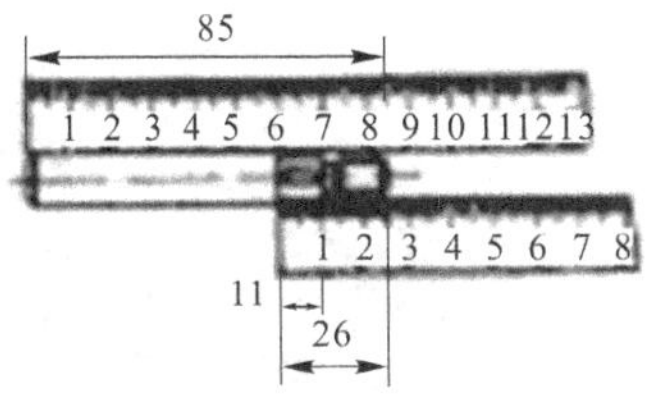 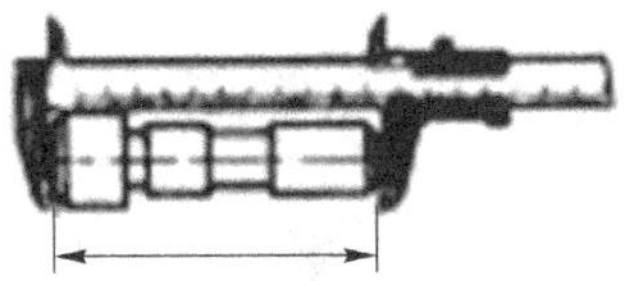 直线尺寸可用钢直尺或游标卡尺直接测量	直线尺寸	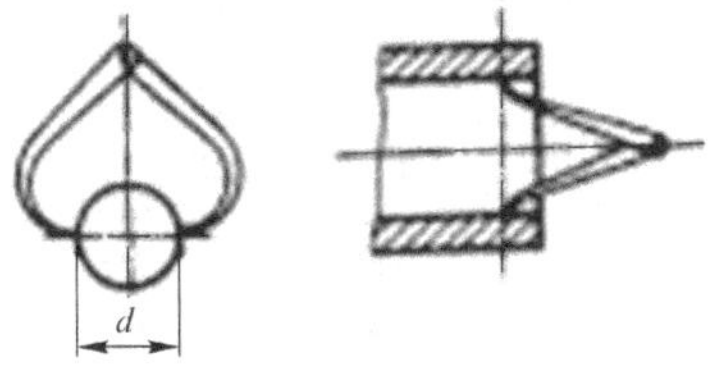  直径尺寸可用内、外卡钳间接测量或用游标卡尺直接测量
壁厚尺寸	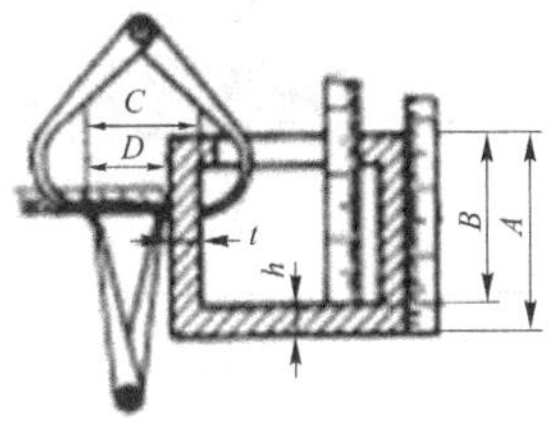 $t=C-D$　$k=A-B$ 壁厚尺寸可用钢直尺测量，如底壁厚度 $h=A-B$；或用外卡钳和钢直尺配合测量，如左侧壁的厚度 $t=C-D$	孔间距	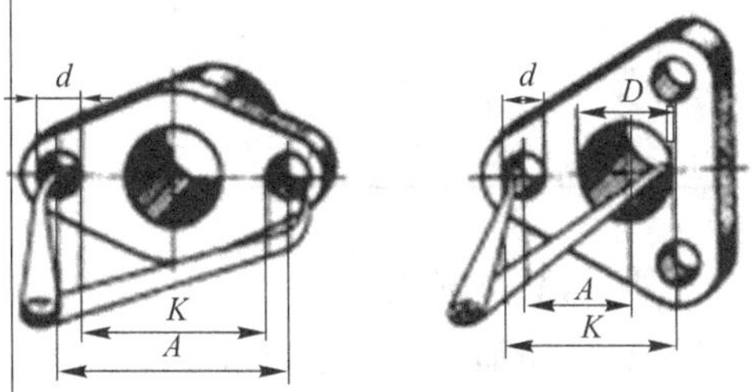 $A=K+d$　　$A=K-(D+d)/2$ 孔间距可用内、外卡钳和钢直尺结合测量
中心高	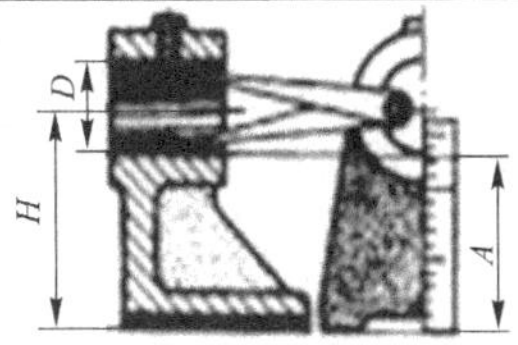 $H=A+\frac{D}{2}$ 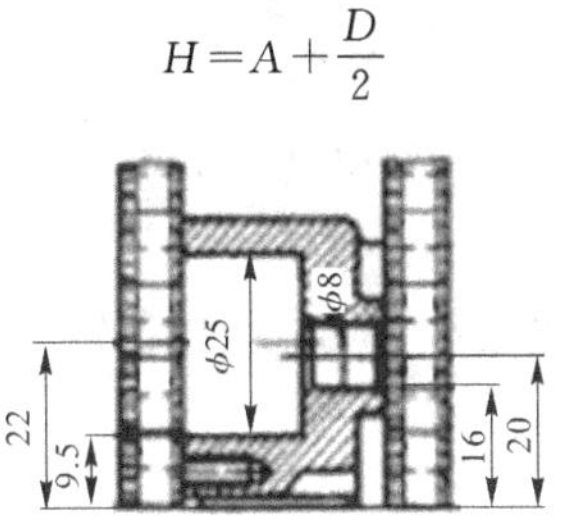 中心高可用钢直尺或用钢直尺和内卡钳配合测量 下图左侧：$H_1=A_1+D_1/2=9.5+25/2=22$ 下图右侧：$H_2=A_2+D_1/2=16+8/2=20$	曲面曲线轮廓	 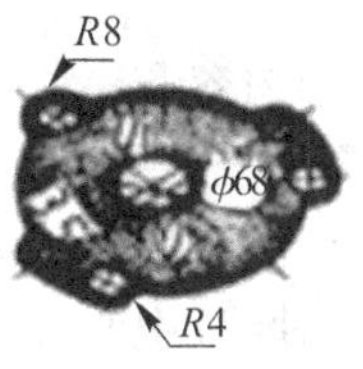 对精确度要求不高的曲面轮廓，可以用拓印法在其上拓印出它的轮廓形状，然后用几何作图的方法求出各连接圆弧的尺寸和圆心位置，如图中 ϕ 68、R8、R4 和 3.5

续表

项 目	图例与说明	项 目	图例与说明
螺距	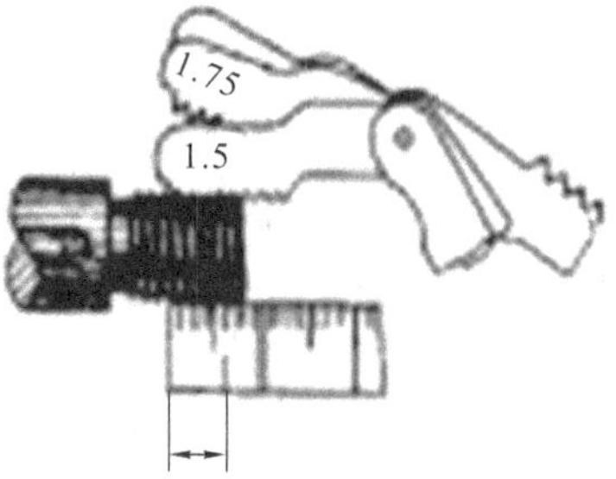 P(螺距)$=t/4$ 螺纹的螺距应该用螺纹规直接测得，也可以用钢直尺测量	曲面曲线轮廓	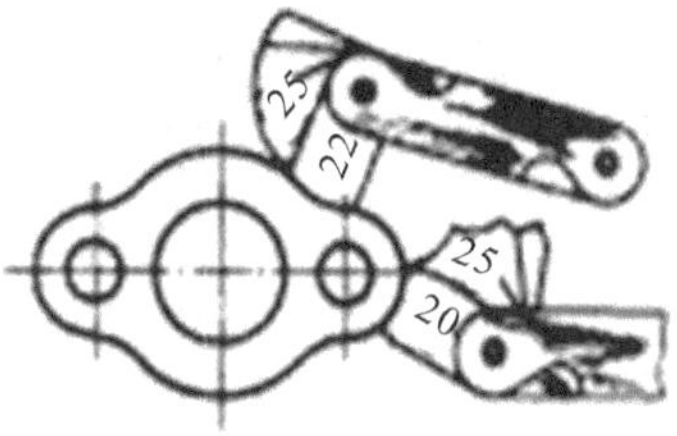 用圆角规测量圆弧半径 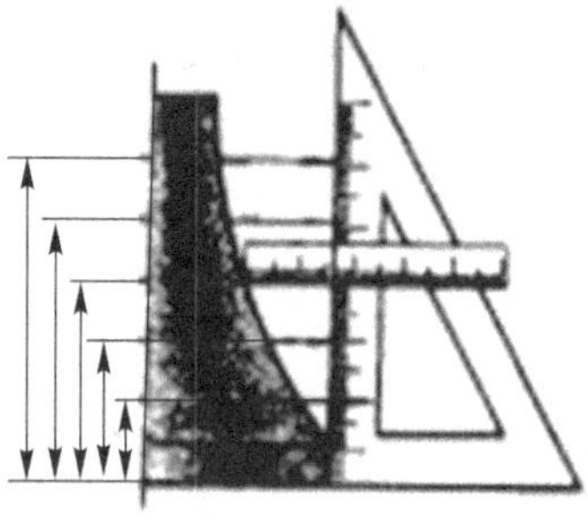 用坐标法测量非圆曲线

四、绘制举例

(1)绘制如图 7－39 所示零件草图。

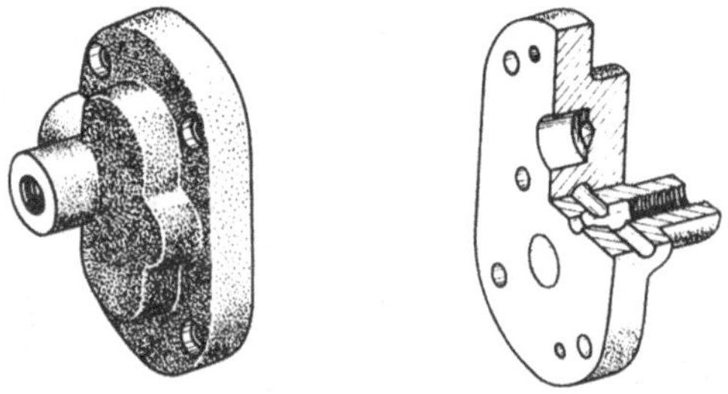

图 7－39　泵盖轴测图

零件草图的内容和零件图相同，可以徒手完成，要求视图和尺寸完整、图线清晰、字体工整，并注写必要的技术要求。

1)根据零件的总体尺寸和大致比例确定图幅，画边框线和标题栏，布置图形定出各视图的位置，画主要轴线、中心线，如图 7－40 所示。

2)以目测比例徒手画出图形，如图 7－41 所示。

3)检查并擦除多余线，描深，画剖面线，确定尺寸基准并根据尺寸基准画出尺寸线和箭头。

4)测量尺寸，填写尺寸数值和必要的技术要求和标题栏，完成零件草图全部工作。

(2)根据零件草图完成正规的零件图，如图 7－42 所示。

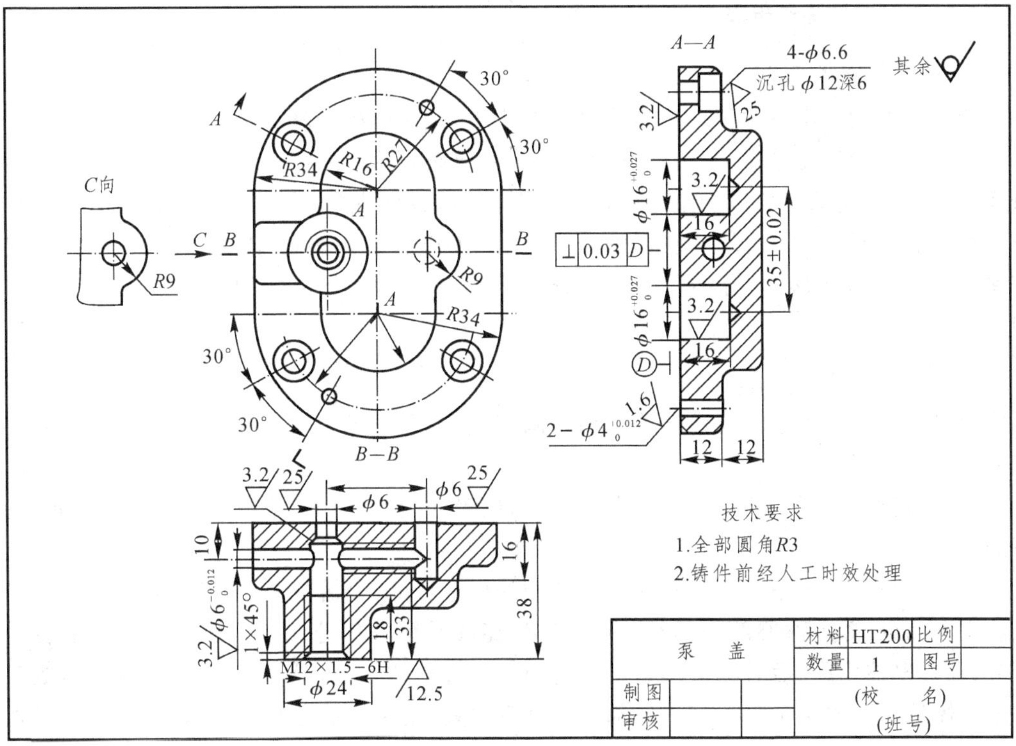

图 7－42　泵盖零件图的绘制

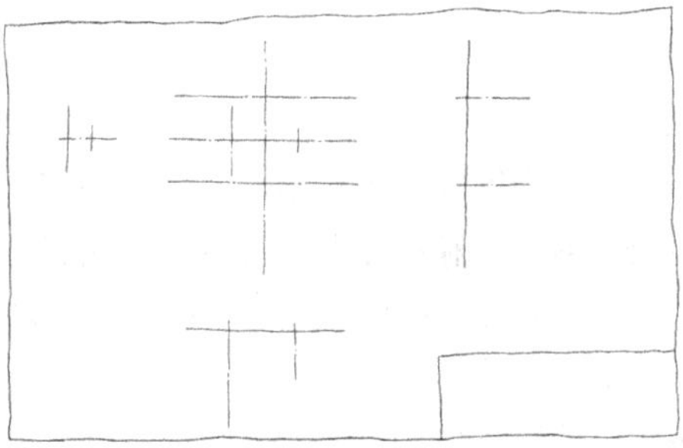

图 7－40　泵盖零件草图的绘制

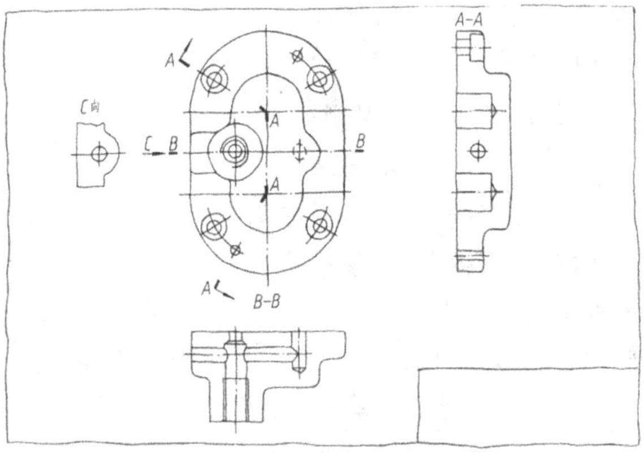

图 7－41　泵盖零件草图的绘制

二、零件图的识读

(一)读图的要求

读零件图的要求是:了解零件的名称、所用材料和它在机器或部件中的作用,并通过分析视图、尺寸和技术要求,想象出零件各组成部分的结构形状及相对位置,从而在头脑中建立起一个完整的、具体的零件形象,并对其复杂程度、要求高低和制作方法做到心中有数,以便设计加工过程。

(二)读图的方法和步骤

1. 读图的方法

读零件图的基本方法仍然是以形体分析为主,线面分析为辅。

零件图一般视图数量较多,尺寸及各种代号繁杂,但是对每一个基本形体来说,仍然是只要用2～3个视图就可以确定它的形状。看图时,只要在视图中找出基本形体的形状特征或位置特征明显之处,并从它入手,用“三等”规律在另外视图中找出其对应投影,就可较快地将每个基本形体“分离”出来,这样就可将一个比较复杂的问题分解成几个简单的问题了。

2. 读图的步骤

(1)读标题栏,了解零件的名称、材料、画图比例、质量等。联系典型零件的分类,对零件有一个初步认识。

(2)纵览全图,了解所有视图的名称、剖切位置、投射方向,明确各视图之间的关系,视图间的方位等。

(3)分析视图,想象形状。在纵览全图的基础上,详细分析视图,想象出零件的形状。要先看主要部分,后看次要部分;先看容易确定、能够看懂的部分,后看难以确定、不易看懂的部分;先看整体轮廓,后看细节形状。即应用形体分析的方法,抓特征部分,分别将组成零件各个形体的形状想象出来。对于局部投影难解之处,要用线面分析的方法仔细分析,辨别清楚。最后将其综合起来,弄清它们之间的相对位置,想象出零件的整体形状。

(4)分析尺寸和技术要求。看尺寸时,要分清楚哪些是设计基准和主要基准;还要从定形尺寸、定位尺寸、总体尺寸三方面入手,分析尺寸标注是否完整。看技术要求时,关键要弄清楚哪些部分的要求比较高,以便考虑在加工时采取什么措施予以保证等。

(三)零件图识读举例

以图7-43为例读懂零件图。

(1)读标题栏:零件的名称是壳体,属箱体类零件。

(2)分析视图,想象形状:该壳体较为复杂,用主、俯、左三个基本视图和一个局部视图。主视图是全剖视图,用单一的正平面剖切,主要表达内部形状。俯视图是全剖视图,用两个平行的剖切平面剖切,表达内形和底板的形状及孔的分布情况。左视图和局部视图除了采用一个局部剖视表达锪平孔外,主要用来表达机件外形及顶面形状。

由形体分析可知:壳体主要由上部的主体、具有多个沉孔的上、下底板以及左右凸块组成。除了凸块外,本体及底板基本上是回转体。

(3)分析尺寸和技术要求:分析图上所注尺寸可以看出,长度方向尺寸基准,是通过主体圆筒轴线的侧平面;宽度方向尺寸基准是通过壳体的主体轴线的正平面;高度方向尺寸基准是底板的底面。从这三个尺寸基准出发,可看出各部分的定形和定位尺寸,就可以完全读懂这个壳体的形状和大小。

在分析技术要求方面,应该对零件的形位公差和表面粗糙度进行分析,另外还应注意文字叙述的技术要求。

(4)综合考虑:把上述各项内容综合起来,就能得出对于这个壳体的总体概念。

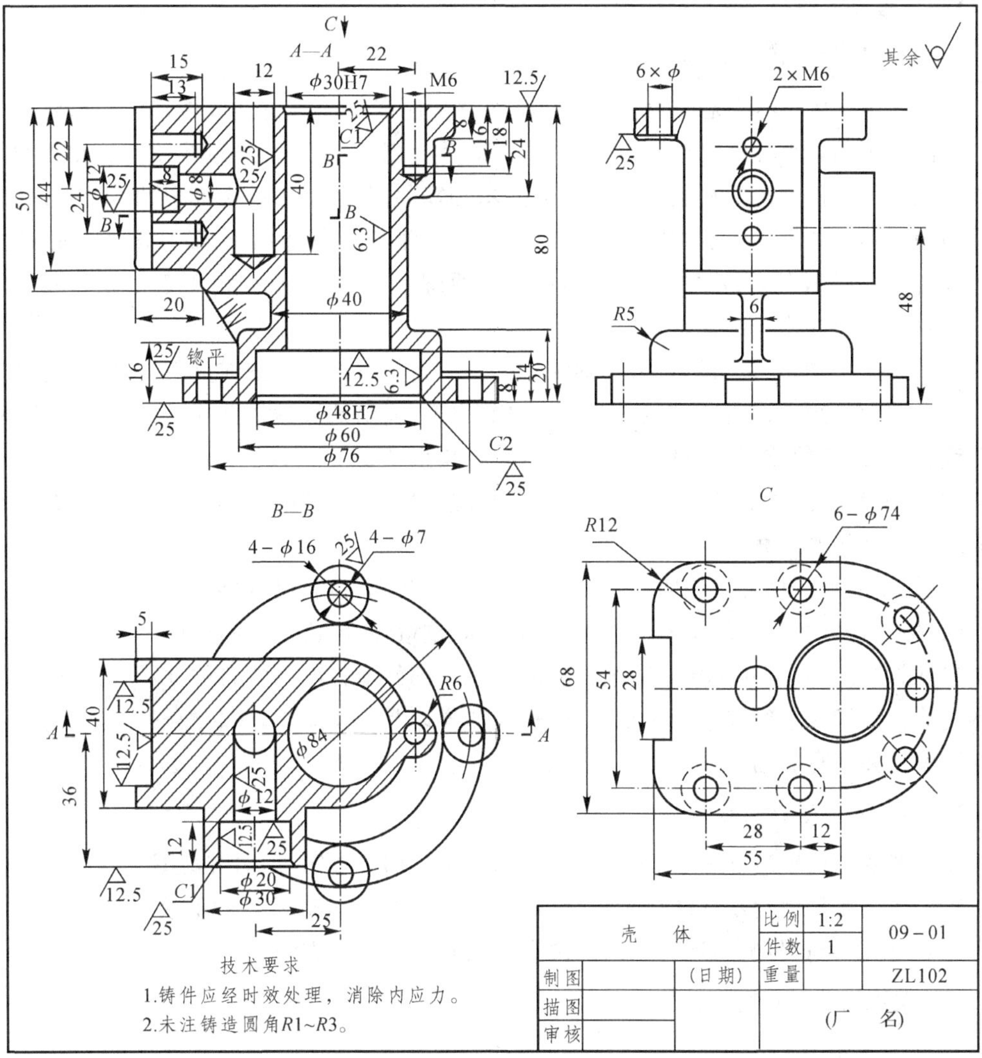

图 7-43　壳体零件图

任务二　齿轮泵装配图的识读及零件的拆画

【任务描述】

装配图是表达机器或部件的工作原理、结构性能和各零件之间的装配、连接关系等内容的图样。在装配机器(或部件)、维护和保养设备以及在技术改造的过程中,都需要读装配图。

【任务分析】

能分析出装配图的内容、装配关系、尺寸关系及其用途;掌握装配图的视图选择、尺寸标注;了解装配图中技术要求的注写,零、部件序号的编写,明细栏和标题栏的填写要求;掌握画装配图的方法和步骤并由装配图拆画零件图。

【知识准备】

一、装配图的作用和内容

在工业生产中，不论是开发新产品，还是对其他产品进行仿制改造，一般都先由设计部门画出装配图，然后根据装配图画出零件图，生产部门则先根据零件图制造出零件，再根据装配图把零件装配成机器或部件。装配图和零件图一样，都是生产中的重要技术文件。零件图表达零件的形状、大小和技术要求，用于指导零件的制造加工；而装配图表达的是由若干零件装配而成的装配体的装配关系、工作原理及基本结构形状，用于指导装配体的装配、检验、安装及使用和维修。

图 7－44 是图 7－1 所示铣刀头的装配图。一张完整的装配图应具备五项基本内容：

(1)一组图形。采用各种表达方法来正确、完整、清晰地表达机器或部件的工作原理、传动路线、零件之间的装配关系以及零件的主要结构形状。

(2)必要尺寸。主要是标明机器或部件的性能、规格、总体的大小、零件间的配合关系以及安装时所必要的尺寸。

(3)技术要求。用文字说明机器或部件的性能、装配、检验、调试要求以及使用规则。

(4)标题栏。标题栏表明机器或部件的名称、重量、绘图比例和图号等。

(5)明细栏和零件的序号。明细栏表明机器或部件上各零件的名称、序号、数量、材料以及备注等。为了便于编制其他技术文件、管理图样以及阅读图样，在装配图上必须对每个零件标注序号并填写明细栏。

二、装配图的表达方法

零件图的各种表达方法，如视图、剖视、断面及局部放大图等，对装配图基本上适用。但由于零件图主要是表达零件的结构形状，而装配图则主要表达零件间的装配关系，因此，由于表达侧重点不同，装配图还有专门的规定画法和特殊表达方法。

(一)装配图的基本表达方法

1. 主视图的选择

主视图一般应符合工作位置，工作位置倾斜时则应自然放正。应选取反映主要或较多装配关系的视图作为主视图。在主视图的基础上，选用一定数量的其他视图把工作原理、装配关系进一步表达完整，并表达清楚主要零件的结构形状。视图数量的多少由装配体的复杂程度和装配线的多少而定。由于装配体通常有一个外壳，以表达工作原理和装配关系为主的视图，通常采用各种剖视，并大多通过装配线剖切。

2. 其他视图的选择

主视图选定以后，再考虑其他视图的选择，还有哪些工作原理、装配关系以及零件的主要结构还没有表达清楚，一般情况下，每个零件至少应在图中出现一次。

例如，图 7－44 铣刀头的装配图中，采用了全剖的主视图表达铣刀头的构造和装配关系，也反映了其工作原理。在主视图基础上，选用左视图(局部剖)进一步表达铣刀头的装配关系和基本结构形状。

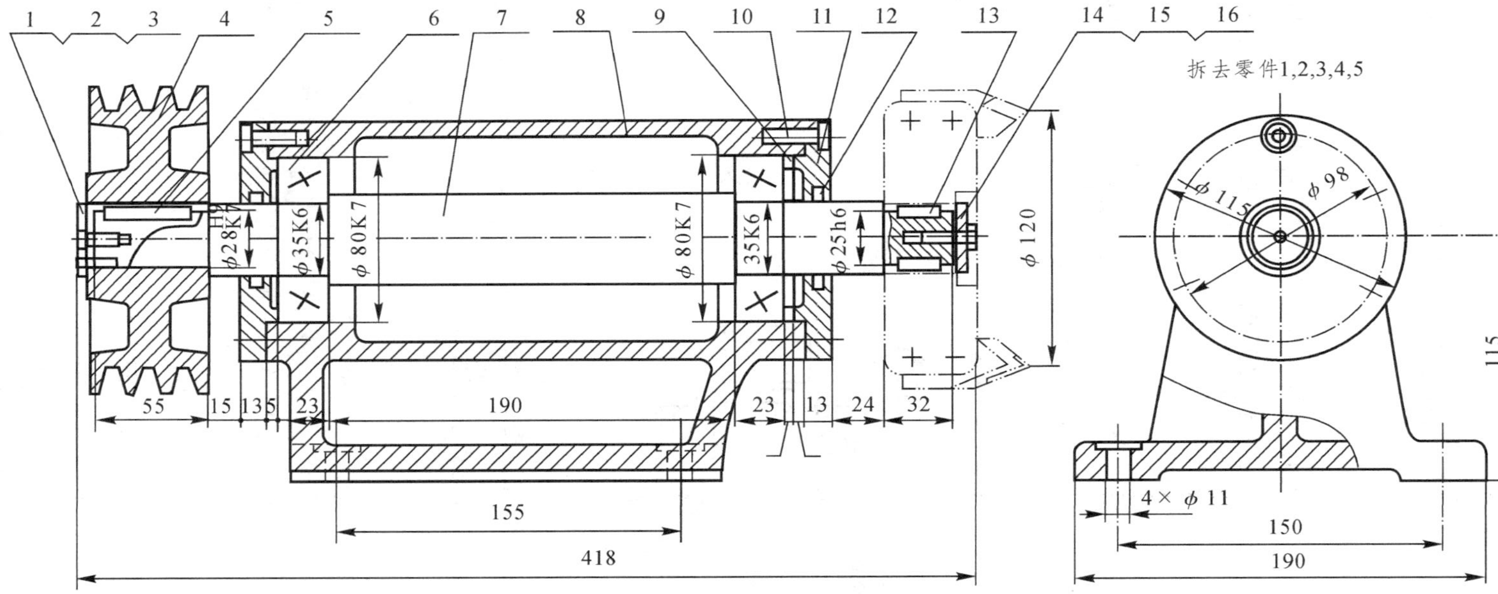

技术要求

1.主轴轴线对底面的平行度公差不大于0.04/100；
2.刀盘定位轴颈的径向圆跳动公差不大于0.02；
3.刀盘定位端面对刀盘定位φ25h6轴线的端面跳动公差不大于0.02；
4.铣刀轴端的轴向窜动不大于0.01。

序号	代号	名称	数量	材料	备注
16	GB/T95—2002	垫圈6	1	65Mn	
15	GB/T5789—2000	螺栓M6×20	1	Q235—AF	
14	GB/T892—1986	挡圈B32	1	35	
13	GB/T1096—2003	键6×20	1	45	
12		毡圈	2	半粗羊毛毡	
11		端盖	2	HT200	
10	GB/T701—2000	螺钉M8×20	12	Q235—AF	
9		调整环	1	35	
8		座体	1	HT200	
7		轴	1	45	
6	GB/T297—1994	轴承7307	2		
5	GB/T1096—2003	键8×40	1	45	
4		V带轮	1	HT150	
3	GB/T1191—2000	圆柱销A3×12	1	35	
2	GB/T68—2000	螺钉M6×20	1	0235—AF	
1	GB/T891—1986	挡圈35	1	35	

(学校、班级)			铣刀头	(图号)
制图		(日期)		1:2
审核		(日期)	共　张　第　张	(学号)

图7-44　铣刀头装配图

(二)装配图规定画法

1. 相邻两零件的画法

相邻两零件的接触面和配合面,不论间隙多大,规定只画一条线;非配合、非接触表面,不论间隙多小,都必须画出两条线。

2. 标准件和实心件的画法

对于标准件(螺栓、螺母、垫圈、销、键)和实心件(轴、手柄、拉杆、球)等零件,若按纵向剖切,即剖切平面通过其轴线或基本对称面时,这些零件均按未剖绘制。如需要特别表明零件的结构,如凹槽、键、销孔等,则可采用局部剖表示。

3. 剖面符号的画法

在剖视图中,相邻两零件剖面线方向相反,三个或三个以上的金属零件相邻时,可使剖面线的倾斜方向相反,或者方向一致、间隔不等。当零件厚度在 2 mm 以下时,允许以涂黑代替剖面符号,如图 7－45 所示。

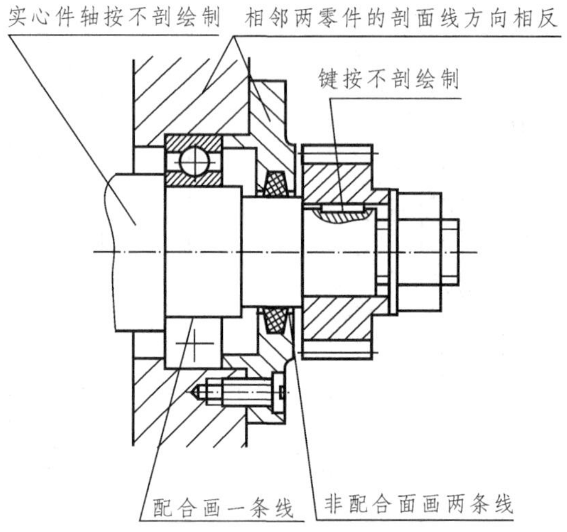

图 7－45　装配图规定画法

(三)装配图的特殊表达方法

1. 沿零件的结合面剖切

假想沿某些零件的结合面选取剖切平面剖切,此时在零件结合面上不画剖面线,但被切部分(如螺杆、螺钉等)必须画出剖面线。图 7－46 中 $A—A$ 剖视是沿泵盖结合面剖切画出的。

2. 拆卸画法

装配图中某些常见的较大零件,在一个视图上已作过表达,在其他视图中可将其拆去不画,在其视图上方注出“拆去××”字样。

3. 假想画法

(1)当需要表示某些零件的运动范围和极限位置时,可用双点画线画出其轮廓。

(2)对于与本部件有关但不属于本部件的相邻零、部件,可用双点画线画出其轮廓线图形,表达与本部件装配关系。

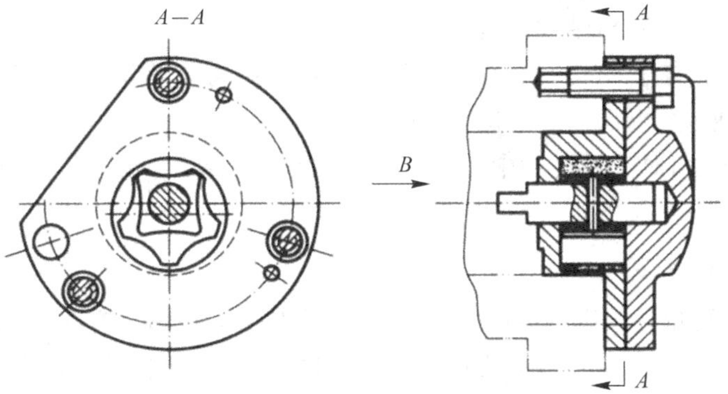

图 7-46　装配图的特殊表达方法

4. 展开画法

在传动机构中,为了表达传动路线和零件间的装配关系,可假想按传动顺序沿轴线剖切,然后依次展开,使剖切平面摊平与选定的投影面平行,再画出其剖视图,这种画法称为展开画法。

5. 夸大画法

在装配图中,如绘制直径或厚度小于 2 mm 的孔或薄片以及较小的斜度和锥度,允许该部分不按比例而夸大画出,如图 7-47 所示。

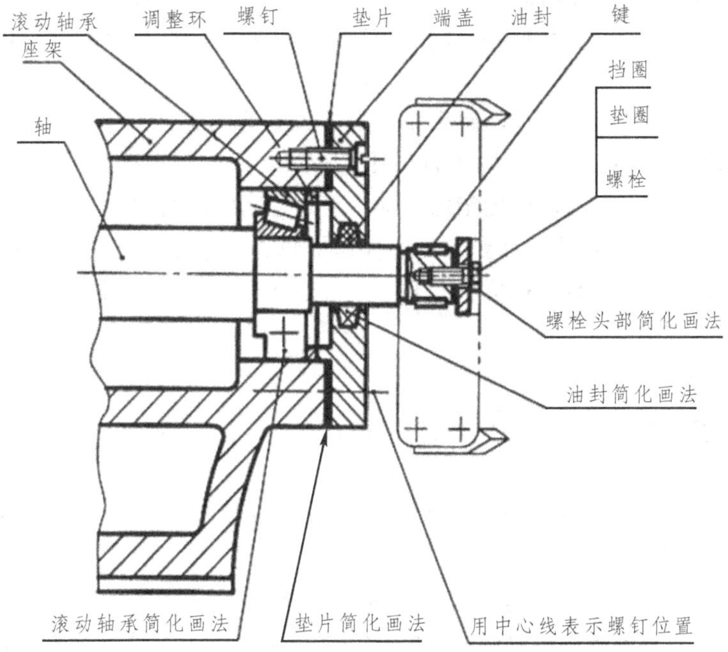

图 7-47　装配图特殊画法

6. 简化画法

(1)在装配图中,同一规格并均匀分布的螺钉、螺栓等标准件,允许详细地画出一组或几组,其余的用点画线表示出轴线位置,如图 7-47 所示。

(2)对于零件的工艺结构,如退刀槽、倒角、倒圆等,可省略不画;螺栓头部、螺母的倒角及因倒角产生的曲线允许省略,如图 7-47 所示。

(3)在装配图中,对于带传动中的传动带可用细实线表示;在链传动中,链条可用点画线表示。

7. 单独零件的表达

在装配图中,可单独画出某零件的视图,但必须在所画视图上方注出该零件的视图名称,在相应视图的附近用箭头指明投射方向,并注上同样的字母,如图 7-46 中的“泵盖 B”。

三、装配图的尺寸标注和技术要求

(一)尺寸标注

装配图与零件图不同,不需要标注出每个零件的所有尺寸,只要求标注出与装配体的装配、检验、安装或调试等有关的尺寸即可。装配图中的尺寸可分为以下几类:

(1)性能(规格)尺寸:表示装配体的规格或性能的尺寸,如图 7-44 中铣刀直径 Φ120、中心高 115 等。

(2)装配尺寸:保证装配体中各零件之间装配关系的尺寸,包括表示零件间配合性质的配合尺寸和相对位置尺寸,如图 7-44 中带轮与轴为 Φ28H8/f6,构成基孔制间隙配合;两个滚动轴承的内径与轴为 Φ35k6、外径与座体孔为 Φ80K7 等。

(3)安装尺寸:安装机器时所需要的尺寸,如图 7-44 所示铣刀头通过座体底板上的安装孔用螺栓连接在底座上,所以图中注出了座体上安装孔的直径尺寸 $4\times\Phi11$ 以及它们的定位尺寸 155、150。

(4)外形尺寸:表示机器外形轮廓大小的尺寸。它为机器的包装、运输和安装过程中所占用的空间提供依据,如图 7-4 中的 418、190。

(5)其他重要尺寸:在设计中确定的其他重要尺寸,如齿轮的中心距、为了保证运动零件有足够运动空间的尺寸、安装零件要有足够操作空间的尺寸等。

上述五类尺寸之间并不是孤立无关的,实际上,有的尺寸往往同时具有多重尺寸的特点,要根据情况具体分析。

(二)技术要求

不同性能的装配体,其技术要求也各不相同。拟订技术要求时一般可从以下几个方面考虑:

(1)装配要求:指装配体在装配过程中需注意的事项及装配后应达到的要求,如精确度、装配间隙、润滑要求等。

(2)检验要求:指对装配体基本性能的检验、试验及操作的要求。

(3)使用要求:指装配体的规格、参数及维护、保养、使用时的注意事项及要求。

装配图上的技术要求应根据装配体的具体情况而定,并将其用文字注写在明细栏的上方或图样下方的空白处。

四、装配图的零件编号和明细栏

(一)零件序号

装配图中相同的零件只编一个序号,序号按顺时针或逆时针方向整齐排列。零件序号和所指的零件之间用指引线连接,指引线的另一端画出水平细实线或细实线圆，在水平线上或圆内注写序号，序号字高比装配图中所标注尺寸的数字高度大一号或大两号,在指引线附近直接注写序号，序号字高比装配图中所标注尺寸的数字高度大两号,如图 7-48 所示。零件编号的指引线不能互相交叉,不能与图线、剖面线平行。对一组连接件或装配关系清楚的零件组,允许采用公共指引线,如图 7-48 所示。装配图中的标准化零件组件,可视为一个整体,只编写一个序号。但应注意，同一张装配图中编注序号的形式应一致。

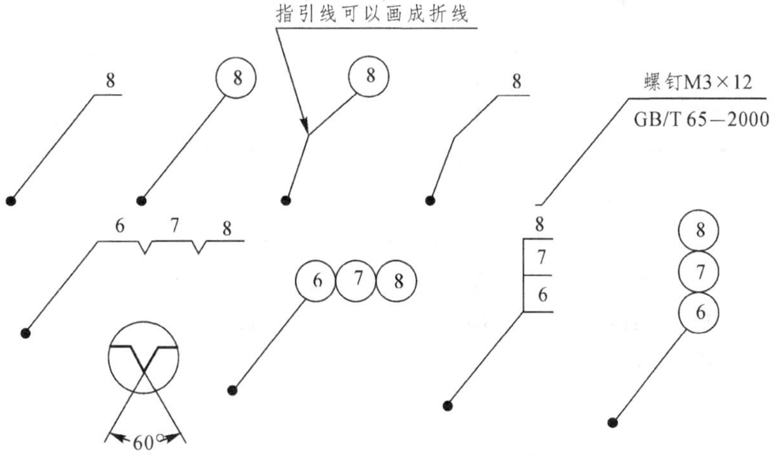

图 7-48　装配图零件序号的编写

(二)明细栏

明细栏一般由序号、名称、数量、材料、备注等组成，格式可按 GB/T 10609.2—1989 的规定绘制，也可按实际需要设置内容,如图 7-49 所示。

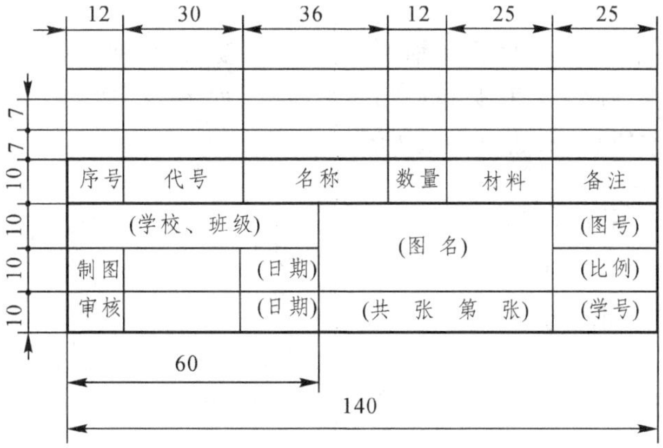

图 7-49　装配图明细栏

五、常见的装配工艺结构

在设计和绘制装配图过程中,应考虑到装配结构的合理性,以保证机器和部件的性能,并给零件的加工和装拆带来方便。下面介绍一些常见的装配结构。

(1)由于装配图一般比较复杂,因此画视图时要按一定的顺序有条不紊地进行。一般顺序是:先画对整体起定位作用大的基准件,即先大后小;先画主要结构轮廓,后画次要及细部形状,即先主后次;画出基准件,确定了主要装配线后,应按照装配位置关系及内外层次逐一画出其他零件。

(2)画装配图需注意零件间的位置关系和遮挡关系,各零件要装配到位,接触面、配合面处不留空隙;不可见结构一般不画,对剖视图一般从内向外层层“穿衣”,可避免画多余图线。

(3)两零件接触时,在同一方向上只能有一对接触面,应避免有两个面同时接触。这样,既保证了零件的接触良好,又可降低加工要求,如图 7-50 所示。

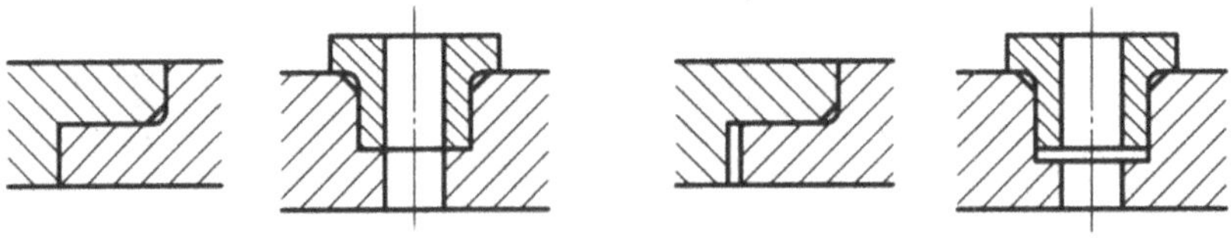

(a) (b)

图 7-50 接触面的合理结构(一)

(a)不合理; (b)合理

(4)当孔和轴配合,且轴肩和孔的端面互相接触时,为保证良好接触,孔应倒角或轴的根部切槽,如图 7-51 所示。

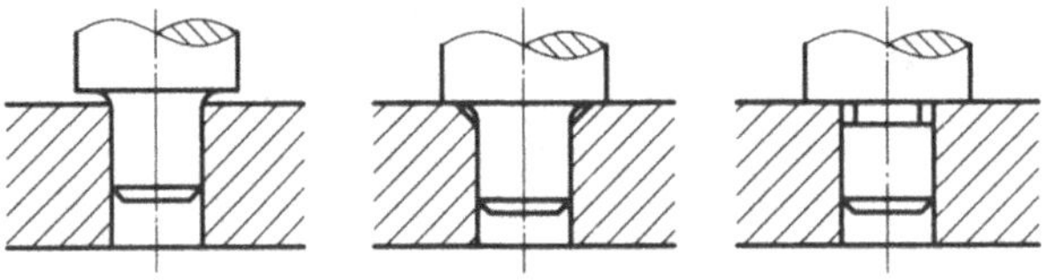

(a) (b) (c)

图 7-51 接触面的合理结构(二)

(a)不合理; (b)孔口倒角; (c)轴肩切槽

(5)在安装滚动轴承时,为防止其轴向窜动,有必要采用一些轴向定位结构来固定其内、外圈。常用的结构有轴肩、台肩、圆螺母和各种挡圈,如图 7-52 所示。在安装滚动轴承时还应考虑到拆卸的方便与否,如图 7-53 所示。

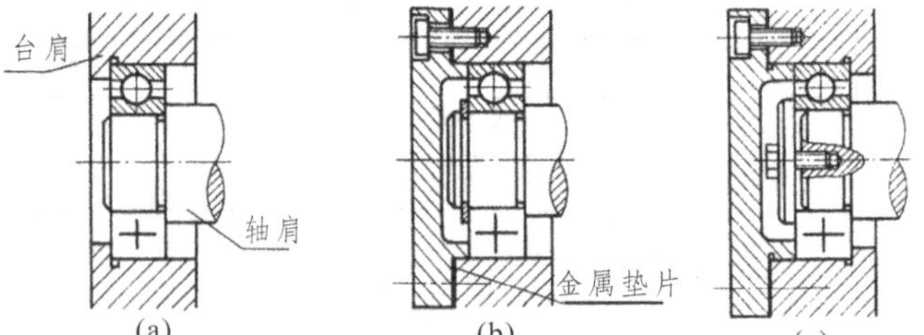

(a) (b) (c)

图 7-52 常见工艺结构

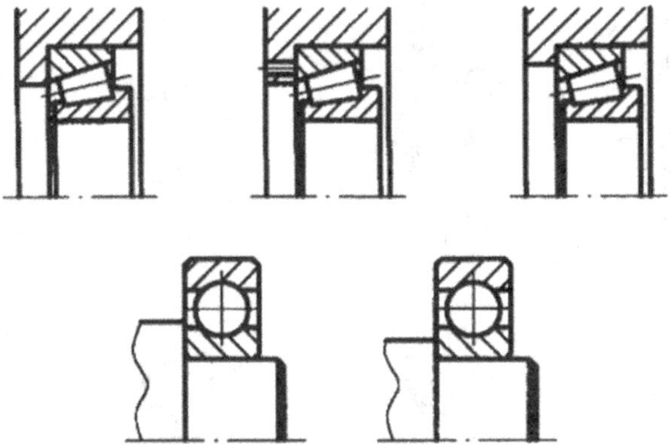

图 7-53　滚动轴承安装应便于拆卸

(6)螺纹连接的合理结构:为了保证螺纹能顺利旋紧,可考虑在螺纹尾部加工退刀槽或在螺孔端口加工倒角。为保证连接件与被连接件的良好接触,应在被连接件上加工出沉孔[见图 7-54(a)]或凸台[见图 7-54(b)],而图 7-54(c)是不正确的设计。

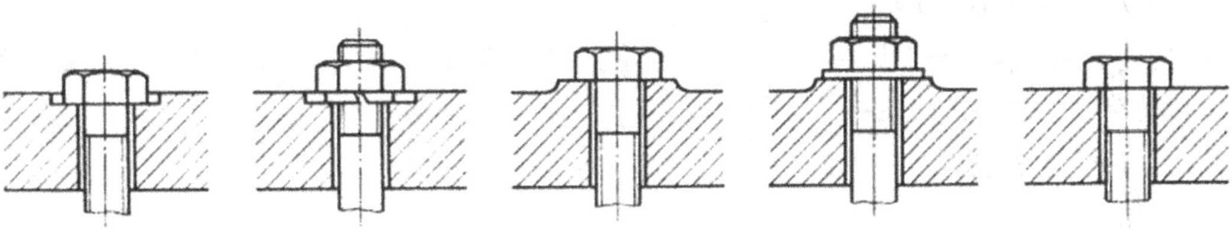

(a)　(b)　(c)

图 7-54　螺纹连接

(a)沉孔;　(b)凸台;　(c)不正确

(7)采用油封装置时油封材料应紧套在轴颈上,而轴承盖上的通孔与轴颈间应有间隙,以免轴旋转时损坏轴颈,如图 7-55 所示。

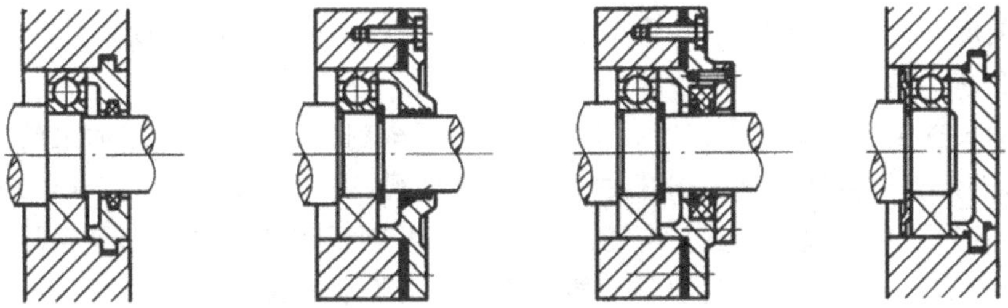

(a)　(b)　(c)　(d)

图 7-55　滚动轴承的密封和防漏

(a)毡圈式;　(b)沟槽式;　(c)皮碗式;　(d)挡片式

(8)螺纹紧固件的防松结构:大部分机器在工作时常会产生震动或冲击,因而导致螺纹紧固件松动,影响机器的正常工作,甚至诱发严重事故,所以螺纹连接中一定要设计防松装置。常用的防松装置有双螺母、弹簧垫圈、止退垫圈和开口销等,如图 7-56 所示。

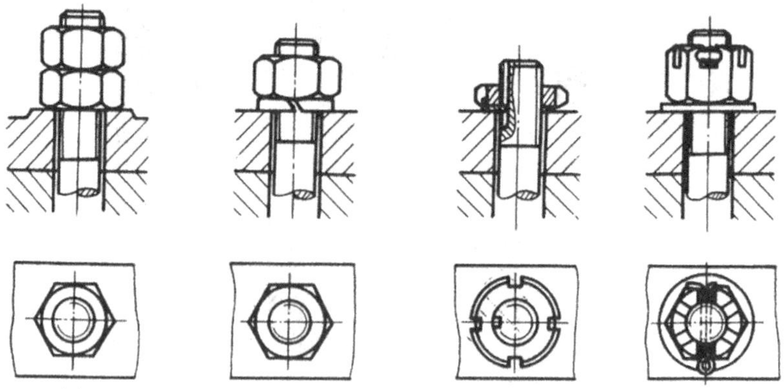

图 7-56 螺纹防松结构

(a)用双螺母防松； (b)用弹簧垫圈防松； (c)用止推垫圈防松； (d)用开口销防松

【任务实施】

(一)读装配图的要求

读装配图的目的是了解装配体的规格、性能、工作原理,各零件之间的相互位置、装配关系、传动路线及各零件的主要结构形状等。

(二)读装配图的方法和步骤

1. 概括了解

首先看标题栏,了解装配体名称、画图比例等;看明细栏及零件编号,了解装配体有多少种零部件构成,哪些是标准件;粗看视图,大致了解装配体的结构形状及大小。

图 7-57 所示装配体名称为齿轮油泵,是一种供油装置。齿轮油泵共有十种零件,其中有两种标准件,主要零件有泵体、泵盖、主动齿轮轴、从动齿轮轴等。图样比例为 1∶2。

2. 分析视图

了解装配图选用了哪些视图,哪个是主视图。明确各视图之间的投影关系、各视图的剖切方法以及表达的主要内容。

齿轮油泵选用了三个基本视图。主视图采用了全剖视,表达了齿轮油泵的主要装配关系;左视图沿泵盖与泵体结合面剖开,并采用了半剖视,表达了齿轮油泵工作原理及外形;右视图表达外形轮廓。除基本视图外,还采用了 $A—A$ 剖视表达了泵体和泵盖间的螺栓连接情况,采用了 C 向局部视图表达泵体底板及安装孔的形状和位置。

3. 分析工作原理与装配关系

齿轮油泵的工作原理,是通过齿轮在泵腔中啮合,将油从进口吸入,从出口压出。当主动齿轮轴 5 在外部动力驱动下按逆时针方向旋转时,从动齿轮轴 4 则按顺时针方向旋转,如图7-60 所示。此时,齿轮啮合区右边压力降低,油池中的油在大气压力作用下,沿吸油口进入泵腔内。随着齿轮的旋转,齿槽中的油不断沿箭头方向送到左边,然后从出口处将油输送出去。

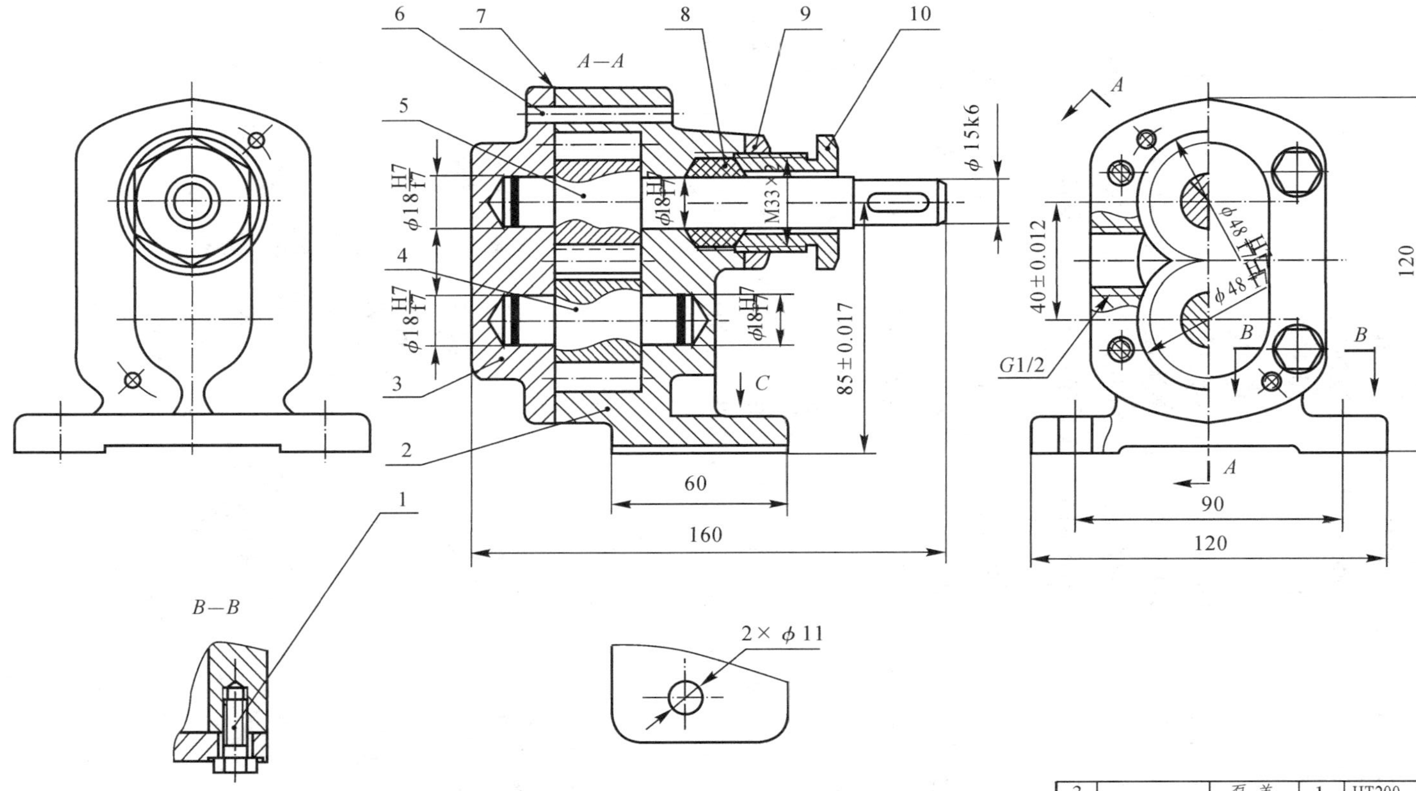

序号	代号	名称	数量	材料	备注
10		填料压盖	1	Q235A	
9		锁紧螺母	1	Q235A	
8		填料	1	毡	
7		垫片	1	纸	
6	GB/T 119—1986	销A5×50	2		
5		主动齿轮轴	1	45	
4		从动齿轮轴	1	45	
3		泵盖	1	HT200	
2		泵体	1	HT200	
1	GB/T 5783—1986	螺栓M8×20	4		

(学校、班级)			齿轮油泵	(图号)
制图		(日期)		1:2
审核		(日期)	(共 张 第 张)	(学号)

图 7－57　齿轮油泵装配图

分析装配体的装配关系,应弄清各零件间的位置关系,相关联零件间的连接方式和配合关系,并能分析出装配体的装拆顺序。如齿轮油泵中,泵体、泵盖在外,齿轮轴在泵腔中;主动轴在上,从动轴在下;泵体和泵盖通过四个螺栓连接和两个圆柱销定位;填料压盖和泵体、锁紧螺母与填料压盖间为螺纹连接;齿轮轴与泵体、泵盖为基孔制间隙配合,等等。齿轮油泵的拆卸顺序为:松开螺栓 1,将泵盖 3 卸下,即可从左边抽出主动齿轮轴 5 及从动齿轮轴 4;松开锁紧螺母 9,拧下填料压盖 10,即可从右边卸下或更换填料 8。

4. 分析零件

分析零件时,一般可按零部件序号的顺序分析每一零件的结构形状及在装配体中的作用,主要零件要重点分析。分析某一零件形状时,首先要从装配图的各视图中将该零件的投影正确地分离出来。分离零件的方法,一是根据视图之间的投影关系,二是根据剖面线进行判别。对所分析的零件,通过零部件序号和明细栏联系起来,从中了解零件的名称、数量、材料等。

例如图 7-57 所示齿轮油泵中的零件 10,在主视图上根据剖面线可把它从装配图中分离出来,再根据投影关系找出右视图中的对应投影,就不难分析出其形状(左端为螺纹,右端为六角头部,中心为孔)。查明细栏可知其名称为填料压盖,材料为 Q235A。它的作用是压紧填料 8。

5. 归纳总结

通过以上分析,最后综合起来,对装配体的装配关系、工作原理、各零件的结构形状及作用有一个完整、清晰的认识,并想象出整个装配体的形状和结构。齿轮油泵的装配结构形状如图 7-58 所示。

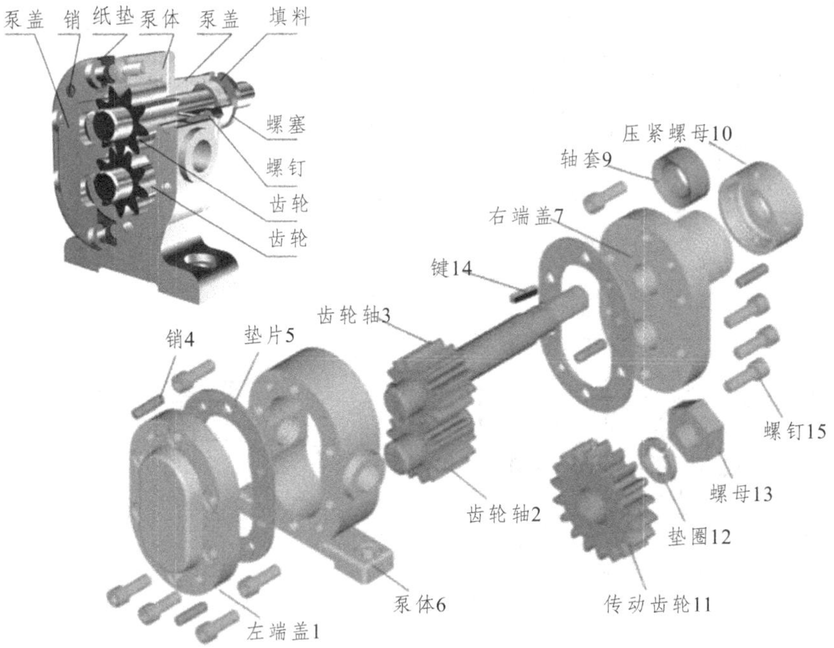

图 7-58 齿轮油泵结构图

以上所讲是读装配图的一般方法和步骤，实际上有些步骤不能截然分开，而是交替进行，综合认识，不断深入。

【知识拓展】

1. 齿轮油泵装配体的测绘及装配图绘制

装配体测绘方法及步骤如下。

(1)了解测绘对象。

(2)拆卸零、部件。

拆卸零、部件时应注意以下几个问题：

1)在拆卸之前应测量一些必要的原始尺寸，比如某些零件之间的相对位置等。

2)要制订周密的拆卸计划，合理地选用工具，采用正确的拆卸方法，按照一定的拆卸顺序依次拆卸，严禁胡乱敲打，避免损坏原有零件。

3)对于有较高精度的配合或过盈配合，应尽量少拆或不拆，避免降低原有配合精度或损坏零件。

4)为避免零件的混乱和丢失，应按照拆卸的顺序对零件进行编号、登记并贴上标签，依次整齐放置，避免碰伤、变形或丢失，从而保证再次装配的顺利进行。

(3)测绘零件并画零件草图。在装配体测绘中，画零件草图应注意以下两点：

1)标准件不必画零件草图，但应测量其主要规格尺寸，其他数据可查阅《国标》获取，并在明细表中登记。所有非标准件都必须画出零件草图，并要准确、完整地标注测量尺寸，不得遗漏。

2)零件草图可以按照装配关系或拆卸顺序依次画出，以便随时校对和协调各零件之间的相关尺寸。

2. 绘制装配图

(1)根据零件草图和装配示意图拟定装配体的视图表达方案。主视图的选择，一般按部件的工作位置选择主视图，并使主视图能够尽量反映部件的工作原理、传动路线、装配关系及零件间的相互位置等。主视图通常取剖视；其他视图的选择应能补充主视图尚未表达清楚的内容。一般情况下，部件中的每一种零件至少应在视图中出现一次。

(2)在拟定好装配体视图表达方案后，便可根据装配体的大小及复杂程度，选用合适的绘图比例，确定图幅，并画出图框及标题栏。

(3)合理布置图面。从各装配干线入手，以点划线或细线布置各视图位置

(4)由主视图入手，配合其他视图，按照装配干线由里向外逐个画出各个零件，完成装配图底稿。一般先画大的主要零件，定出框架。

(5)进一步进行细节描述，此时要细心，防止遗漏。

(6)仔细检查，确认无误后，便可加深图线，标注尺寸，注写序号，填写技术要求、标题栏和明细表，完成作图：见图 7 - 60 齿轮油泵装配图的绘制。

【学习小结】

(1)了解零件图的作用与内容，掌握绘制和阅读零件图的方法；

(2)徒手绘制零件草图；

(3)正确、完整、清晰、较合理地标注零件图的尺寸；

(4)在零件图中正确标注尺寸公差、形位公差及表面粗糙度；

(5)正确绘制和阅读零件图；

(6)掌握由装配图拆画零件图的方法；

(7)掌握装配图的识读和绘制；

(8)掌握正确的零件测绘技能及正确确定表达方案。

【自我评估】

一、选择题

1. 下列说法不正确的是________。

A. 零件图和装配图都是机械图样

B. 零件图用于装配体的装配

C. 零件图和装配图都是生产中的重要技术文件

D. 零件图表达零件的大小、形状及技术要求

2. 零件图不包括的内容是________。

A. 一组视图　　B. 足够的尺寸　　C. 必要的技术要求　　D. 明细栏

3. 下列说法正确的是________。

A. 装配图中两零件的接触面应画一条线

B. 装配图中两零件的接触面应画两条线

C. 装配图中两零件的接触面可画一条或两条线

D. 以上说法都不正确

4. 关于装配图剖面线，下列说法正确的是________。

A. 相邻零件的剖面线方向必须相反

B. 零件的剖面线间隔必须一致

C. 同一零件不同视图的剖面线必须同向且间隔一致

D. 上述说法都不正确

5. 下列关于装配图的画法，表达错误的是________。

A. 连接件通常按不剖画出

B. 为避免遮挡和重复表达，装配图常采用拆卸画法

C. 沿结合面剖切画法，剖切到的零件均不画剖面线

D. 装配图中可单独画出某一零件的视图

6. 左轴段对右轴段的同轴度公差为 $\phi 0.01$ mm，下面四个图形位公差标注正确的是________。

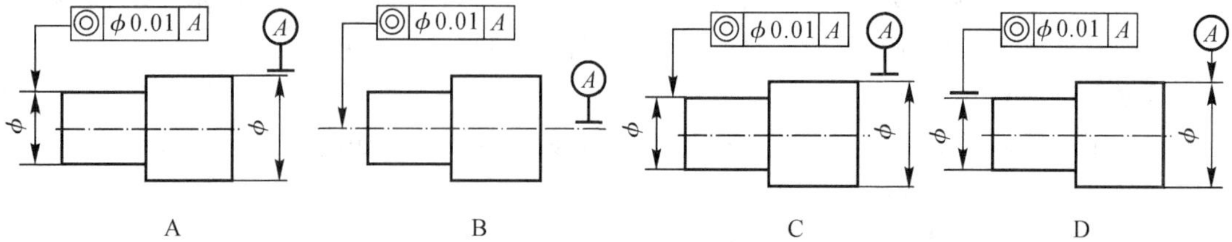

7. 下面图中尺寸公差标注不正确的是________。

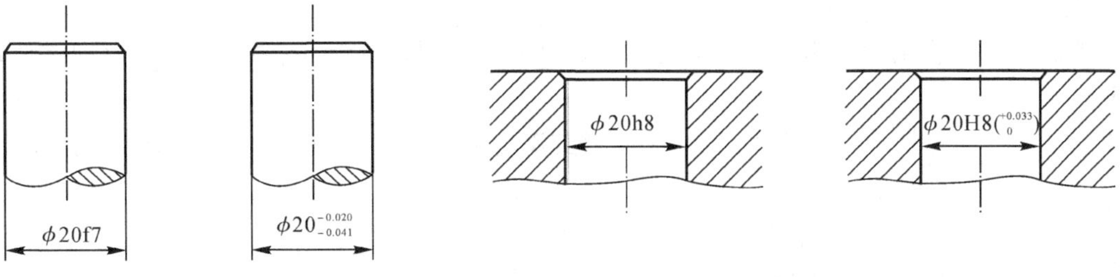

A　　B　　C　　D

8. 下面四个图中,表面粗糙度标注正确的是________。

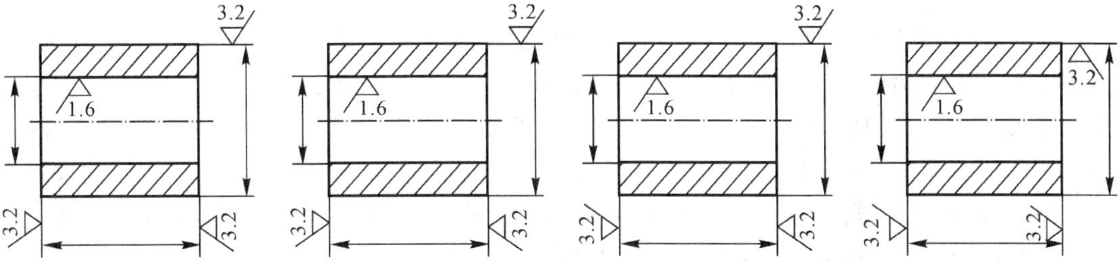

A　　B　　C　　D

二、填空题

(一)读懂形位公差,用文字表述

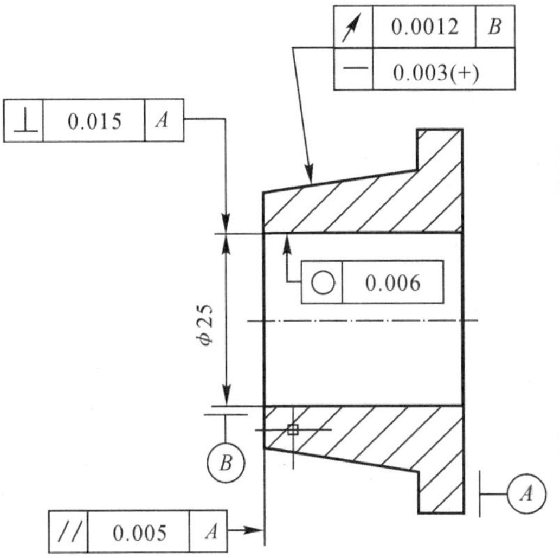

⊥ 0.015 A ________________

// 0.005 A ________________

↗ 0.0012 B ________________

— 0.003(+) ________________

○ 0.006 ________________

图　7-59

(二)阅读零件图

看懂泵体的零件图(见图 7-57),完成下列各题。

1. 图除主视图、左视图外，还包括________图和________图，说明要画这两个图的原因：____________________。

2. 用箭头在图中指出长、宽、高方向的尺寸基准，分析该零件重要的定形尺寸和定位尺寸。________。

3. 零件上有______个 M8 的螺栓孔，其深度为______；有______个 5 的销孔，其______尺寸为 20。

4. 纹代号“G1/2”的含义为____________________。

5. 解释图中所标注的形位公差代号。________________。

6. 分析想象零件形状，试画出右视方向的局部视图。

(三)阅读“齿轮油泵”装配图(见图 7－57)完成以下各题及拆画零件图

1. 齿轮油泵选用了________基本视图。主视图中齿轮属于________画法；左视图左半部为表达出二齿轮的啮合情况采用了________画法，表达了齿轮油泵工作原理及外形；右视图表达________；表达泵体底板及安装孔的形状和位置采用了 C 向视图为________画法；除基本视图外，还采用 *A*—*A* 剖视表达了________连接情况。

2. 分析齿轮油泵的工作原理，如果油从前孔吸进，从后面孔压出，二齿轮应如何旋转？试用箭头标出进油、出油及二齿轮的旋转方向。

3. 小轴与从动齿轮为基______制______配合，与泵座为基______制______配合。当主动齿轮带动从动齿轮旋转时，小轴是否一起转动，并分析原因：____________________________。

4. 填料(件 8)的材料是________，其作用是________，若要更换填料时，应卸下零件________。

5. 分析图中所注尺寸，属于特性尺寸的有____________，属于装配尺寸的有________________，属于安装尺寸的有____________，属于外形尺寸的有____________。

6. 螺栓规格型号为________，螺距为________。

7. 拆画“齿轮油泵”中“泵体”“泵座”的零件图。

学习情景八　AutoCAD 平面图的绘制

任务一　手柄的绘制

【任务描述】

手柄平面图形的的绘制(见图 8－1)。

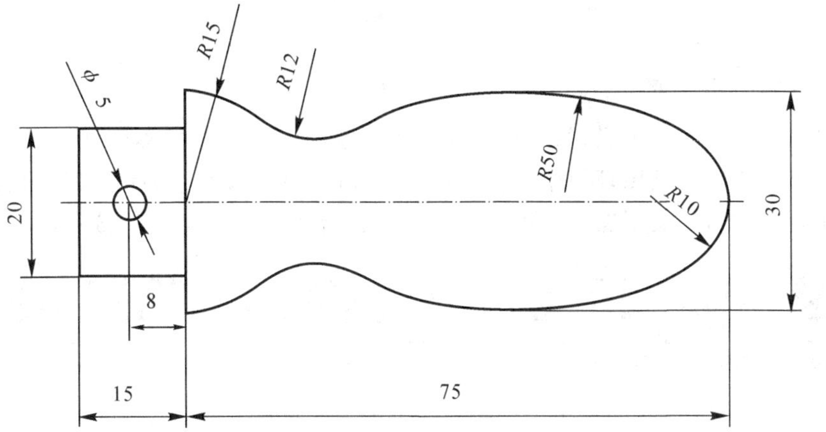

图 8－1　手柄图形

【任务分析】

掌握各种命令的使用方法。

掌握绘制平面图形的方法和技巧。

【知识准备】

绘制此平面图形需要执行圆弧连接操作,因此要使用一些圆弧、椭圆、多边形、修剪、镜像、偏移和圆角等命令。

(一)系统的工作界面

打开 AutoCAD 后,进入其工作界面,AutoCAD 2012 中文版为用户提供了 5 种工作空间模式,分别是草图与注释、三维基础、三维建模、AutoCAD 经典、初始工作空间,并可根据需要初始化设置任何一个工作空间。每个工作空间都由标题栏、菜单栏、工具栏、绘图区、命令输入窗口、状态栏、文本窗口、工具选项板窗口等部分组成。

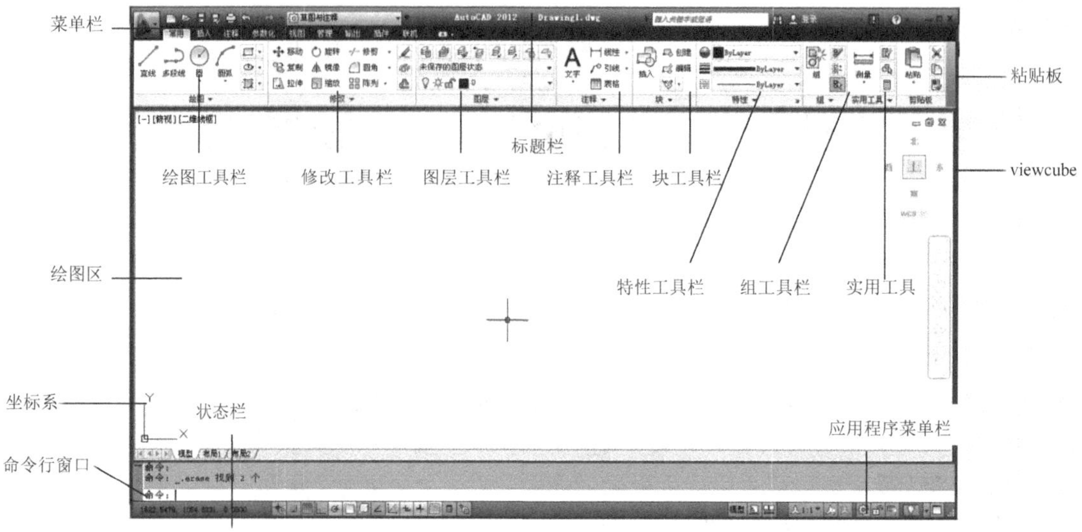

图 8 - 2　AutoCAD 2012 绘图工作界面

(二)系统的工作空间

工作空间是菜单栏、工具栏、选项板和功能区控制面板组成的集合,它使绘图人员可以在专门的、面向任务的绘图环境中进行工作。其界面主要由【菜单浏览器】按钮、快速访问工具栏、菜单栏、工具栏、文本窗口与命令行、状态栏等元素组成,如图 8 - 3 所示。

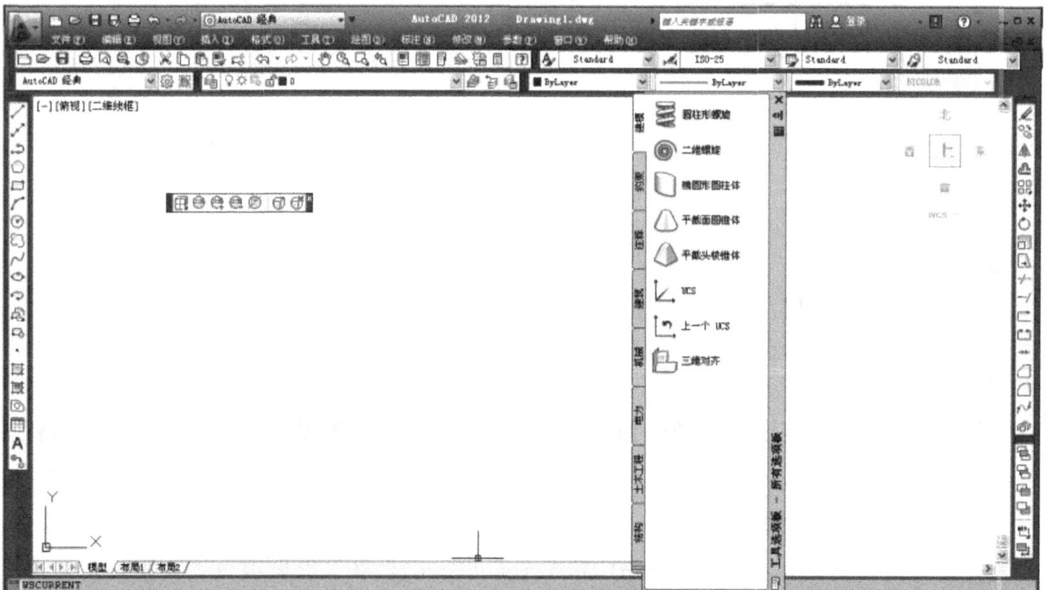

图 8 - 3　CAD 经典空间界面

(1)标题栏出现在屏幕的顶部,用来显示当前正在运行的程序名及当前打开的图形文件名。

(2)标题栏的下面是菜单栏,它包括 12 个菜单,在快速访问工具栏单击 按钮选择显示菜单栏,如图 8-4 所示。则出现菜单栏完整工具,如图 8-5 所示。

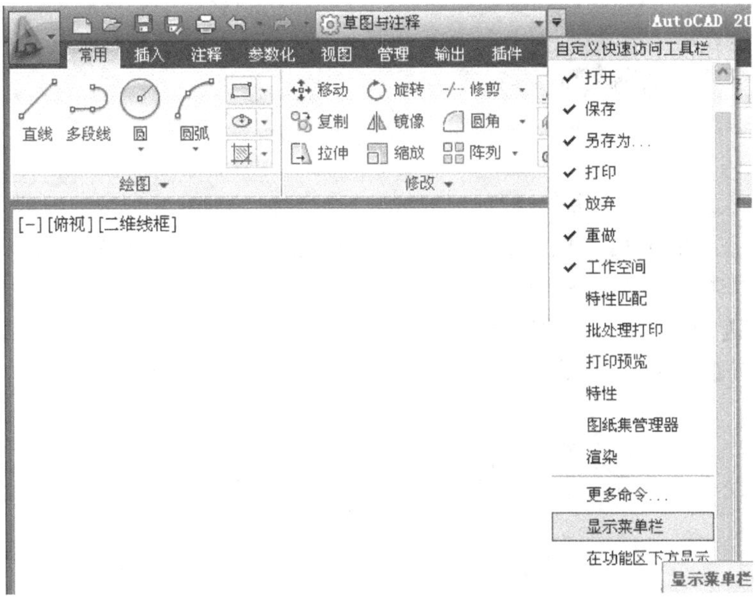

图 8-4　显示菜单栏

图 8-5　单栏完整工具

(3)工具栏包括若干个工具按钮。用户将鼠标移到工具栏的任一工具按钮上,单击鼠标左键即输入该按钮对应的命令。

将鼠标移到工具栏边界上,按下鼠标左键不放,可将该工具栏拖放到屏幕上的任意位置。当工具栏位于屏幕中间区域时称为浮动工具栏,此时将鼠标移到工具栏边界上,当鼠标变成一个双箭头时,拖动工具栏即可改变其形状。当工具栏位于屏幕边界时会自动调整其形状或初始大小,此时称为固定工具栏。

(4)绘图区没有边界,利用视窗缩放功能,可使绘图区无限增大或减小。因此,无论多大的图形,都可放置其中。

视窗的右边和下边分别有两个滚动条,可使视窗上下或左右移动,便于观察。

绘图区的下部有三个标签:模型、布局 1、布局 2,它们用于模型空间和图纸空间的切换。模型标签的左边有四个滚动箭头,用来滚动显示标签。

绘图区的左下角,有两个互相垂直的箭头组成的图形,这是 AutoCAD 的坐标系(wcs)。

当鼠标移至绘图区内时,便出现十字光标,它是绘图的主要工具。

(5)在绘图区的下方是命令输入窗口。该窗口由两部分组成,命令历史窗口和命令行,如图 8-6 所示。命令窗口可以拖放为浮动窗口。

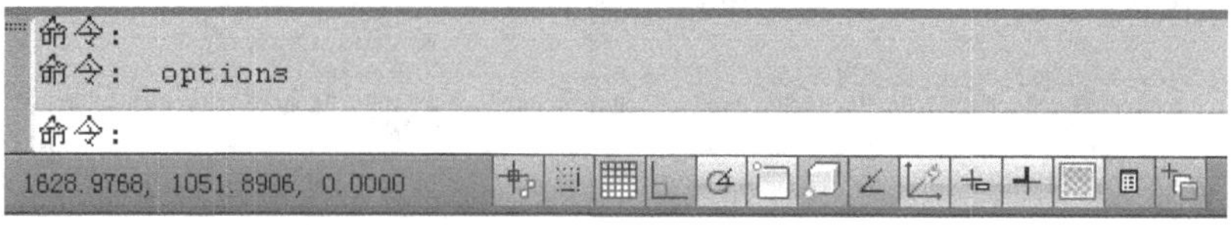

图 8-6　命令输入窗口

(6)状态栏显示当前十字光标所处位置的三维坐标、通信中心按钮和一些辅助绘图工具按钮的开关状态,如:捕捉、栅格、正交、极轴、对象捕捉、对象追踪、线宽和模型等。单击这些开关按钮,可以进行开关状态切换。

将鼠标移至辅助绘图工具某按钮上,单击鼠标右键,单击其上的“设置...”就可设置相关的选项配置,如图 8-7 所示。

图 8-7　态栏快捷菜单

(三)二维绘图部分

1. 二维绘图(绘图命令)

二维绘图命令可以通过单击如图 8-8 所示的绘制工具栏图标或绘图下拉菜单输入,也可以用键盘在命令行直接输入命令名。

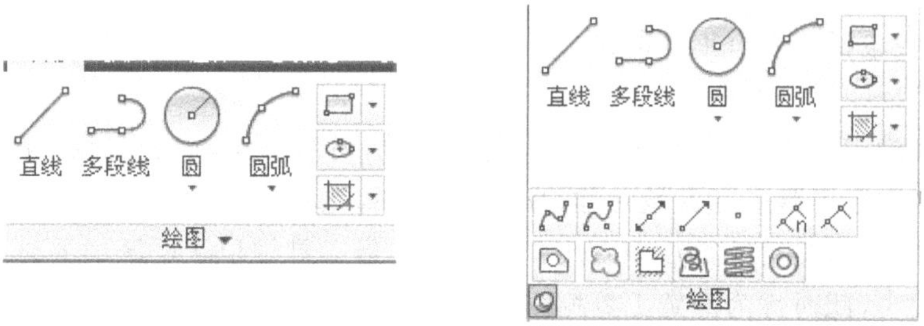

(a)　(b)

图 8-8　二维绘图的工具栏和下拉菜单

(a)绘图工具栏;　(b)绘图下拉菜单

(1)点的绘制。

“绘图”工具栏:

1)菜单:绘图→点→单个点或多个点

2)工具栏:绘图→ 

命令行:POINT↙

点可以有不同的显示特征,如图 8-9 对话框所示。单击下拉菜单的格式→点样式或直接在命令行输入 DDPTYPE 命令均可打开该对话框。

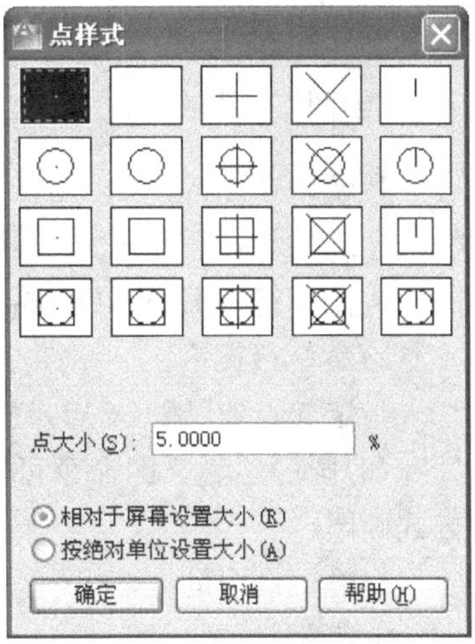

图 8-9　“点样式”对话框

(2)直线的绘制。

“绘图”工具栏 

1)单击“绘图”菜单 →“直线”。

2)指定起点。

3)可以使用定点设备,也可以在命令行上输入坐标值。

4)指定端点以完成第一条线段。

5)要在执行 LINE 命令期间放弃前一条直线段,请输入 u 或单击工具栏上的“放弃”。

6)指定其他线段的端点。

7)按 ENTER 键结束,或者按 c 键使一系列直线段闭合。

8)要以最近绘制的直线的端点为起点绘制新的直线,再次启动 LINE 命令。

9)然后在出现“指定起点”提示后按 ENTER 键。

(3)多段线的绘制。

“绘图”工具栏: 

1)输入命令的方法。

- 菜单:绘图→多段线。
- 工具栏:绘图→  按钮。
- 命令行:PLINE↙。

2)命令行提示。

指定起点:

指定下一个点或[圆弧(A)/半宽(H)/长度(L)/放弃(U)/宽度(W)]:

(4)构造线的绘制。构造线是向两端无限延伸的直线。通常用于绘制三视图时,作为长对正、高平齐、宽相等的辅助线。

“绘图”工具栏: 

1)输入命令的方法。

- 菜单:绘图→构造线。
- 工具栏:绘图→  按钮。
- 命令行:XLINE↙。

2)命令行提示。

Xline 指定点或[水平(H)/垂直(V)/角度(A)/二等分(B)/偏移(O)]:

(5)绘制或修订云线。修订云线命令用于创建由连续圆弧组成的多段线。在检查或用红线圈阅图形时,可以使用修订云线功能亮显标记,以提高工作效率。

“绘图”工具栏:

1)输入命令的方法。

- 工具栏:绘图→ 按钮。
- 命令行:REVCLOUD↙。

2)命令行提示。

指定起点或[弧长(A)/对象(O)]<对象>:

(6)圆的绘制。圆命令可以用来绘制圆。该命令提供了多个选项,以便用户根据不同的方式画圆。

1)输入命令的方法。

- 菜单:绘图→圆。
- 工具栏:绘图→ 按钮。
- 命令行: CIRCLE↙。

2)“圆心-半径”方式画圆。

通过指定圆心坐标和半径长度来绘制圆。下面命令为圆心坐标为(50,50),半径为 10 的圆如图 8-10 所示。

命令:circle↙

指定圆的圆心或[三点(3P)/两点(2P)/相切、相切、半径(T)]:50,50↙

指定圆的半径或[直径(D)]:10↙

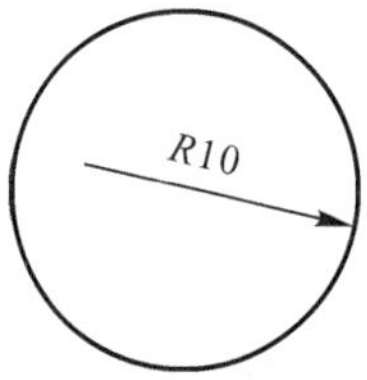

图 8-10　圆心、半径画圆

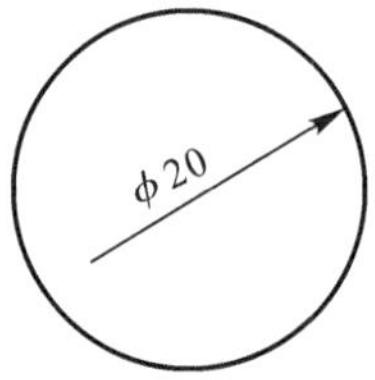

图 8-11　圆心、直径画圆

3)“圆心-直径”方式画圆。

通过指定圆心坐标和直径长度来绘制圆。下面命令为圆心坐标为(50,50),直径为 20 的圆,如图 8-11 所示。

命令:circle↙

指定圆的圆心或[三点(3P)/两点(2P)/相切、相切、半径(T)]:50,50↙

指定圆的半径或[直径(D)]<10>:d↙

指定圆的直径<20>:20↙

(7)圆弧的绘制。绘制圆弧使用 ARC 命令,AutoCAD 同样提供了多种画弧方式,如图

8-12、图 8-13 所示。

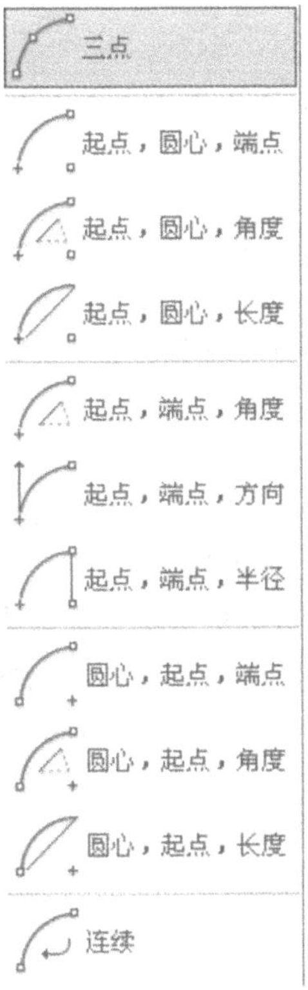

图 8-12　圆弧命令

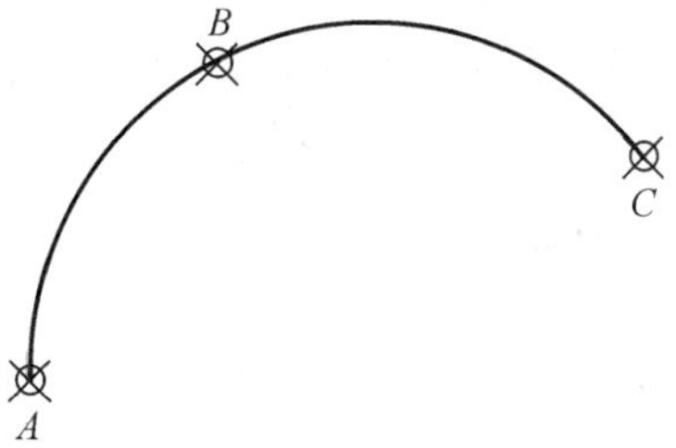

图 8-13　三点定弧

输入命令的方法。

· 菜单：绘图→圆弧。

· 工具栏：绘图→ 按钮。

· 命令行：ARC↙。

(8)椭圆和椭圆弧的绘制。根据已知条件，可用 ELLIPSE 命令选择多种方式画椭圆或椭圆弧。椭圆由定义其长度和宽度的两条轴决定。较长的轴称为长轴，较短的轴称为短轴，如图 8-14 所示。

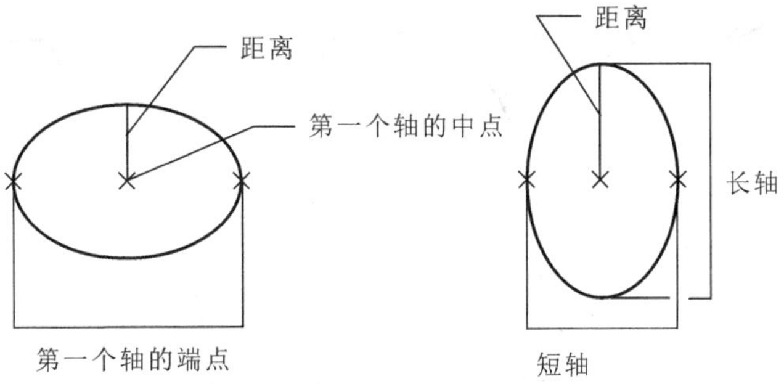

图 8-14　不同的旋转角生成的椭圆

输入命令的方法。

·菜单:绘图→椭圆。

·工具栏:绘图→ 按钮。

·命令行:ELLIPSE↙。

命令:ELLIPSE↙。

·圆弧(A):该选项用于绘制椭圆弧,选择该选项后 AutoCAD 提示:

指定椭圆弧的轴端点或[中心点(C)]:

这一提示与前面的画椭圆的提示相同,要求输入椭圆的轴端点或中心点来绘制椭圆。在确定了椭圆以后,系统将提示绘制椭圆弧的有关操作。

指定起始角度或[参数(P)]:

指定终止角度或[参数(P)/包含角度(I)]:

依次响应了上面的提示后,AutoCAD 将创建相应的椭圆弧。

·中心点(C):选择该选项后,AutoCAD 提示输入椭圆的中心点,之后提示输入某一轴的端点。这样就确定了椭圆的一个半轴,后面的操作过程与"指定椭圆轴端点"选项相同。

(9)正多边形的绘制。画正多边形时首先输入边数,再选择按边或按中心来画,若按中心,则又分为按外接圆半径或内切圆半径两种画法,如图 8-15 所示。

(1)输入命令的方法。

·菜单:绘图→正多边形)。

·工具栏:绘图→ 按钮。

·命令行:POLYGON↙。

2)命令行提示

输入边的数目＜4＞。

指定正多边形的中心点或[边(E)]。

输入选项[内接于圆(I)/外切于圆(C)]。

指定圆的半径。

若指定边画正多边形,则在以上提示的第二行输入 E,然后拾取边的两个端点 A、B,系统按 A、B 顺序以逆时针方向绘制正多边形。

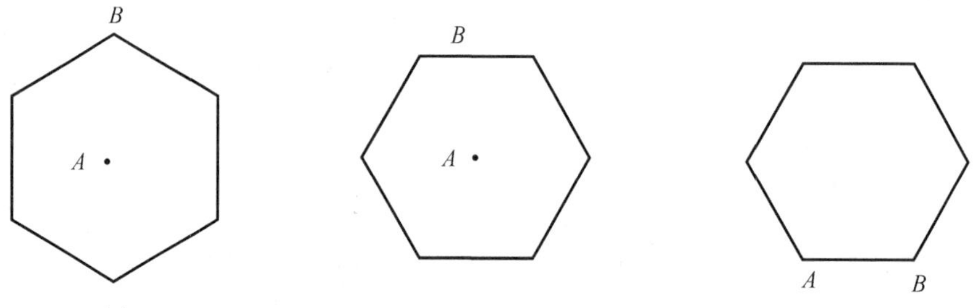

(a) (b) (c)

图 8-15 正多边形的三种画法

(a)中心和外接圆; (b)中心和内切圆; (c)边的两个端点

(10)文本注释。图形中的文字表达了重要的信息。用户可以在标题中使用文字,还可以用文字标记图形的各个部分,给出技术要求或用文字进行注释。AutoCAD 提供了多种文字处理方式。一般而言,对简短的输入项使用单行文字,对带有内部格式的较长输入项使用多行文字。

1)设置文字样式。文字的外观由文字样式确定,如果在输入文字前用户不做任何设置,则输入的文字使用系统默认的文字样式。

输入命令的方法:

- 菜单:格式→文字样式。
- 工具栏:注释→  按钮。
- 命令行:STYLE↙。

输入命令将打开图 8-16 所示的“文字样式”对话框。

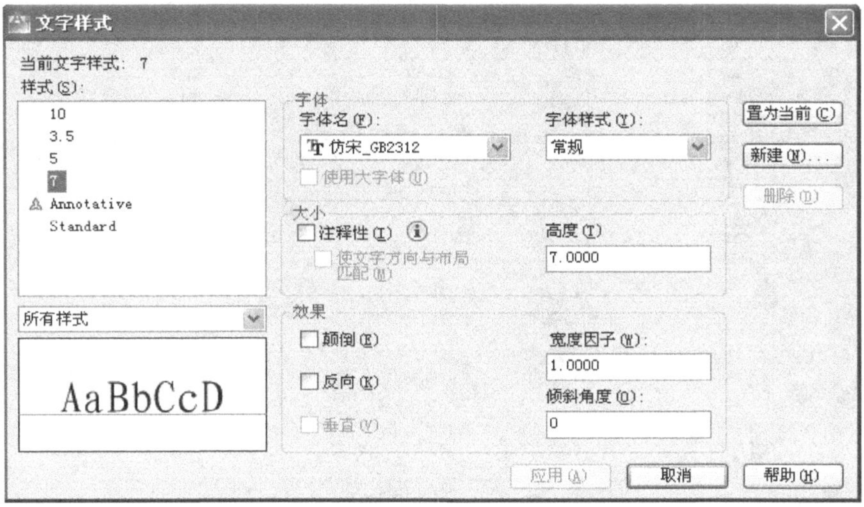

图 8-16　“文字样式”对话框

2. 二维绘图(修改命令)

图形编辑是指对已有图形对象进行移动、旋转、缩放、复制、删除、修剪及其他修改等操作。AutoCAD 不仅可以很方便地绘制平面图形,而且具有强大的图形编辑功能。其常用的方法有:

1)输入各种编辑命令。

2)通过修改菜单选择编辑命令,如图 8-17(a)所示。

3)在修改工具栏上选择编辑命令,如图 8-17(b)所示。

4)利用夹点编辑。

5)利用对象特性对话框编辑对象的特性。

要想对已有对象进行编辑,必须把要进行操作的对象选择出来。下面介绍 AutoCAD

中选择对象的方法。

(1)选择对象。被选中的对象将变为虚线且高亮显示,并出现蓝色的夹点,如图 8-18 所示。

为了方便地在各种情况下选择物体,常用的选择方法有两种。

1)逐个点取。这是最常用也是最简单的办法。用鼠标(或其他定点设备)的光标直接在被选择对象上单击,就如同用手指选择物体一样,一次选择一个对象,直到要选择的对象全部变为虚线且高亮显示为止。

如果在点选时,不小心选择了不该选择的对象,则可以按住 SHIFT 键并再次点取该对象,将其从当前选择集中删除。

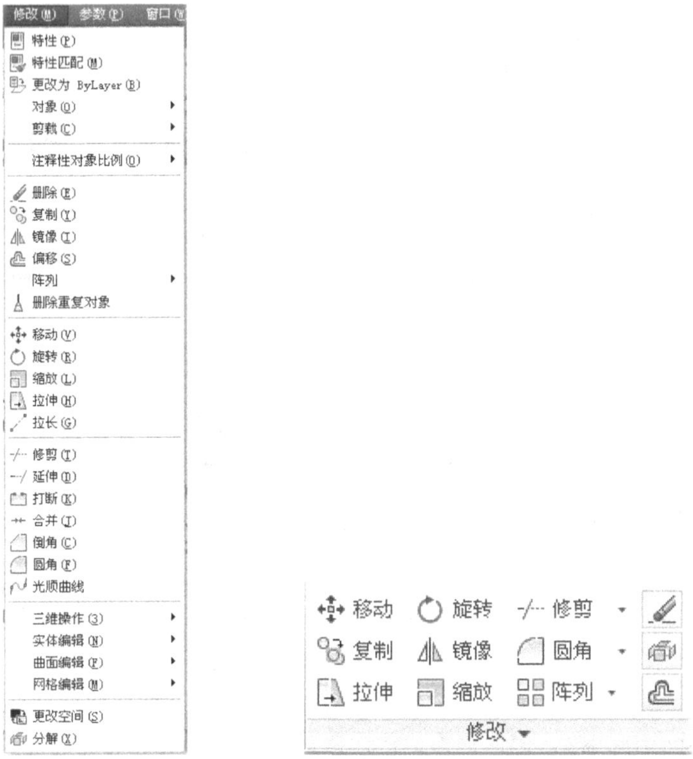

(a) (b)

图 8-17 修改方法

(a)修改菜单栏; (b)修改工具栏

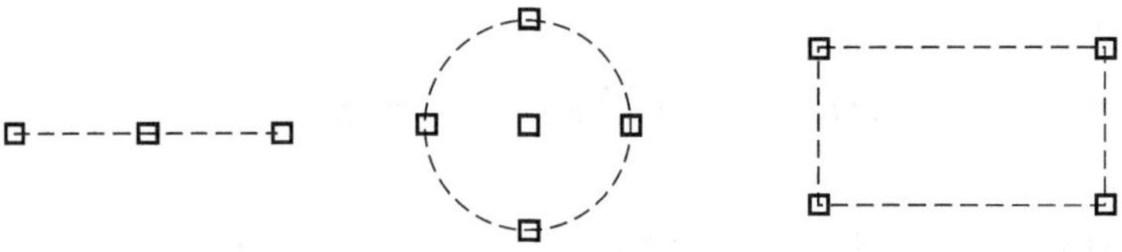

图 8-18 被选择的对象

2)矩形窗口选择。当要选择较多对象时,使用逐个点取的方法是不方便的,应采用矩形窗口选择。

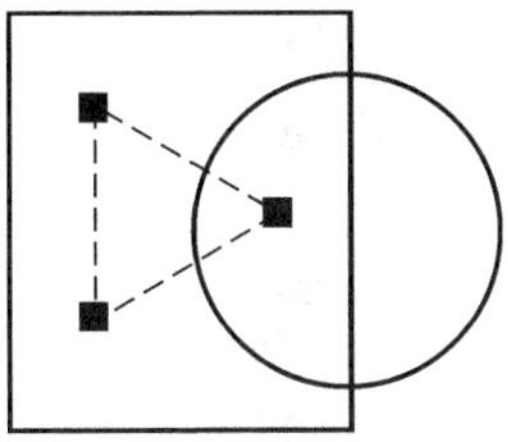

图 8－19　从左边框选窗口选择

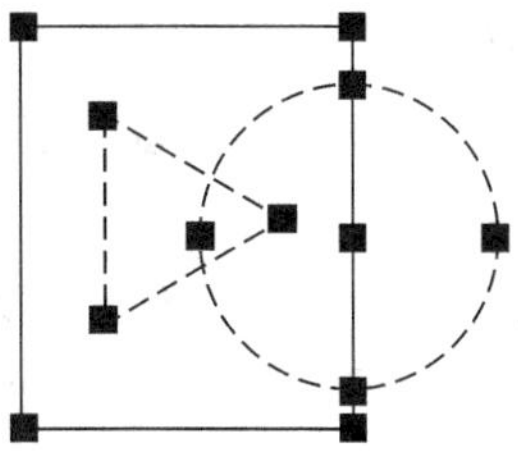

图 8－20　从右边框选窗交选择

3)全选。

· 命令行输入:ai_selall↙。

· 键盘输入 Ctrl＋A。

· 菜单:实用工具→  。

采取以上方法就可以选择非冻结的图层上的所有对象。

4)其他的选择方法。以上介绍了 AutoCAD 常用的选择方法,其他的选择方法还有:上一个、前一个、类、多个、放弃、自动和单个等。

(2)删除。

“修改”工具栏: 

1)删除对象是一个基本的操作。

2)最常用的输入命令方法:

· 菜单:修改→删除。

· 工具栏:修改→  按钮。

· 命令行:ERASE 或 E↙。

· 键盘:选中对象后按 Delete 键。

激活命令后,系统将提示选择对象,然后按回车键结束对象选择,系统便删除了这些对象。

(3)恢复。Oops 可恢复由上一个“Erase”“BLOCK”或“WBLOCK”命令删除的所有对象,可以在执行删除操作后,又进行了许多其他操作时使用。

(4)放弃。输入命令方法:

· 菜单:编辑→放弃(U)删除。

· 工具栏:标准→  按钮。

· 命令行:UNDO 或 U↙。

· 键盘:Ctrl＋Z。

在操作过程中,进行了错误的操作时,可以用“放弃(Undo)”命令来取消这次错误的操作。

在工具按钮右边有小黑三角,表明按住这个按钮可以打开选择项,可以选择取消前面操作中的哪一项。也可以逐个地取消前面的一系列操作。但放弃命令不能取消诸如 SAVE、OPEN、NEW 或 COPYCLIP 等对设备进行读、写数据命令的操作。

(5)重做。输入命令方法:

· 菜单:编辑→重做。

- 工具栏:标准→ 按钮。
- 命令行:REDO↙。
- 键盘:Ctrl+Y。

在执行“放弃”命令时,如果发生了操作失误,可以使用“重做”命令来恢复由“放弃”命令取消的操作。

注意:当在命令行中键入 REDO 命令时,不可以使用 R 来代替。该命令必须紧跟在“放弃”命令之后使用,它不可重复其他命令操作。

(6)复制。复制命令可以将对象进行一次或多次复制。复制生成的每个对象都是独立的。

输入命令的方法如下:

- 菜单:修改→复制。
- 工具栏:修改→ 按钮。
- 命令行:COPY 或 CO↙。

(7)偏移。偏移命令能对直线、多义线、圆弧、椭圆弧、圆、椭圆或曲线作等距离偏移。

输入命令的方法如下:

- 菜单:修改→偏移。
- 工具栏:修改→ 按钮。
- 命令行:OFFSET 或 O↙。

(8)阵列。阵列命令能按矩形、路径、或环形阵列方式多重复制对象。矩形阵列将对象按照行和列来复制,环形阵列将围绕某个中心点进行等角度的复制,路径阵列将围绕某个路径(指定用于阵列路径的对象。选择直线、多段线、三维多段线、样条曲线、螺旋、圆弧、圆或椭圆。)进行等角度或路线的复制。

1)矩形阵列。

- 菜单:修改→矩形阵列。
- 工具栏:修改→ 按钮。

操作步骤如下:

- 选择要排列的对象,并按 Enter 键。
- 指定栅格的对角点以设置行数和列数。
- 在定义阵列时会显示预览栅格。
- 指定栅格的对角点以设置行间距和列间距。
- 按 Enter 键,如图 8-21 所示。

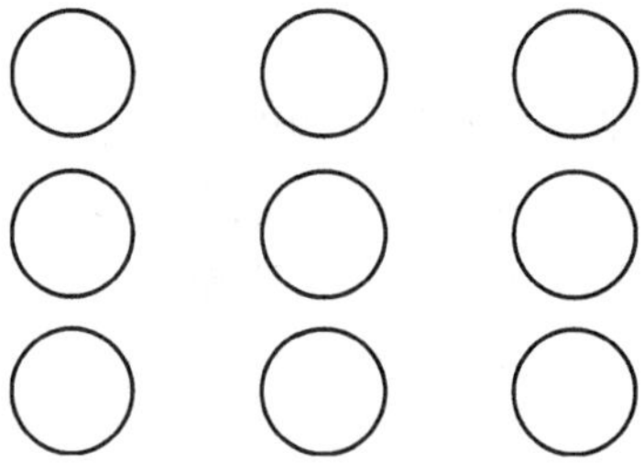

图 8-21　矩形阵列的效果

2)环形阵列。

· 菜单:修改→环形阵列。

· 工具栏:修改→ 按钮。

要将对象进行环形阵列,设置必要的选项。显示如下:

选择对象:使用对象选择方法。

指定阵列的中心点或[基点(B)/旋转轴(A)]:指定中心点或输入选项。

输入项目数或[项目间角度(A)/表达式(E)]＜最后计数＞:指定项目数或输入选项。

指定要填充的角度(＋ ＝ 逆时针,－ ＝ 顺时针)或[表达式(E)]:输入填充角度或输入选项。

按 Enter 键接受或[关联(AS)/基点(B)/项目(I)/项目间角度(A)/填充角度(F)/行(ROW)/层 L)/级(旋转项目(ROT)/退出(X)]＜退出＞:按 Enter 键或选择选项。具体说明如下:

· 圆心:指定分布阵列项目所围绕的点。旋转轴是当前 UCS 的 Z 轴。

· 基点:指定阵列的基点。对于关联阵列,在源对象上指定有效的约束以用作基点。如果编辑生成的阵列的源对象,阵列的基点保持与源对象的关键点重合。

· 复制时旋转项目:是否将阵列生成的对象进行旋转,在预览区域可以看到旋转和不旋转的区别。

其他控件与矩形阵列相同,这里不再叙述。

(9)移动。移动命令能在指定方向上按指定距离移动对象。

输入命令的方法:

· 菜单:修改→移动。

· 工具栏:修改→ 按钮。

· 命令行:MOVE 或 M↙。

激活命令后,系统首先提示用户选择对象,然后提示用户指定两个点,这两个点定义了一个位移矢量,它指明了对象的移动距离和移动方向。如果在确定第二个点时按 ENTER 键,那么第一个点的坐标值就被认为是相对的 X、Y、Z 位移。

(10)旋转。ROTATE 命令能将对象在平面上绕指定基点旋转一个角度。

输入命令的方法:

· 菜单:修改→旋转。

· 工具栏:修改→ 按钮。

· 命令行:ROTATE 或 RO↙。

激活该命令后,AutoCAD 首先提示用户选择对象,然后要求指定基点,最后提示用户指定旋转角度。指定旋转角度时可以使用“参照(R)”选项,该选项要求用户指定参照角和新角度。参照角可以通过两个点来确定,旋转角等于新角度减去参照角。

如图 8－22 为旋转矩形使其 AB 边的方向角为 60°。

(11)缩放。缩放命令能将被选择对象相对于基点按照比例放大或缩小。

输入命令的方法

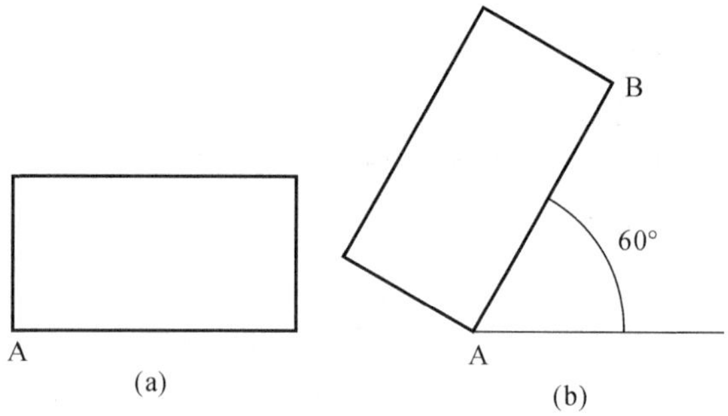

图 8－22　旋转对象

· 菜单：修改→缩放。

· 工具栏：修改→  按钮。

· 命令行：SCALE 或 SC↙。

(12)拉伸。用 STRETCH 命令可以拉伸或移动对象。在拉伸对象时，落在选择窗口内的部分被移动，窗口外的部分原地不动，但移动部分和不动部分依然相连。如果对象的全部都落在选择窗口内，则对象整体被移动。

1)输入命令的方法。

· 菜单：修改→拉伸。

· 工具栏：修改→  按钮。

· 命令行：STRETCH 或 S↙。

2)命令行提示。以交叉窗口或交叉多边形选择要拉伸的对象…

此提示用户用交叉窗口或交叉多边形方式选择要拉伸的对象。如果对象的所有部分都在选择窗口内，则 STRETCH 命令将移动这些对象，否则只有落在窗口内的部分被拉伸。但并不是任何对象都能被拉伸，AutoCAD 只能拉伸圆弧、椭圆弧、直线、多段线线段、射线和样条曲线等对象。

在按照要求选择了对象以后，AutoCAD 提示：

指定基点或位移：

指定位移的第二点或＜用第一个点作位移＞：

这两行提示分别要求输入两个点，系统使用这两点来确定拉伸位移向量。如果不输入第二点，则系统用原点和第一点确定拉伸矢向量。

(13)打断。BREAK 命令提示用户在对象上指定两个点，然后删除两点之间的部分，如果两点距离很近或位置相同，则在该位置将对象切开成两个对象。

“修改”工具栏：

输入命令的方法：

· 菜单：修改→打断。

· 工具栏：修改→  按钮。

· 命令行：BREAK 或 BR↙。

激活该命令后，AutoCAD 提示：

选择对象：

指定第二个打断点或[第一点(F)]：

第一句提示用户选择对象，只能使用点选方式或 Fence 方式选择。

第二句提示要求用户指定第二个断点或键入进入“第一点(F)”选项。如果直接指定第二个断点，则第一个断点认为是点选对象时的拾取点；如果键入 F，则 AutoCAD 要求用户指定第一个断点，再指定第二个断点，最后切除两点之间的部分。

如果只是将对象从某个位置切开成两个对象，而不是切除其某一部分，则可以在提示输入第二断点时键入@，这时第二个断点与第一个断点重合，物体从断点处一分为二。修改工具栏上的“打断于点”按钮 就是完成这一功能。

注意：AutoCAD 按逆时针方向删除圆上第一断点到第二断点之间的部分。

图 8-23 所示为截断对象示例，分别以 A、B 两点作为第一、第二断点。

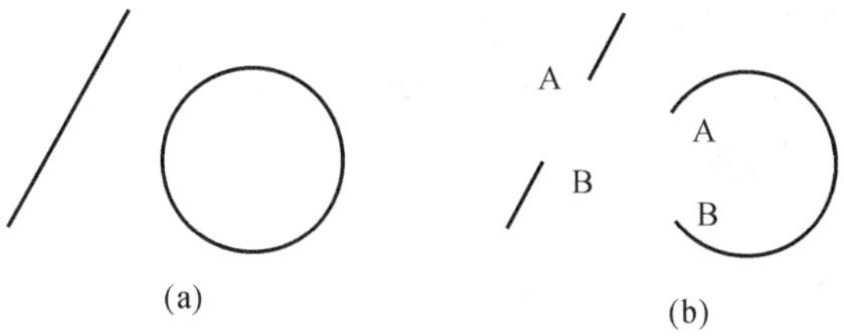

图 8-23　截断对象示例

(a)截断前；　(b)截断后

(14)修剪。使用 TRIM 命令，可以修剪对象，使它们精确地终止于由其他对象定义的边界。

1)输入命令的方法：

· 菜单：修改→修剪。

· 工具栏：修改→ 按钮。

· 命令行：TRIM 或 TR↙。

2)命令行提示：

当前设置：投影=UCS，边=无。

选择剪切边…

选择对象：

第一句显示了当前的投影模式和相交模式，第二、三句提示用户选择作为剪切边的对象。当结束选择后，AutoCAD 继续提示：

选择要修剪的对象，或按住 Shfit 键选择要延伸的对象，或[[栏选(F)/窗交(C)/投影(P)/边(E)/删除(R)/放弃(U)]：：

在此提示下，如果直接拾取对象，则修剪该对象。拾取的位置决定了对象的哪一部分被剪掉。图 8-24 示意了拾取点时，对象被修剪前后的变化。如果拾取对象的同时按 Shift 键，则延伸该对象。

其他三个选项说明如下；

· 投影：设置投影模式。缺省模式为 UCS，即将被剪对象和剪切边投影到当前 UCS 的

XY 平面上,还可以设置为不投影或沿线方向投影到视图区。

· 边:剪切边与被剪对象是直接相交还是延长相交。

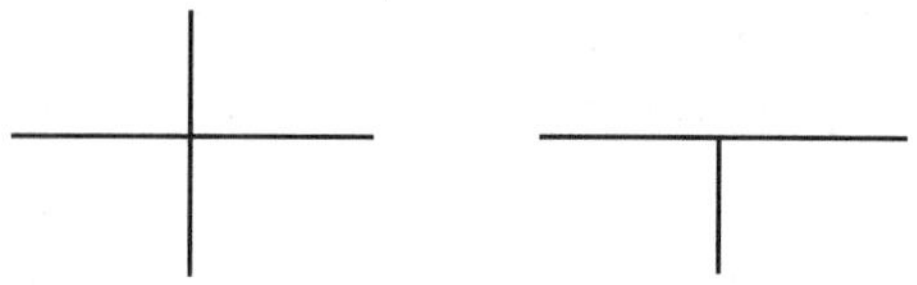

(a)　　　　(b)

图 8-24　修剪对象示例

(a)修剪前;　(b)修剪后

· 删除:删除该对象。

· 放弃:取消 TRIM 命令最近所完成的操作。

提示:在 AutoCAD 提示用户选择剪切边时,可以直接回车而不选择任何对象,系统将距离拾取点最近、可以作为剪切边的对象作为剪切边。

(15)延伸。延伸命令能延伸对象,使它们精确地延伸至由其他对象的边界,或将对象延伸到它们将要相交的某个边界上。

输入命令的方法:

· 菜单:修改→延伸。

· 工具栏:修改→ ---/ 按钮。

· 命令行:EXTEND 或 EX↙。

运行 EXTEND 命令后,AutoCAD 提示:首先选择边界,然后指定要延伸的对象。其他的选项的含义与 TRIM 命令非常相似,在此不再赘述,如图 8-25 所示。

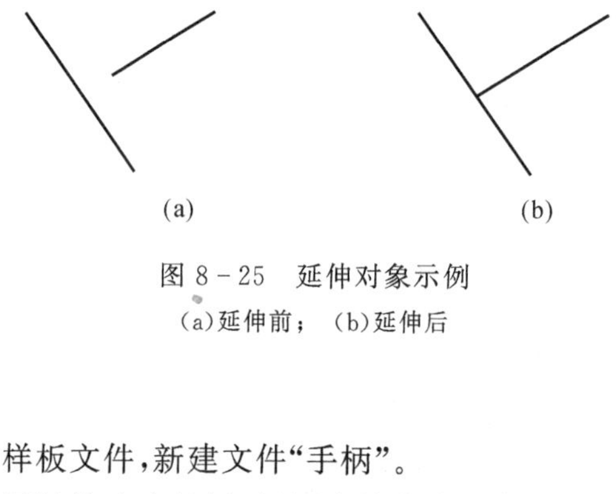

(a)　　　　(b)

图 8-25　延伸对象示例

(a)延伸前;　(b)延伸后

【任务实施】

步骤 1:利用建立的样板文件,新建文件“手柄”。

步骤 2:将中心线图层转换为当前层,调用直线命令绘制长度约为 100 mm 的中心线。

步骤 3:将粗实线图层转换为当前层,单击(绘图)菜单栏中的(构造线)命令,绘制一个构造线作为辅助线。

步骤 4:单击(修改)菜单栏中的(偏移)命令,分别偏移距离设置为 7,15,90,对垂直构造线向右偏移复制,如图 8-26 所示。

步骤 5:单击(绘图)菜单栏中的(直线)命令,在最左边的交点作为起点,绘制手柄左侧的轮廓线。

步骤 6:单击(绘图)菜单栏中的(圆)命令,分别以左二左三两交点为圆心,绘制半径为 2.5 和 15 的圆。

图 8 - 26　绘制手柄的平面轴线

步骤 7:执行(偏移)命令,将最右侧的垂直构造线向左偏移 10 个绘图单位,将水平构造线向上偏移 15 个绘图单位,如图 8 - 27 所示。

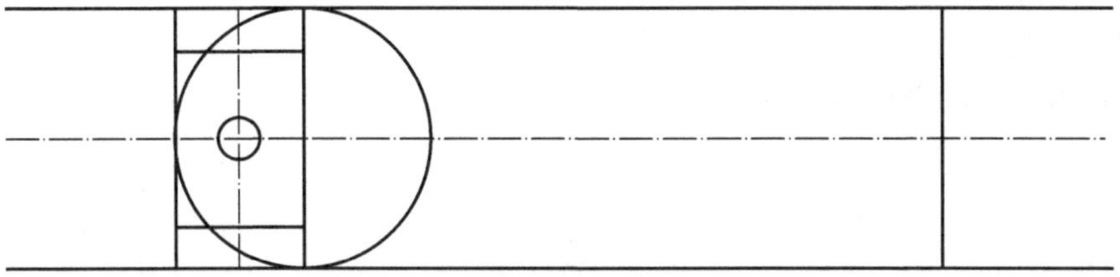

图 8 - 27　绘制手柄平面图左边部分线段

步骤 8:再次偏移(圆)命令,配合偏移出的构造线,分别绘制半径为 10 和 50 的两个圆。

步骤 9:单击(绘图)菜单栏中的(圆)/(相切,相切,半径)命令,分别以半径 50 和 15 的两个圆作为相切对象,绘制半径为 12 的相切圆,如图 8 - 28 所示。

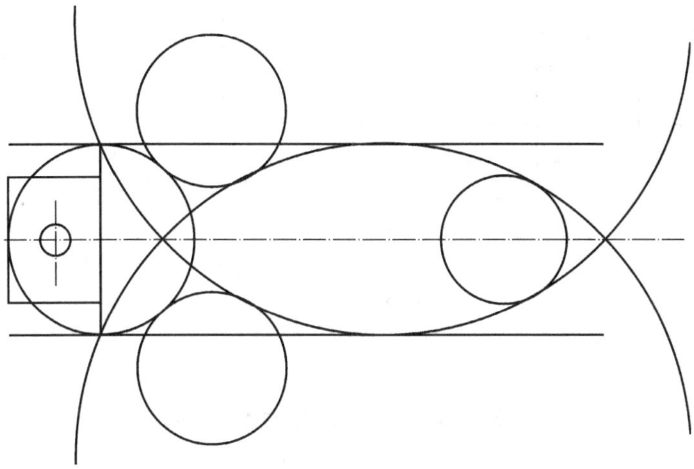

图 8 - 28　通过辅助线段绘制出手柄轮廓线

步骤 10:单击(修改)菜单中的(删除)命令,删除多余的线段。

步骤 11:单击(修改)菜单中的(镜像)命令,对位于水平构造线上侧的手柄轮廓线进行镜像复制,并使用(保存)命令进行存盘。

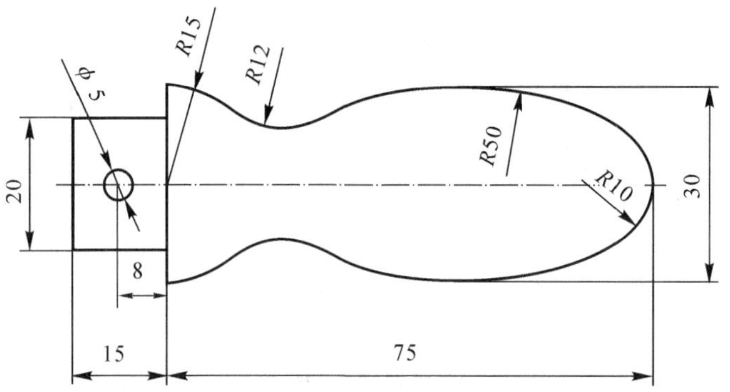

图 8－29　手柄平面图形完成图

【自我评估】

完成图 8－30 的平面图形的绘制

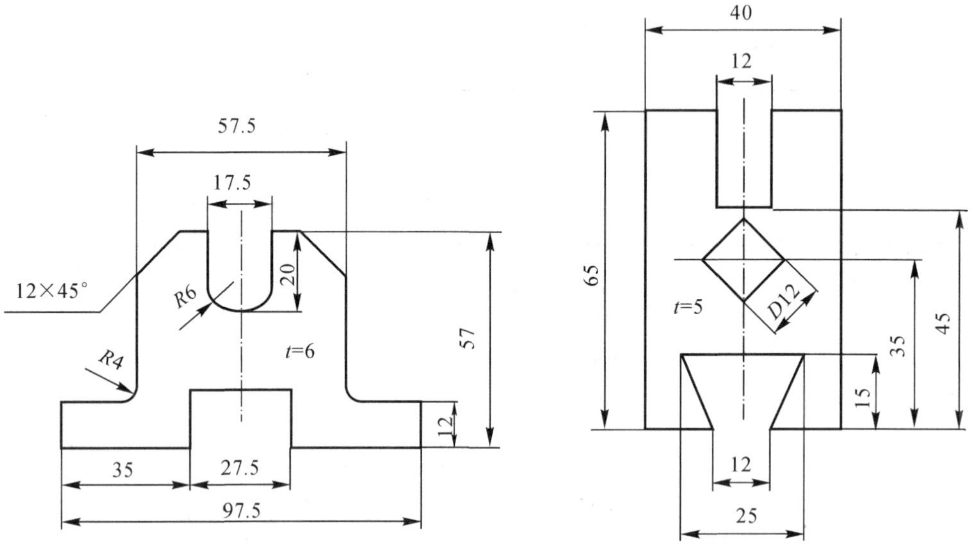

(a)　　(b)

图　8－30

任务二　丝杆的绘制

【任务描述】

丝杆平面图形的的绘制(见图 8－31)。

【任务分析】

绘制此平面图形需要执行圆弧连接操作,因此要使用一些直线、圆、曲线、修剪、镜像、填充、偏移和圆角等命令。

【知识准备】

根据绘制此图的要求介绍部分绘图和编辑命令。

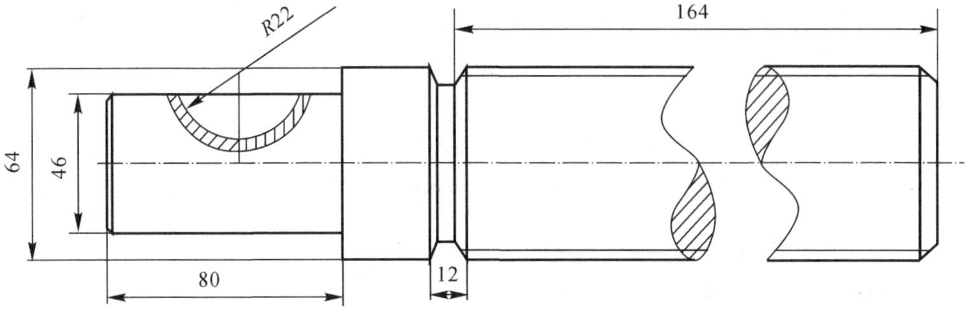

图 8－31　丝杆平面图完成图

一、二维绘图(绘图命令)

1. 矩形的绘制

用 RECTANG 命令绘制矩形时只需要给定矩形对角线上的两个端点即可，矩形各边的线宽由多义线(PLINE)命令定义。

(1)输入命令的方法。

- 菜单：绘图→矩形。
- 工具栏：绘图→  按钮。
- 命令行：RECTANG↙。

(2)命令行提示。

指定第一个角点或[倒角(C)/标高(E)/圆角(F)/厚度(T)/宽度(W)]。

2. 样条曲线拟合

样条曲线是按照给定的某些数据点(控制点)拟合生成的光滑曲线，它可以是二维曲线或三维曲线。样条曲线最少应有三个顶点，在机械图样中常用来绘制波浪线、凸轮曲线等(见图 8－32)。

(1)输入命令的方法。

- 菜单：绘图→样条曲线拟合。
- 工具栏：绘图→ 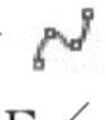 按钮。
- 命令行：SPLINE↙。

(2)命令行提示。

指定第一个点或[方式(M)/节点(K)/对象(O)]。

3. 图案填充

在绘制图形时，经常会遇到图案填充。图案填充，就是将某种图案填充到某一指定区域。比如绘制物体的剖视图或断面时，需要用某种图案填充某个指定的区域。图案填充，一般用来表示材料性质或表面纹理，也可以用来填充地图的颜色(见图 8－33)。

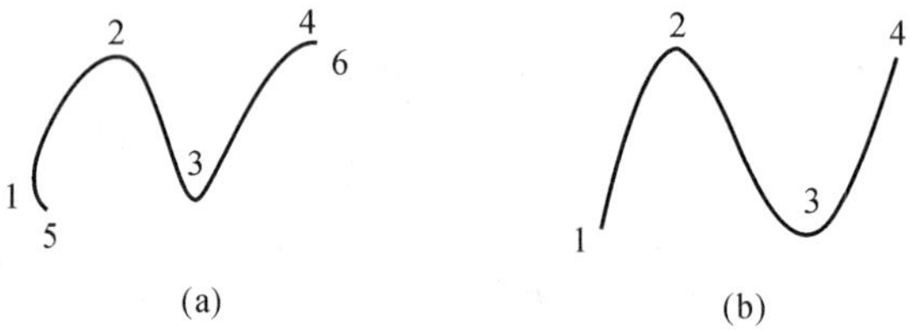

图 8－32　样条曲线拟合

(a)用 5 和 6 点指定起点和终点的切线方向；　(b)5 和 6 点用空回车响应

输入命令的方法。

·菜单：绘图→图案填充。

·工具栏：绘图→ 按钮。

·命令行：HATCH↙。

图 8－33　“边界图案填充”对话框的“图案填充”选项卡

二、维绘图(修改命令)

1. 倒直角

倒直角命令能连接两个非平行的对象，通过延伸或修剪使它们相交或利用斜线连接。

(1)输入命令的方法。

·菜单：修改→倒角。

·工具栏：修改→ 按钮。

·命令行：CHAMFER 或 CHA↙。

(2)命令行提示。

(“修剪”模式)当前倒角距离 1＝0.000 0，距离 2＝0.000 0。

选择第一条直线或[放弃(U)/多段线(P)/距离(D)/角度(A)/修剪(T)/方式(E)/多个(M)]。

第一行提示了当前的修剪设置和倒角距离。第二行提示用户输入各选项。如果直接选择一条直线，系统会提示用户选择第二条直线，然后使用前面提示的剪切设置和倒角距离将两个线段倒角。

2. 倒圆角

倒圆角命令能通过一个指定半径的圆弧来光滑地连接两个对象。

(1)输入命令的方法。

·菜单：修改→圆角。

·工具栏：修改→ 按钮。

·命令行：FILLET 或 F↙。

(2)命令行提示。

当前设置：模式＝修剪，半径＝0.0000。

选择第一个对象或[放弃(U)/多段线(P)/半径(R)/修剪(T)/多个(M)]。

第一行显示剪切模式和倒角圆弧的半径，第二行要求用户输入倒角选项。如果直接选择对象，则 AutoCAD 会要求用户选择第二个倒角对象，然后用当前的剪切模式和半径绘制倒角圆弧。

3. 镜像

镜像命令能将目标对象按指定的镜像轴线作对称复制，原目标对象可保留也可删除。

输入命令的方法。

- 菜单：修改→镜像。
- 工具栏：修改→ 按钮。
- 命令行：MIRROR 或 MI↙。

【任务实施】

步骤 1：添加轴线图层，线型设置为点划线(center2)，单击绘图工具栏中 按钮，绘制一条长度为 310 的直线，在轴线左端选取一点按图 8-34 所示尺寸画出外轮廓线。

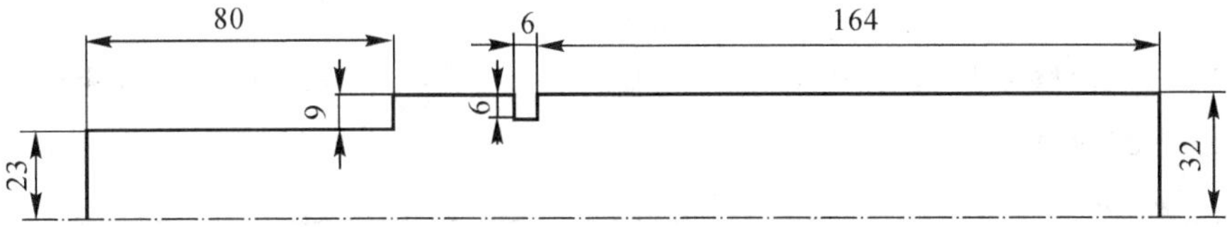

图 8-34　绘制上半部分外轮廓线

步骤 2：单击“修改”工具栏中 按钮，将已绘图形中段的竖线延伸到轴线位置，如图 8-35 所示。

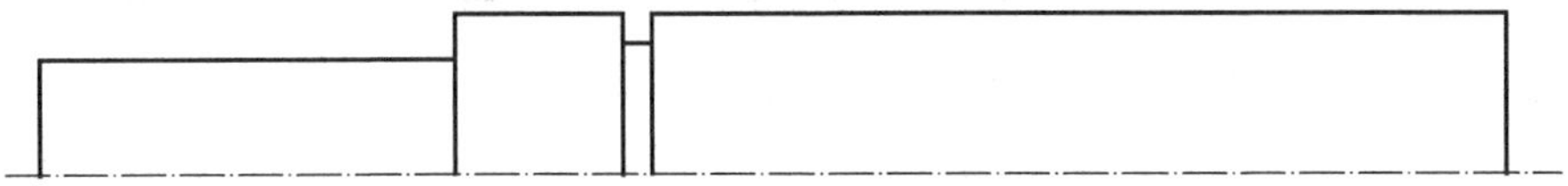

图 8-35　修整外轮廓线

步骤 3：单击“修改”工具栏中 按钮，如图 8-36 所示将 p1，p2 两条线进行倒角，倒角尺寸为：第一倒角＝6，第二倒角＝2。

步骤 4：单击“修改”工具栏中 按钮，如图 8-36 所示将 p2，p3 两条线进行倒角，倒角尺寸为：第一倒角＝6，第二倒角＝4。

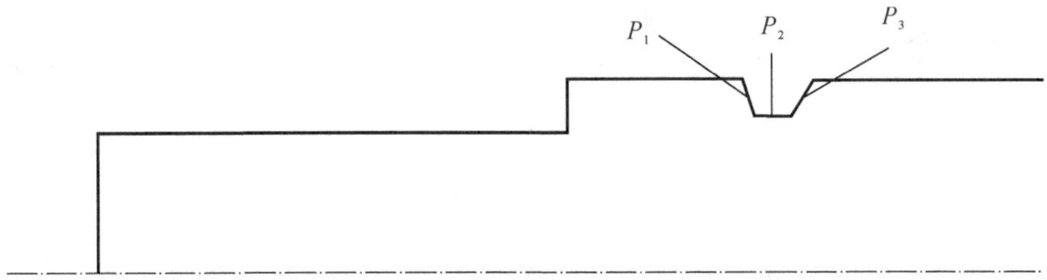

图 8-36　倒角 1

步骤5:单击“修改”工具栏中按钮,如图8-37所示将左上角两条线进行倒角,倒角尺寸为:第一倒角=2,第二倒角=2。再将右上角两条相交线进行倒角,倒角尺寸为:第一倒角=6,第二倒角=6。

图8-37 倒角2

步骤6:如图8-38所示,用直线连接倒角后的夹角,并连接至轴线。用工具将右边上面的线向下偏移,距离为3,用工具将直线链接到两端。

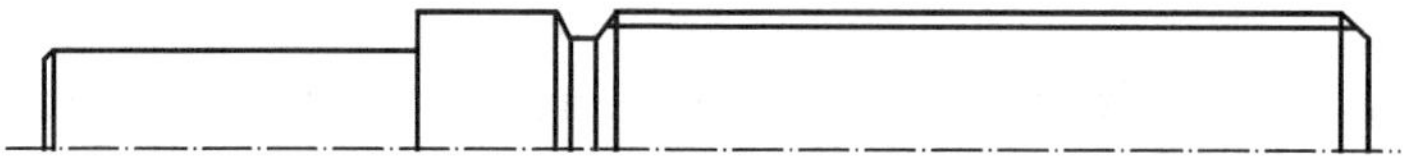

图8-38 连接直线

步骤7:点击“修改”工具栏中的按钮将绘制完的一半外轮廓线延中轴线进行镜像。结果如图8-39所示。

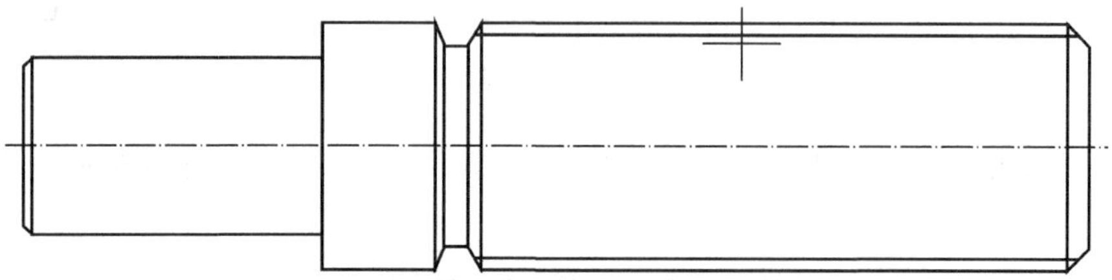

图8-39 延中轴线镜像

步骤8:点击“绘图”工具栏中的按钮在右边图形中绘制一条曲线,再从中轴线与第一条曲线的交点处在画出一条相反的曲线。结果如图8-40所示。

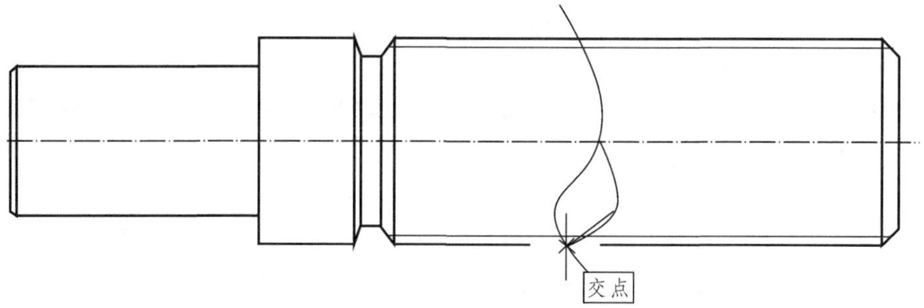

图8-40 绘制剖断线

步骤9:点击“绘图”工具栏中的按钮在两条曲线的右边在绘制同样一组。点击“修改”工具栏中按钮,将两组曲线中间的横线修剪删除。结果如图8-41所示。

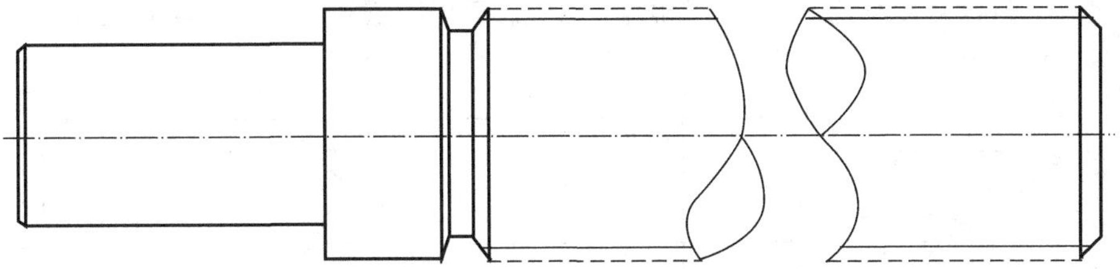

图 8 - 41　完成剖断线

步骤 10：点击“绘图”工具栏中的 按钮，对剖断面进行填充，图案设置如图 8 - 42 所示。

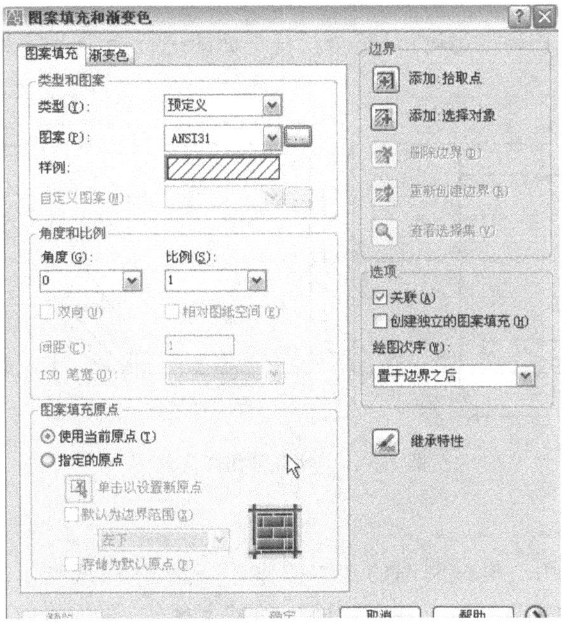

图 8 - 42　图案填充设置

步骤 11：点击“修改”工具栏中的 按钮，将左半边竖线向右偏移，距离为 35，将中轴线向上偏移，距离为 30，两条线的交点画一个圆，半径为 22。继续选择偏移工具，选择圆形，想外偏移，距离为 3，如图 8 - 43 所示。

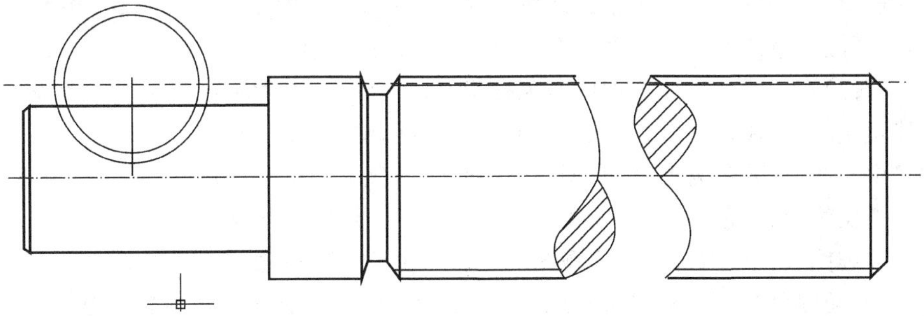

图 8 - 43　绘制键槽

步骤12:将圆环处多余的线剪切删除,下半个圆环中进行填充,图案填充设置如上。结果如图8-44所示。

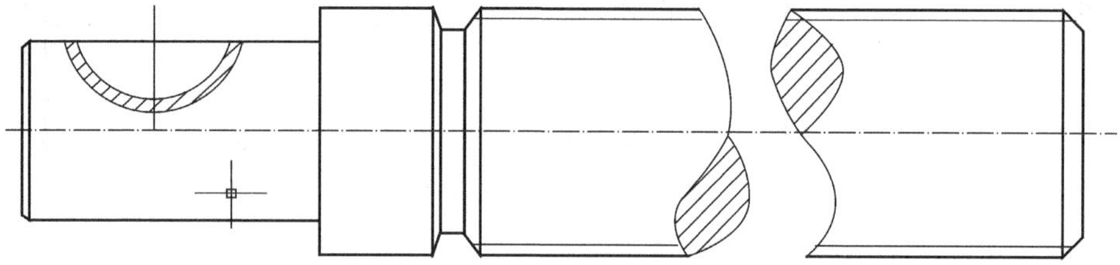

图8-44 图案填充

步骤13:最后利用标注工具栏对整个丝杆平面图进行标注。完成图如图8-45所示。

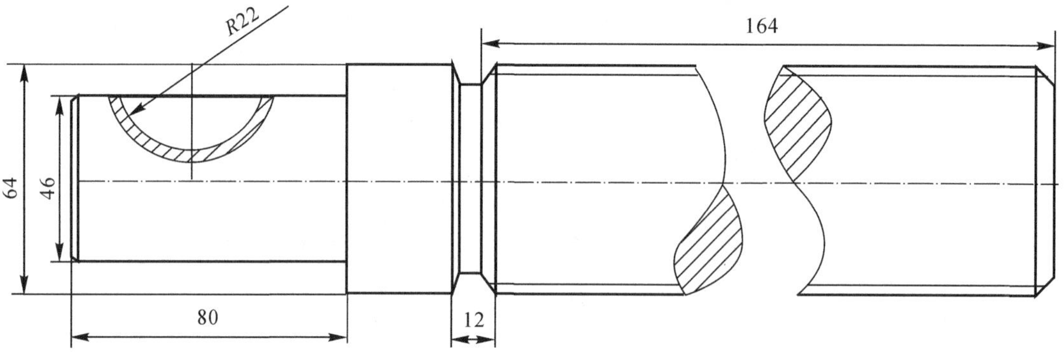

图8-45 丝杆平面图完成图

【学习小结】

把握Auto CAD用于机械制图的基本操作,了解机械图纸绘制的格式和要求,能够用Auto CAD绘制二维的工程图纸。熟悉CAD的基本操作,在绘图前必须要进行图形界限、图层建立等基本的操作,只有各项设置合理了,才为接下来的绘图工作打下良好的基础。该任务下还介绍了绘制编辑二维图形的一些功能命令。绘制点、线、圆、多段线、多边形等基本二维图形元素;编辑修改中复制、偏移、粘贴、倒角等命令,并运用这些修改命令绘制二维图形。

【自我评估】

(1)按1∶1绘制图形;图纸幅面及图框格式:选择合适图纸、横放且采用留有装订边的图框格式;标题栏格式及内容填写按要求进行(见图8-46)。

(2)设置绘图环境。选取合适的对象捕捉功能,并按要求为不同的绘制对象设置图层。

创建粗实线层:颜色为白色,线型为Continuous,线宽0.35 mm;

创建中心线层:颜色为白色,线型为Center2,线宽0.18 mm;

创建细实线层:颜色为白色,线型为Continuous,线宽0.18 mm;

创建细虚线层:颜色为白色,线型为ACAD_ISO02W100,线宽0.18 mm。

(3)按例题图形绘图。根据所给尺寸精确绘图,绘图方法和图形编辑方法不限,创建符合我国《技术制图》规范的标注样式,并标注图形。

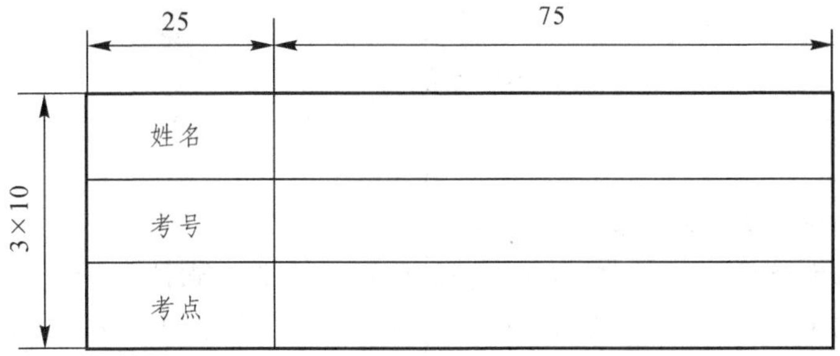

图 8-46

(4)图形布局美观、合理(见图 8-47～图 8-50)。

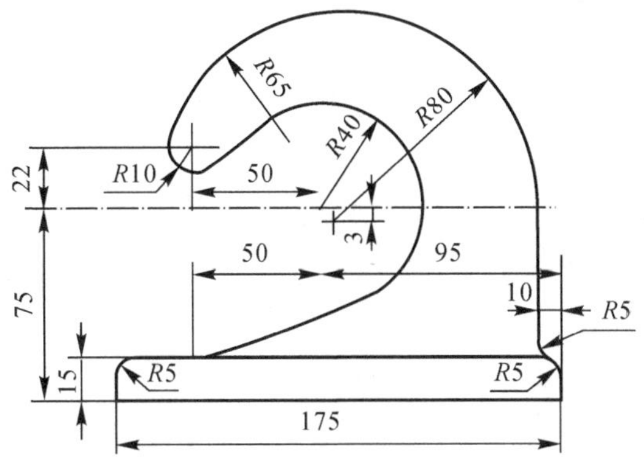

图 8-47

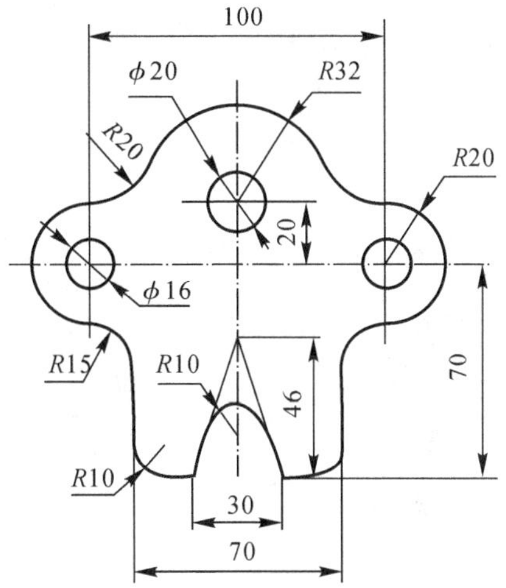

图 8-48

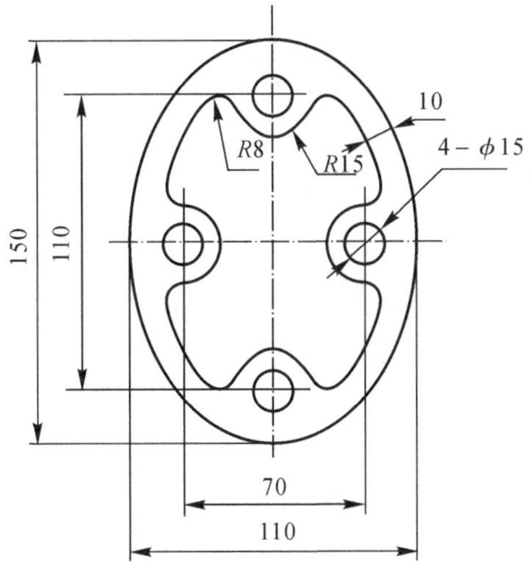

图 8-49

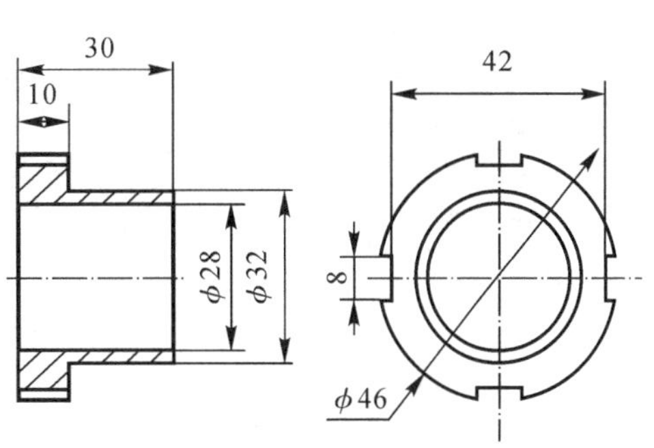

图 8-50

参考文献

[1] 兰俊平. 机械制图:非机类[M]. 北京:北京师范大学出版社,2010.

[2] 兰俊平. 机械图样识读与测绘[M]. 北京:化学工业出版社,2009.

[3] 穆凤芸. 化工识图与 CAD 基础[M]. 北京:中央广播电视大学出版社,2010.

[4] 王彦华. 工程制图[M]. 北京:化学工业出版社,2010.

[5] 张爱莲,李勇峰. 机械制图[M]. 2 版. 武汉:华中科技大学出版社,2014.